체지방 관리 다이어트를 하고 싶다면,
임신·출산을 준비 중이라면,
육아 중인 가정이라면,
중년·노년의 건강에 관심이 있다면,

1000일의 창
음식이력서

나의 음식이력서, 알면 더욱 건강ㅎ

KB013456

이젠, 알고 먹자

1000일의 창 음식이력서

UNSERE ERNÄHRUNGSBIOGRAFIE. Wer sie kennt, lebt gesünder
by Hans Konrad Biesalski
© 2017 Albrecht Knaus Verlag, a division of Verlagsgruppe Random House GmbH
Korean Translation © 2018 by Daewonsa Co., Ltd.
All rights reserved.
The Korean language edition published by arrangement with
Verlagsgruppe Random House GmbH, Germany through MOMO Agency, Seoul.

이 책의 한국어판 저작권은 모모 에이전시를 통해 Verlagsgruppe Random House GmbH
사와의 독점 계약으로 '㈜대원사'에 있습니다.
저작권법에 의해 한국 내에서 보호를 받는 저작물이므로 무단전재와 무단복제를 금합니다.

이젠, 알고 먹자

1000일의 창 음식이력서

한스 콘라트 비잘스키 지음
(Hans Konrad Biesalski)

김완균 옮김

ᴥ대원사

건강한 영양 섭취와 숨겨진 허기,
그리고 건강한 과체중에 관한 새로운 지식

* 무엇을 얼마나 먹는지는 결코 우연히 결정되는 것이 아니다. 사람들은 저마다 자신만의 음식이력서를 갖고 있다.

* 우리의 음식이력서에는 습관으로 굳어진 부분들이 있고, 또 나이가 들어서도 고칠 수 있는 부분들도 있다.

* 우리들 삶의 첫 1000일은 아주 중요하다. 이 시기 동안에는 어머니와 아버지, 심지어는 할아버지와 할머니가 우리들의 음식이력서를 대신 작성해 나간다.

* 우리들은 그 후로도 평생 동안 의식적이든 무의식적이든 계속해서 음식을 섭취한다. 그리고 자신의 음식이력서를 알고 있는 사람만이 자신의 의도대로 영양 섭취를 바꿔 나갈 수 있다.

* 영양 섭취와 관련된 스트레스는 이제 그만 끝을 내자. 왜냐하면 스트레스를 받으며 음식을 먹는 것만큼 몸에 안 좋은 것은 없기 때문이다.

비잘스키 박사님, 음식이력서가 뭐죠?

어머니나 할머니가 먹었던 것이 나에게도 영향을 끼친다는 말은 무슨 의미일까? 독일의 저명한 영양의학자 한스 콘라트 비잘스키 박사가 그 궁금증을 풀어줍니다.

비잘스키 박사님, 음식이력서가 뭐예요?
음식이력서는 우리가 태어나기 전부터 이미 시작되는 우리의 음식에 관련된 이력서입니다. 그리고 어머니의 영양 섭취를 넘어서서 할머니 대에까지 이르는, 음식과 관련된 우리 삶의 이력서입니다. 우리의 음식이력서는 훗날 우리 건강의 초석이 될 수 있습니다.

박사님, 배 속의 아기가 어머니로부터 일종의 일기예보를 받게 된다고 하셨는데요?
맞습니다! 좀 더 올바르게 이해하기 위해서는 후성유전에 대해 간단하게 살펴볼 필요가 있습니다. 유전학에서 인간의 유전형질은 오랜 기간 동안 여러 세대를 거치면서 변화하게 됩니다. 하지만 후성유전의 경우는 그와 달리 아주 짧은 기간에 환경의 영향에 적응하는 상황이 벌어지죠. 아마 후성유전이 없었다면 인간들은 살아남기가 결코 쉽지 않았을 것입니다. 후성유전의 영향은 네덜란드의 지독히도 춥고 배고팠던 1944년에서 45년 사이의 겨울, 그리고 상트페테르

부르크가 완전 포위되어 봉쇄되었던 시기에 아기를 가졌던 어머니들의 사례에서 확인해 볼 수 있습니다. 태반을 통해서, 그리고 호르몬과 마이크로 영양소의 도움을 받아 어머니들은 배 속 아기들에게 그들이 부족하고 결핍된 세상에 태어나 살게 될 거란 사실을 알려 주었습니다. 이처럼 어머니와 태아 사이의 의사소통을 저는 '일기예보'라고 표현하고 있는 것입니다. 아무튼 그런 환경에서 태아의 신진대사는 어떻게든 지방을 저장할 수 있게끔 설정되게 되었습니다. 이렇게 형성된 신진대사는 살아가며 후성유전을 통해 조정됩니다.

그럼 그 일기예보는 어떤 영향을 끼치게 되나요?
그런 일기예보를 전달 받은 태아들은 과체중이 될 위험성이 높아집니다. 또 고혈압이나 당뇨와 같은 다른 질환에 걸리게 될 개연성도 높아지죠. 그들의 음식 이력서가 '먹고 저장하고, 거의 움직이지 않는다.'는 기본 틀을 따르게 되기 때문입니다.

그렇다면 과체중은 유전자, 다시 말해 어머니의 책임이란 말인가요?
아닙니다! 물론 그렇게 볼 수도 있겠지만, 그건 분명 잘못된 생각입니다. 후성유전의 역할을 제대로 이해하게 된다면, 많은 사람들이 굶주림에 허덕이는 나라들에서 왜 갈수록 늘어나는 과체중이라는 문제와 더욱 더 씨름을 하게 되는지를 이해할 수 있게 될 겁니다. 배 속의 아기가 태어나기 전 채식주의에 따른 영양을 공급받게 되면 그 아기는 어머니의 환경으로부터 결핍 상황이라는 메시지 같은 것을 전달받게 된다는 생각은 극단적 채식주의자이기를 선택한 여성들에게도 분명 흥미롭게 느껴질 것입니다. 어쨌거나 임신 기간 동안에는 극단적인 채식만큼은 태아를 위해 가급적 삼가는 것이 좋습니다. 그런 영양 섭취 방식은 아기의 육체적·정신적인 발달에 안 좋은 영향을 끼칠 수도 있기 때문입니다.

그러면 자신의 음식이력서는 어떻게 알 수 있죠?
당연히 언제, 어디에서 태어났는지를 알아야 할 필요가 있습니다. 그리고 다른 한편으로는 아침식사 시간을 약간 조정하고, 다음번에는 언제 배고픔을 느끼는지를 관찰해 알 수 있습니다. 왜냐하면 배고픔을 느끼는 시점이 자신의 인슐린 민감성 및 음식이력서와 관련해 무언가 의미 있는 사실을 말해 주기 때문입니다. 저장에 초점을 맞춘 우리 몸의 유기적 조직은 인슐린 민감성을 극도로 통제하게 됩니다. 그렇게 해서 글루코오스가 가능한 한 신속히 세포에 도달해 그곳에서 저장될 수 있도록 하기 위해서 말입니다. 글루코오스가 혈액 속에서 분해되는 바로 그 순간, 배고픔이 느껴지게 됩니다. 그리고 이 배고픔은 우리 뇌가 또다시 저장시키기 위해 추가로 주문하는 신호인 것입니다.

책에는 달콤하게도 우리의 마음을 위로해 주는 "과체중? 그게 어때서?"라는 챕터가 있는데요?

먼저 과체중인 사람들과 비만인 사람들은 엄격하게 구분되어야 합니다. 비만인 사람은 일반적으로 체질량지수(BMI)가 30을 훌쩍 넘어서는 사람들을 가리킵니다. 아마도 그런 상황은 분명 건강하지 못한 상태겠지요. 하지만 과체중은 반드시 건강에 해롭다고 말할 수만은 없는 상태입니다. 정상 체중이 언제나 건강한 상태를 의미하지는 않는 것과 마찬가지로 말입니다.

하지만 박사님, 자기도 모르게 달콤한 케이크에 자꾸만 손이 간다면 과체중에서 비만증으로 넘어갈 위험이 있는데요, 그럴 때도 자신의 음식이력서에 영향력을 행사할 수 있나요?

네, 가능합니다. 하지만 BMI가 30을 넘어서기 전에 미리 대비책을 세우는 것이 가장 좋겠지요. 규칙적인 운동은 혈당 및 체내 에너지의 저장 및 분배에 긍정적인 영향을 끼칩니다. 우리는 몸무게만을 규정하려 애쓸 것이 아니라 건강한 영양 섭취와 규칙적인 운동 등 우리의 생활방식에도 좀 더 많은 주의를 기울여야 합니다. 이것들이야말로 결국에는 우리가 병이 들지, 아니면 건강할지를 결정짓는 궁극적인 요인들이니까요.

박사님의 음식이력서는 어떤가요?

저는 제 보상체계를 익히 알고 있습니다. 저는 1949년, 이른바 전후 시기에 태어났고, BMI는 오래전부터 27과 28 사이를 유지하고 있습니다. 저는 라인헤센 출신답게 치즈와 마인츠산 소시지를 좋아합니다. 그곳에서는 소시지를 아주 작은 조각으로 하나씩 자릅니다. 그런 다음에 또 한 조각을 자르고, 또 한 조각을…, 그러다 보면 어느새 소시지 전체가 다 사라지고 없습니다, 하하하! 그리고 또 저는 아주 많이 움직이는 편입니다. 30년 전부터 매일 아침 1km 거리를 수영합니다. 오늘 아침에도 수영장에 다녀왔고요. 물속에 들어가자 춥게 느껴졌지만 기분만큼은 아주 좋았습니다. 또 평지에서 살고 있고, 가능하면 8~9km를 걷기도 합니다. 물론 그렇게 한다고 해서 살이 빠지지는 않습니다. 하지만 규칙적인 운동은 건강한 혈액검사 수치를 갖게 해 주고, 무엇보다도 건강하게 살 수 있도록 해 줍니다.

Q&A

독자 여러분!

이야기를 시작하며 나는 제일 먼저, '영양 섭취'라는 주제에 관해 지난 수십 년 동안 확고부동한 진리로 여겨져 왔던 네 가지 주장을 소개하고자 한다.

- 뚱뚱한 사람은 신진대사에 문제가 생겨 여러 가지 문명병에 걸릴 확률이 높고, 그래서 그렇지 않은 사람보다 일찍 죽는다.
- 마른 사람은 건강하고, 그래서 더 오래 산다.
- 뚱뚱한 사람은 살을 빼야 한다.
- 살을 빼거나 적당한 체중을 유지하는 것은 각자의 의지에 달려 있다.

하지만 유감스럽게도 이 네 가지 주장은 모두 정확한 근거가 없는 사실로 밝혀졌다는 공통점을 갖고 있다.

이는 아주 극적인 경우다. 왜냐하면 적어도 부유한 국가의 국민들은 수십 년 이래로 인류의 역사에 있어서 처음으로 '어떻게 하면 굶지 않을까?'를 묻는 대신에 이제는 '어떻게 하면 적절하게 영양을 섭취할 수 있을까?'를 고민하게 되었기 때문이다. 영양의 섭취가 더 이상 생존과 직결된 문제가 아니게 된 바로 그 시점에 들어서면서, 우리들은 '영양 섭취'라는 주제를 처음으로 건강과 관련된 제반 문제들과 어설픈 지식, 생활방식 및 종교

와도 비견될 만한 확신이 뒤얽힌, 극도로 복합적인 문제로 만들어 버렸다.

사람들은 너나할 것 없이 자신들의 생존과는 그다지 큰 관련이 없어 보이는 글루텐과 락토오스 소화 불량 문제에 몰두한다. 그러고는 속절없이 채식주의를 고집하거나, 이른바 과체중 문제에 대처하기 위해 온갖 신경을 곤두세운다. 바로 그렇기 때문에 부분적으로는 당혹스럽기까지 한 학계의 새로운 연구 결과를 아는 것이 그만큼 중요한 것이다.

최근의 연구 결과들 덕분에 사람들은 우리가 자양분을 섭취하고 소화할 때 우리 몸 안의 세포들에서 어떤 일이 벌어지는지, 그리고 그러한 과정은 우리들의 유전자와 어떠한 관계가 있는 것인지를 아주 정확하게 알게 되었다.

지난 몇 년 사이, '후성유전(後成遺傳, Epigenetics)'이라는 제반 현상과 '음식이력서'에는 세인들의 관심이 집중되기 시작했다. 그렇다면 이 경우, '이력서'라는 말은 무엇을 의미하는 걸까?

우리들은 저마다 태어나 자라 온 제반 환경에 의해서 아주 큰 영향을 받는다는 것은 주지의 사실이다. 그렇다면 이제껏 어떤 일이 벌어졌는지 우리가 제대로 알고 이해한다면, 앞으로 벌어질 일 또한 그만큼 더 잘 우리의 뜻대로 조절할 수 있을 것이다.

예를 들면, 자신이 독선적이고 엄한 아버지 밑에서 시달리며 자랐다는 사실을 의식하고 있다면 자신이 왜 직장 상사나 파트너의 특정한 말에 그처럼 버럭 화를 내게 되는지 충분히 이해할 수 있을 것이고, 따라서 자기 자신을 훨씬 더 효율적으로 통제할 수 있을 것이다.

우리들의 음식이력서도 이와 유사하다. 사람들은 누구나 유전적으로 이미 어느 정도 결정된 성향을 물려받고 태어난다. 하지만 우리는 문화의 능력을 지닌 '호모 사피엔스'의 후예이고, 따라서 우리의 유전적 토대는 필요에 따라 아주 조금씩, 그리고 서서히 변화해 왔다.

지난 수천 년 내지 수백 년 동안 우리 인간들의 삶의 여건은 극적으로 변모했다. 그렇다 할지라도 우리 인간의 기본 바탕은 수만 년 전과 비교해 거의 동일하다. 물론 우리의 게놈, 즉 유전체, 다시 말해 우리 인간의 유전적 기본 형질이 완벽하게 고정되어 불변하는 것이라면, 우리는 이미 오래전에 멸종되어 지상에서 사라졌을 것이다. 하지만 그런 일은 결코 일어나지 않았고, 그렇게 되기에는 최근 들어서야 비로소 각광받기 시작한 '후성유전'이라는 현상의 역할이 컸다.

후성유전은 비록 환경의 영향으로 인해 유전적 형질이 변화하지는 않더라도 생성되는 유기적 생명체의 게놈은 자신에게 작용하는 환경의 영향에 저마다의 방식으로 반응한다는 사실을 밝혀낸 것이다.

그런 연유로 해서 배 속의 아기는 어머니가 섭취하는 자양분으로 인해 영양 부족이거나 영양 과잉의 상태에서 세상에 태어나게 된다. 그처럼 저마다가 처한 상황에 어울리는 유전자를 유동적으로 차단하거나 가동시키는 가운데, 생명체는 예상되는 삶의 조건에 자신을 적응시키게 된다. 그리고 그 결과, 극단적인 다이어트에도 불구하고 어떻게 해서든 지방을 축적하고 가능한 한 적은 에너지를 소모하는 '탁월한 음식물 소비자'가 되거나, 아니면 틈만 나면 앉은자리에서 티라미슈 3인분을 먹어치우면서도 살이 찌기는커녕 오히려 홀쭉하기만 한 '에너지 낭비자'가 되기도 한다.

우리들의 개인적인 음식이력서는, 예를 들어 식욕이라든지 어떤 병에 쉽게 걸리는 체질, 몸매, 뇌에서 작동하는 보상 시스템과 스트레스에 대한 반응 등 아주 다양한 방식으로 영향력을 행사한다. 나아가 음식이력서는 아주 중요한 '1000일의 창', 그러니까 임신 기간 및 태어나서 맞이하는 첫 2년 동안의 이미 정해진 상황과만 관계가 있는 것이 아니다. 그것만이 아니라, 탄수화물과 단백질 및 지방과 같은 기본 영양소들 외에 비타민과 미네랄 등 중요한 '마이크로 영양소(미량영양소)'들이 우리에게 얼마나 잘 공급되는지도 아주 중요하다.

마이크로 영양소를 어떻게 하면 적절하고도 효과적으로 공급할 수 있는가 하는 문제는 얼마 전까지만 해도 거의 주목받지 못했다. 그런 가운데 육류를 전혀 섭취하지 않으려는 사람들이 늘어났고, 이는 특히나 임신부와 갓난아기에게 생존에 필수적인 영양소 부족이라는 심각한 위험을 초래하기도 했다.

이 책은 기본적으로 우리들의 음식이력서와 관련된 놀랄 만한 이론이나 새로운 사실들을 소개하고 있다. 아울러 어떻게 하면 저마다 타고난 체질이나 성향에 현명하게 대처할 수 있는지, 한 걸음 더 나아가 그러한 체질을 어떻게 하면 추가적으로 개선시킬 수 있는지에 관한 도움말을 제시하고 있다.

이 책은 또한 과체중은 어떤 경우에 실제로 문제가 되며, 어떻게 하면 가능한 한 적은 노력으로 우리 몸을 최적의 상태로 개선시킬 수 있는지, 그리고 이른바 '숨겨진 허기' 뒤에는 어떤 비밀이 숨어 있으며, 다이어트나 특정한 식이요법이 우리 아이들에게 어떤 예기치 못한 문제를 불러일으킬 수 있는지 하는 문제들에 대해 답을 제공하고 있다. 물론 이 책에서 세상의 모든 식이요법을 다 다룰 수는 없을 것이다. 분명한 건, 식이요법 가운데 많은 것들에는 과학적인 근거가 결여되어 있다는 사실이다. 유기체의 '과산화(過酸化)'라는 개념과 이러한 문제 해결에 도움이 된다는 특별한 음식물들의 경우가 바로 그 같은 예일 것이다. 아니면 단식을 통해 우리의 몸에서 정기적으로 찌꺼기를 배출시키거나 독성을 제거해야 한다거나, '혈액형 맞춤 다이어트'와 같은 주장들도 마찬가지다.

이 책에서 소개되거나 언급되는 생화학적 과정이나 현상들 중에는 상당히 난해하고 복합적인 것들도 있고, 그에 반해 쉽사리 금방 이해되는 것들도 있다. 따라서 이 책에서는 전문적인 과학 지식을 갖추지 못한 일반인들도 쉽게 이해할 수 있는 본질적이고 중요한 요소들에 가능한 한 초점을 맞추고자 노력했다. 그러한 노력에도 불구하고 별다른 관심이 없다는 이유로 특정 챕터는 읽지 않은 채 건너뛰려는 독자들도 분명 있을 것이다. 물론 그렇게 이 책을 읽는다 해도 아무런 문제가 없음을 밝혀 둔다.

이제 이 책의 전체적인 내용 및 구성에 대해 간략하게 소개하고자 한다.

먼저 1장에서는 이른바 '1000일의 창' 동안 어떤 일이 벌어지고, 무엇이 우리의 음식이력서에 영향을 끼치는지에 대해 살펴볼 것이다.

2장에서는 다윈 이래로 존재해 온 유전이라는 개념을 보완하고 완성시키는 데 결정적인 역할을 한 '후성유전'이라는 매혹적인 현상에 대해 알아볼 것이다.

3장에서는 우리가 필요로 하는 기본 영양소는 무엇이고, 그것들은 주로 어디에서 어떻게 섭취할 수 있는지를 다루게 될 것이다. 이러한 영양소들은 크게 탄수화물과 단백질과 지방처럼 에너지를 제공하는 '매크로 영양소' 및 그에 못지않게 생명 유지에 필수적인 비타민이나 미네랄과 같은 '마이크로 영양소'로 나눌 수 있다.

4장에서는 '배고픔'과 '배부름'이라는 느낌에 대해 상세하게 살펴볼 것이다. 여기에서는 음식물의 과잉 생산이라는 '축복받은' 현대인들이, 먹을 것이 늘 부족했던 과거의 시기에서 유래해 인간을 성능 좋은 에너지 저장소로 만들어 버린 유전적 본바탕으로 인해 감내해야 하는 여러 가지 어려움들이 소개될 것이다. 아울러 우리의 식습관을 형성하고 통제하는 지극히 이기적인 연출자는 바로 우리의 '뇌'라는 사실도 설명하게 될 것이다.

5장에서는 '비만'이라는 골치 아픈 문제와 관련해 '과체중'이 진정 우리를 병들게 하는 진짜 범인인지, 아니면 그 뒤에 더 밝혀져야 할 무언가가 숨어 있는 것은 아닌지 하는 의문점들에 대해 살펴볼 것이다.

6장에서는 마지막으로 '무엇을 할 것인가?' 하는 문제를 제기하고자 한다. 우리는 먹을 것을 구하기 위해 더 이상은 숲이나 초원을 미친 듯이 헤매고 돌아다닐 필요가 없는 21세기 현대인이다. 그런 우리는 건강한 삶을 누리기 위해 어떻게 이성적으로 음식물을 섭취해야 하는가? 이 질문을 대하는 순간, 여러분들 또한 건강한 영양 섭취가 많은 이들이 주장하듯 고통과 절제로 가득 찬 아주 복잡한 문제만은 아니라는 사실을 금세 깨닫게 될 것이다. 6장의 말미에서는 특별히 임신 기간 동안을 위한 몇몇 도움말을 제공할 것이다. 이 기간 동안, 임신부는 자기 자신뿐만 아니라 세상에 태어나기 위해 한 걸음 한 걸음 내딛고 있는 새 생명 또한 책임져야 하기 때문이다.

'1000일의 창'이라는 주제에 공감해 이 책이 세상의 빛을 볼 수 있게끔 도와준 크나우스 출판사에 특별히 감사의 말을 전한다. 원고를 꼼꼼히 읽으며 전문적인 도움을 제공한 수잔네 봐무트 박사 덕분에 많은 어려움들을 극복할 수 있었고, 생산적인 토론을 통해 복잡하고 난해한 내용들을 좀 더 쉽게 이해하게끔 만들 수 있었다. 또한 수많은 물음표들을 감탄 부호로 바꿔주어 독자들의 읽는 어려움을 해결해 준 올리버 돔찰스키 박사에게도 고개 숙여 감사드린다.

독자 여러분께도 모쪼록 이 책이 흥미롭게 다가오기를, 아울러 책을 읽고 난 뒤에는 음식이나 식사를 훨씬 더 편안한 마음으로 대하게 되기를 기원한다. 왜냐하면 스트레스를 받으며 음식을 먹는 것만큼 몸에 안 좋은 것은 없기 때문이다.

독일 슈투트가르트에서

한스 콘라트 비잘스키

차 례

비잘스키 박사님, 음식이력서가 뭐죠? / 5
머리말 / 10

Chapter 1 1000일의 창

우리의 음식 섭취 유형,
어떻게 해서 형성될까? / 24

1000일의 창과 '일기예보' / 29
　굶주림과 과잉, 문명병의 단서를 찾아서 / 31
　첫 9개월, 태내에서의 발육 / 34
　일기예보, 가끔은 예측했던 것과 다르게 나타난다 / 44

작게 낳아서 튼튼하게 키운다?
출생 시 체중의 역할 / 52
　모든 것이 부족하다, 작아지기 생존 전략 / 53
　가난한-작은-병든 / 56
　살찐 어머니, 살찐 아기 / 60
　태어난 후에는 어떻게 진행되나? / 62

Chapter 2 게놈의 추가적인 변화, 그 과정은?

후성유전의 현상 / 68

후성유전, 유전 프로그램의 추가 조정 / 71

부모가 은연중에 물려준 것 / 81

Chapter 3 매크로 영양소와 마이크로 영양소

마이크로 영양소는 무엇인가? / 92

마이크로 영양소가 필요한 이유는? / 95

마이크로 영양소는 어디에서 섭취하나? / 98

   "오늘날의 식품에는 더 이상 비타민이 들어 있지 않다!" / 101

   무엇이 얼마만큼 필요한지 어떻게 아나? / 103

영양소 결핍은 어떻게 알 수 있나? / 105

   의사들이 말하는 것은? / 107

   영양보충제, 효과가 있을까? / 110

   비타민의 작은 역사 / 111

   항산화제, 산소 속의 위험한 삶 / 116

   비타민에 관한 몇 가지 고정관념 / 119

Chapter 4 배고픔과 식욕, 그리고 배부름

배고픔을 느끼게 하는 것과 식욕의 제동 / 126

이기적인 뇌 / 133

   성장에는 마이크로 영양소가 필요하다 / 135

   경쟁하는 뇌, 분할하여 통치하라! / 136

   현대적인 실행 계획이 더 나은 고급을 보장한다
   -수요에 따른 에너지 / 137

호르몬과 배고픔 / 140
  너무 적거나 너무 많은, 렙틴과 과체중 / 142
  (지방) 저장소 관리, 가진 자가 갖는다 / 147
  섬 현상(Island Phenomena), 장점 아니면 덫? / 150
  따뜻하게 하는 지방 / 152
  '이기적인' 아버지 유전자와 '배려하는' 어머니 유전자 / 155
  먹이사냥과 그 영향 / 157

비스킷과 살라미 소시지,
목적을 위한 수단으로서의 우리 보상체계 / 166
  뇌가 황제처럼 아침을 먹으려 하는 이유 / 169
  모두가 취향 문제? / 171
  보상이 좀 충분치 않다 / 172

맛이 어때? / 177
  열매를 먹고 사는 동물을 위한 단맛 / 178
  미식가를 위한 감칠맛 / 178
  쓴맛은 독성으로부터 보호해 준다 / 180
  짠맛과 신맛 / 181
  나는 채소가 싫어! / 182
  사냥꾼, 채집자 그리고 채소 / 183
  지방이 맛있어! / 186
  결핍은 배고프게 만든다 / 188

Chapter 5 과체중? 그게 어때서?

과체중, 진실과 허구 / 197
체질량지수(BMI)는 무엇인가? / 200
BMI, 의심스러운 기준? / 201
나를 살찌게 만드는 것은? / 204
지방이 몸을 건강하게 만들어 줄까?
체중과 진화상 최적의 컨디션에 관하여 / 206
뚱뚱하고 병들고, 숙명적인 조합? / 208
과체중은 무엇을 어떻게 병들게 하는 걸까? / 211

지방조직, 과소평가된 내장기관 / 214
지방조직이 병들면, '비만 장애' / 215
건강한 지방조직과 병든 지방조직 / 217
지방의 작은 차이는 어디에서 오는 걸까? / 224
과체중의 패러독스 / 227
이중의 부담과 논란의 여지가 있는 장, 수술 / 229

노년의 살 빼기? / 233

무엇을 해야 하고, 무엇을 할 수 있을까? / 237
음식이력서의 덫? / 238

Chapter 6 할 수 있는 것은?

'설정'이 있다면, '재설정'도 있는 법 / 246

건강한 영양 섭취란? / 250
　끊어야 건강하다? / 257
　얼마만큼의 소금이 허용되는가? / 266

이제 무엇을 어떻게 먹어야 하는가? / 272
　매크로 영양소, 왜 그리고 얼마나? / 272
　지방이 살찌게 만드는 걸까? / 275
　저혈당지수(Low Glycemic Index, Low GI),
　적을 찾아서 / 279
　팔레오, 일종의 과대 포장? / 286
　팔레오의 대안, 채식주의 / 293

다시 한 번, 건강한 영양 섭취란? / 304
　우리의 음식물에 들어 있는 다른 모든 것들 / 309

피트니스의 역할은? / 314
　피트니스란? / 315

임신 / 321
　매크로 영양소 / 322
　마이크로 영양소 없이는
　거의 아무것도 작동하지 않는다 / 324

맺음말 / 334

Chapter 1
1000일의 창

우리의 음식 섭취 유형,
어떻게 해서 형성될까?

세상에 태어나는 순간, 우리는 작고 때 묻지 않은 순수한 존재다. 하지만 그렇다고 해서 우리가 아무것도 씌어 있지 않은, 이른바 백지 상태의 존재는 결코 아니다. 우리는 우리가 이제 곧 '어머니'라고 부르게 될 것이며, 탯줄을 통해 우리에게 생존에 필요한 기본 요소들을 이미 제공해 준 또 다른 생명체의 배 속에서 통상적으로 40주 동안이라는 오랜 시간을 지내왔기 때문이다. 그리고 또 우리들의 체세포마다에는 600만 년이라는 인류 역사가 전해 주는 유산이 고스란히 담겨 있기 때문이기도 하다. 이는 물론 40억 년 동안 지구상에서 펼쳐진 생명의 역사라고 말하는 것이 좀 더 정확한 표현일 것이다. 왜냐하면 우리 인간은 지구상에 존재하는 다른 모든 생명체와 수많은 삶의 과정을 공유하고 있기 때문이다.

우리 인간의 기원과 관련된 유전학적 프로그램은 진화의 과정 속에서 인류의 생존을 보장하기 위한 방향으로 발전해 왔고, 지금도 계속해서 발전해 가고 있다. 복제와 생존을 가능하게 해 주는 유전자는 그 과정 속에서 끊임없이 변화를 거듭하는 주변 환경에 적절히 대처해 왔다. 이러한 상황은 주변 환경의 한 부분이기도 한 영양의 섭취에도 마찬가지로 적용된다.

오늘날 우리는 초기 인류 중에는 완전한 채식성 인종도 있었고, 때로는 먹을 수 있는 것은 모두 먹어치우는 잡식성 인종도 존재했다는 사실을 잘 알고 있다. 이들 가운데 완전한 채식성 인류는 약 150만 년 전 멸종되어 사람족(Hominini)의 목록에서 사라졌고, 그에 반해 잡식성 인류는 끝까지 살아남았다. 다시 말해 오늘날의 우리들 안에 남아 있는 것은, 바로 살아남은 종인 잡식성 초기 인류의 유전적 형질인 것이다.

유전학의 도움을 받아 우리들은 인간과 그 밖의 다른 대부분의 동물들이 수행하는 신진대사가 오랫동안 지속되어온 굶주림의 시기에서 살아남는 데 주안점이 맞춰져 있었다는 사실을 알게 되었다. 인간들이 자연이 제공하는 것에만 의존해서 살아야만 했던 시절에는 그 같은 신진대사 유형이야말로 무엇보다도 적절하고 당연한 방식이었다. 모든 것이 불확실하기만 한 시절에는 당연히 구해서 쌓아두고 아끼는 것만이 최선의 원칙이었다. 그리고 인류의 진화가 펼쳐져온 대부분의 역사상 시기는 불확실한 궁핍의 연속이었다. 그렇기 때문에 우리들의 유기적 신체 조직은 지속되는 풍요로움의 시기보다는 계속해서 되풀이되는 에너지 궁핍의 시기에 적응하게끔 조절되어 있다. 하지만 그럼에도 불구하고 신진대사 장치는 언제든 어느 정도는 균일한 형태로 작동해야만 한다. 그러기 위해서 우리의 신체는 요동치는 에너지 공급의 변화에 적절히 대처해야 하며, 현재 필요한 에너지 수요가 늘 유지되게끔 확보한 에너지원을 적절히 관리해야만 한다. 이 같은 에너지 공급의 '관리' 및 '통제'는 근본적으로 다음과 같은 세 가지 기본 축을 바탕으로 수행된다.

- 음식물 섭취 : 늘리거나 줄인다.
- 지방의 축적 : 비축하거나 꺼내 쓴다.
- 에너지 소모 : 증가시키거나 감소시킨다.

영양 부족에 대처하기 위해 우리의 유전자 안에 자리 잡게 되었던 장점이 오늘날에는 거꾸로 많은 이들에게 단점으로 작용하고 있다. 적어도 선진 산업국가에서는 필요한 양 이상의 먹을 것이 언제 어디서나 넘쳐흐르고, 따라서 우리들은 먹고사는 것 때문에 노심초사할 필요도 없다. 하지만 진화의 수레바퀴는 아주 천천히 돌아가고, 우리들은 그러한 상황에 아직 적응하지 못하고 있다. 우리의 몸뚱이는 디지털시대에 살고 있는데도 우리의 유전 형질은 아직껏 석기시대에 맞춰 최적화되어 있다는 사실은 건강상의 특정한 문제점들이 점점 늘어나는 주요 원인 가운데 하나로 지목된다. (6장에서도 언급하게 되겠지만, 그렇다고 해서 이른바 팔레오 다이어트 같은 방식이 이 같은 문제들을 해소시켜 줄 가능성은 거의 없다.)

우리들은 이중적으로 미리 규정된 채 세상에 태어난다. 개별적으로는 부모, 그중에서도 특히 어머니에 의해 미리 규정된다. 그리고 일반적으로는 우리가 속한 종인 '사람'에 의해 미리 규정된다. 그러면, 우리의 음식이력을 규정하는 것이 정확히 무엇인지 우리는 어떻게 해서 알 수 있는 걸까? 결국 우리의 조상이나 갓난아기 어느 누구도 이 같은 질문에 직접적인 정보나 답변을 주지는 못한다.

다양한 학문 분야에서 활동하고 있는 연구자들은 최근 들어 믿을 수 없을 만큼 다양하고 흥미로운, 그리고 새로운 사실들을 밝혀냈다. '진화

생물학자'와 '인류학자'들은 아주 오래전의 과거시대와 씨름을 한다. 그들은 우리 조상들의 영양 섭취를 조사하고, 그런 가운데 아주 다양한 방법을 통해 700만 년 전부터 현생 인류가 오늘날의 유럽 지역에 도달하기까지의 시기를 살펴본다. 이들 연구자들에게는 먼 옛날 조상들의 치아가 아주 중요한 증거 자료로 대접받는다. 뼈나 이는 아주 오랜 시간이 흘렀음에도 불구하고 거의 원래 모습에 가까운 상태로 남아 있으며, 또한 그 안에는 섭취한 자양분의 표식이 그대로 담겨 있기 때문이다.

이 말은 어떻게 이해해야 할까? 자연계에는 모든 화학 원소들의 다양한 변형체인 동위원소들이 존재한다. 모든 생명체의 가장 중요한 구성 요소라 할 탄소와 질소의 경우도 마찬가지다. 몸이 섭취해 이와 뼈를 만드는 데 투입된 이 동위원소들의 혼합 비율은 수백만 년이 지난 오늘날에도 그 생명체가 어떤 종류의 음식물을 선호했는지를 알려 준다. 이러한 방식을 통해, 예를 들면 채식을 좋아했는지, 육식을 좋아했는지 정도의 사실을 판별해 낼 수 있는 것이다. 또한 턱뼈의 구조나 치아가 마모된 흔적을 통해서도 그 주인이 일찍이 어떤 음식을 주로 먹었는지를 추론해 낼 수 있다. 어금니의 잘게 가는 윗면이 발달해 있다면 이는 그가 초식을 즐겼음을 말해 주는 것이고, 그에 반해 뾰족한 송곳니는 육식성이었음을 보여 준다.

'분자생물학자'들은 현대의 방법론에 힘입어 유전자로부터, 예를 들면 우유 또는 과당을 소화할 수 있었는가와 같은 특정 생명체의 특이한 성향에 관한 많은 사실들을 읽어 낼 수 있다. 그리고 이 같은 방법론들은 또한 오래전 과거의 시기를 들여다볼 수 있게 해 준다. 예를 들면 디옥시

리보핵산(Deoxyribonucleic acid), 즉 DNA 분석과 상이한 종류의 유전 형질의 비교를 통해 4,000만 년 전에 살았던 우리의 조상인 초기 인류가 비타민 C를 합성하는 능력, 다시 말해 생존에 필수적인 이 마이크로 영양소를 포도당에서 스스로 생산해 내는 능력을 상실했다는 사실을 확인할 수 있다.

전염병의 발생 빈도와 확산에 관해 연구하는 '전염병학자'들은 물론 넓은 의미에서는 부계 내지 조부계까지도 포함하지만, 주로 모계 쪽의 삶의 여건과 그 자식들의 건강 사이의 연관성에 대해서 조사한다. 이들은 제일 먼저 순수하게 통계학적으로 사실에 접근한다. 예를 들면 담배를 피우는 아버지를 둔 아이들이 그렇지 않은 아버지의 자식들에 비해 천식에 걸리는 비율이 높다든지, 아니면 심각한 비만으로 고생하는 어머니에게서 태어난 아이들이 정상 체중의 어머니에게서 태어난 아이들보다 훨씬 더 많이 당뇨병에 걸린다는 사실 등을 밝혀낸다.

그 같은 조사나 다양한 생활 여건과 주민 집단 사이의 비교를 통해, 임신 기간 전후 동안의 어머니의 음식 섭취뿐만 아니라 태어난 아이 스스로가 생후 2년 동안 취한 영양분 또한 성인이 되어서의 건강 상태에 아주 중대한 영향을 끼친다는 사실이 점점 더 분명하게 드러난다. 그리고 이 같은 현상은 '1000일의 창'이라는 표제어 아래 세상에 널리 알려지게 되었다. 그리고 바로 이 시기에 우리들의 음식이력서 첫 장이 작성되게 되었다.

1000일의 창과 '일기예보'

하필이면 삶의 첫 1,000일 동안이 왜 그리 중요하다는 것일까? 1,000이라는 이 숫자는 수태에서 출산하기까지에 이르는 임신 기간의 평균치 266일에 아기가 태어나 맞이하는 첫 두 해 동안의 날수인 730일을 합산한 데서 비롯된 것이다.

이 시기 동안에 많은 것들이 이미 각인된다는 사실은 1960년대에 영양 부족 상태에 시달리던 중미와 아프리카 지역의 유난히 키가 작은 어린이들을 대상으로 실시된 연구 결과에서 밝혀졌다. 어린이들에게 좀 더 건강한 영양분이 제공되어야 한다는 프로그램들은 아이들이 태어난 직후와 모유 수유 기간 동안 내지 늦어도 만 두 살이 되기 전까지 적용될 때, 비로소 그 어린이의 발육과 신체 발달에 긍정적으로 작용했다. 나아가 어머니가 임신 기간 동안에 이미 건강한, 다시 말해 특정한 수요를 충족시키는 영양분을 섭취할 때 어린이의 발육 및 성장에 훨씬 더 큰 효과를 볼 수 있었다. 하지만 첫 두 해가 지난 다음에야 비로소 더 나은 영양분이 공급되기 시작했던 경우에는, 몇몇 특수한 경우를 제외하고는 이미 진행된 발육상의 문제는 더 이상 완전한 상태로 복원될 수 없었다.

임신과 수유 기간 동안의 영양 섭취가 아이의 성장에 정확히 어떤 영향을 끼치며, 비정상적인 발육 상태는 어떤 이유로 해서 단지 생후 만 2년까지라는 제한된 시기 내에서만 수정 가능한 것인지 그 정확한 이유는, 물론 얼마 전까지만 해도 완전히 베일에 싸여 있었다. 그리고 지난 몇 년 사이에 이르러서야 그 같은 질문들에 대한 대답들은, 아직은 충분하다 말할 수는 없겠지만 비로소 하나둘씩 밝혀지게 되었다.

일반적으로 어머니의 자궁에서 성장하는 생명체는 영양 부족 상태에 반응할 수 있는 두 가지 가능성을 갖고 있다. 하나는 즉각적인 대응 방식으로, 이는 위험한 상황에서 어머니와 아기의 생존을 확보해 준다. 그렇게 되면 태아는 갑작스런 영양 부족 상황에서 우선적으로 뇌와 심장에 영양분을 공급하게 되고, 아주 긴박한 상황에서는 심지어 신체 발달이나 다른 내장기관의 정상적인 발육을 희생하기까지 한다. 이러한 영양 부족 상태가 심각한 상태로 장기간 이어지는 경우라면 태아의 건강은 지속적으로 위협받을 수 있다. 다른 하나는 적응을 추구하는 대응으로, 이는 장래를 내다보며 예측 가능한 영양 부족 상황에 적합하게끔 성장하는 생명체를 순응시키는 방식이다. 이 경우에는 임신부의 영양 상태와 태아가 이후 갖게 될 신체적 특성, 즉 많은 사람들을 이른바 과체중이라는 형태로 괴롭히게 되는 체질 사이에 일견 모순적인 것처럼 여겨지는 관계가 형성된다.

다시 말해 굶주림에 시달렸던 어머니에게서 태어난 아이들은 오히려 훗날 에너지 전달자인 지방의 대형 저장 창고가 될 성향이 농후하며, 특정한 여건 아래서는 비만이나 고혈압 내지 당뇨와 같은 문명병에 걸리게 될 위험성 또한 높아진다.

굶주림과 과잉, 문명병의 단서를 찾아서

다소 오랫동안 지속되었던 궁핍의 시기나 끔찍한 굶주림이 지배했던 시기는 100년 전까지만 해도, 서양에서도 일상적인 삶의 양상이었다. 예기치 못한 날씨의 급격한 변화나 끝없이 이어지는 전쟁, 빈곤과 경제적 불황은 인간들에게 계속되는 고통을 안겨 주었다. 그런 가운데 냉장고와 인공 비료의 발명 및 산업사회에서의 향상된 복지는 비로소 일정하고 안정된 풍요로운 에너지 물질의 공급을 확보해 주었다. 가히 재난에 비견될 만한 수준으로 오랜 기간 지속된 굶주림의 시대가 남긴 건강상의 악영향에 대해 연구를 거듭한 학자들은 아주 흥미로운 메커니즘을 발견하게 되었고, 이는 또한 과잉된 충족으로 대변되는 오늘날 우리의 복지사회와도 밀접한 관계가 있다.

1986년, 오랫동안 벌러오던 일에 착수한 인물은 바로 두 명의 영국인 전염병학자인 데이빗 바커(David Barker)와 클라이브 오스몬드(Clive Osmond)였다. 1921~1925년 사이에 태어난 사람들을 대상으로 한 연구를 진행하던 두 사람은, 비록 다른 연구 결과들이 증대하는 복지와 상승하는 심혈관계 질환 발생 빈도가 서로 직접적인 연관성을 보여 주고 있는 것처럼 여겨지기는 했지만, 영국 웨일스의 빈곤한 지역에서는 관상동맥 심장병이 풍요로운 다른 지역에 비해 상대적으로 더 빈번하게 사망 원인으로 나타난다는 사실을 발견해 냈다. 동시에 두 사람은 1920년대에 가난한 집안에서 발생한 어린이 사망자 수가 부유한 집안의 어린이 사망자 수보다 훨씬 더 많다는 사실 또한 밝혀냈다. 두 연구자는 아울러 그러한 사실로부터 가난으로 인한 임신 기간 동안의 영양 결핍이야말로 한편으로는 당시의 치솟은 어린이 사망자 숫자, 그리고 다른 한편으로는 살아남은 어린이들이 훗날 겪게 될 심장 질환 문제, 다시 말해 이른바 '문명병'의 주요 원인이라는 결론을 이끌어 냈다.

출생 당시의 몸무게와 훗날의 사망 원인을 비교해 본 결과, 아주 분명한 사실 하나가 입증되었다. 그것은 출생 당시의 평균치보다 가벼운 체중은 훗날 그 결과로 정상 내지 정상보다 더 무거운 몸무게로 태어난 경우에 비해 남성의 경우에는 심혈관계 질환을, 그리고 여성의 경우에는 당뇨병을 더욱 빈번하게 사망 원인으로 제시하게 된다는 사실이었다. 참고로, '허트포드서 연구(Hertfordshire Study)'라 불리는 이 연구의 기본 토대는 그 밖에도 영국 최초의 여성 '방문 간호사이자 산파 감독관'이었던 에설 마거릿 번사이드(Ethel Margaret Burnside)가 주도해 작성했던 자료들을 들 수 있다. 그녀는 1911년부터 한 달에 한 차례씩 정기적으로 신생아가 태어난 가정을 방문해 출생 당시와 생후 1년 동안의 몸무게 및 영양 상태와 발육 상태를 세세히 기록하였다.

가난한 집안 태생의 사람들이 훗날 성장해서 '문명병'에 걸릴 확률이 훨씬 더 높다는 놀라운 연구 결과에 따라, 많은 연구자들은 1944년과 1945년 사이의 '네덜란드 겨울 기근'과 1941~1944년 사이의 '상트페테르부르크 봉쇄' 등 20세기에 발생했던 대규모 기근 사태 가운데 몇몇을 선택해 집중적으로 조사했다.

네덜란드 철도원들의 동맹파업 및 사보타주 사태에 대한 보복의 일환으로 독일 점령군은 1944년 9월, 네덜란드 서부 지역에 대해 식량 공급을 제한하는 조치를 시행했다. 그뿐만이 아니었다. 그해에는 유럽 역사상 최악이자 최장이라 불릴 만한 겨울 추위가 엄습했다. 1944년 12월~1945년 5월에 이르기까지 6개월 동안 네덜란드 국민들은 지위고하를 막론하고 모두가 기껏해야 400~800kcal의 식량으로 하루를 버텨야만 했다. 그리고 1945년 5월이 지나서야 비로소 그들에게는 다시금 하루 2,000kcal의 식량이 배급되었다.

이 굶주림의 겨울 동안에 임신을 한 어머니들에게서 태어난 사람들을 대상으로 한 연구 결과는 그들이 성인이 되어서도 그 시기 이전이나 이후에 수태된 사람들에 비해 심혈관계 질환에 걸린 비율이 훨씬 더 높았다는 사실을 보여 주었다. 그중에서도 관심을 끄는 대목은 임신 후 첫 3개월 동안 굶주림에 시달려야만 했던 어머니에게서 태어난 아이들이 훨씬 더 높은 발병률을 보이는 데 반해, 임신 후반기에 들어서면서 굶주려야 했던 어머니에게서 태어난 아이들의 경우에는 발병률이 상대적으로 현저히 낮아졌다는 사실이었다. 결국 이 같은 연구 결과에서 드러나는 핵심 포인트는, 심혈관계 질환에 걸릴 위험 여부는 임신 후 첫 12주 동안에 결정된다는 사실이다.

1941년 9월~1944년 1월에 걸쳐 포위된 상트페테르부르크의 시민들을 굶겨 죽이려던 독일의 잔혹한 작전은 당시의 어려움을 극복하고 살아남았던 생존자들에게 또 다른 영향을 남겼다. 봉쇄 첫해, 시민들에게는 하루 평균 300kcal의 식량이 주어졌고, 100만 명이 넘는 상트페테르부르크 시민들은 이 같은 집단학살의 희생자가 되었다. 그렇다면 당시의 고난을 극복하고 살아남은 생존자들에게는 어떤 일이 일어났을까?

전쟁이 끝나고 한참 뒤, 사람들은 세 부류의 성인 집단을 조사했다. 첫 번째 그룹은 임신 기간 동안에 심각한 영양 부족에 시달려야 했던 어머니들에게서 태어난 사람들, 두 번째 부류는 봉쇄가 시작되기 전에 태어난 사람들, 세 번째 집단은 상트페테르부르크 밖에서 태어난 사람들이었다. 그런데 조사 결과, 놀랍게도 당뇨에 걸린 발병 빈도나 비만으로 고생하는 확률에 있어서는 별다른 차이가 나타나지 않았다. 그리고 이같은 조사 결과에 대한 설명 가능성은 1000일의 창 이전이든 이후이든 관계없이 어차피 먹을 것은 거의 없었다는 사실이었다. 임신 기간이나 유년시절 초기에 궁핍을 견뎌 냈던 사람들은 '네덜란드의 겨울 기근' 시기에 태어났던 사람들에 비해 심장병이나 당뇨병에 걸리거나 과체중에 시달리는 비율이 현저히 떨어진 것으로 나타났다. 네덜란드의 신생아들은 갑작스레 다시금 먹을 것을 충분히 확보할 수 있었고, 그에 반해 상트페테르부르크의 신생아들은 여전히 식량 부족 사태에 직면해 있었다.

이 같은 메커니즘이 어떤 방식으로 가동되는지는 다음에 나올 '일기예보' 부분에서 자세히 설명하게 될 것이다. 하지만 그에 앞서, 태내의 아기와 그 아기가 훗날 취하게 될 영양 섭취 성향의 사전 각인이 어떤 방식으로 작용하는가 하는 문제와 관련해 잠시 설명하고자 한다.

첫 9개월, 태내에서의 발육

1000일의 창은 수태, 즉 여성의 난자가 남성의 정자를 만나 수정되면서 열린다. 그리고 그로부터 이어지는 8주, 즉 56일 동안 믿을 수 없을 만큼 많은 일들이 벌어진다. 외견상 아무것도 없는 무(無)에서 하나의 인간을 구성하는 모든 구조가 생겨난다. 마지막에는 모든 신체 시스템이 제대로 작동하도록 하기 위해 분자 구성 요소들이 합성되고, 정상적으로 짜 맞춰져야만 한다. 이는 세포핵에 들어 있는 유전적인 설계도들이 정확하게 읽혀져 그대로 실행될 때, 그리고 필요한 구성 물질들이 적재적소에 필요한 만큼 공급될 때 비로소 가능한 일이다.

영양소는 구성 물질이고, 그로부터 우리들이 필요로 하는 자양분이 합성된다. 이 영양소가 없다면 성장이나 발육은 가능하지 않다. 생성되고 있는 생명은 온통 어머니의 신체 조직으로 둘러싸여 있기 때문에 오로지 어머니를 통해 필요한 영양소를 얻을 수밖에 없다. 즉, 새 생명체는 좋든 싫든 어머니가 자신의 성장과 발육에 필요한 모든 것들을 생성해 공급해 준다는 사실에 전적으로 의지할 수밖에 없다. 어머니는 작지만 위대한 이 건설 현장의 유일한 공급자이고, 따라서 어머니 자신의 영양 섭취는 더없이 중요하다. 태아는 저장된 형태든 아니면 어머니가 먹고 마셔 태아와 공유하는 음식이나 음료의 성분으로든 간에 어머니의 몸에 존재하는 것만을 받을 수 있다.

임신했다는 사실은 첫 4주 동안, 때로는 그보다 좀 더 오랫동안 자각되지 않는다. 그래서 임신한 어머니의 의도적인 영양 섭취만이 문제시되는 것은 아니다. 어머니와 관련된 일반적인 생활환경, 예를 들어 다이어트나 다른 특이한 영양 섭취 방식 등의 식습관, 당뇨 내지 특히 장이나 위장 부위와 관련된 전염병의 발병 여부, 그리고 알코올이나 니코틴과 카페인 같은 신경 독소의 공급 또한 아주 중요한 역할을 한다. 어머니가 다양한 방식으로 영양분을 섭취할수록 태아가 건강한 발육에 필요한 모든 것을 얻을 수 있는 가능성은 그만큼 더 커진다. 자신이 처한 상황에 대한 별다른 생각 없이 임신한 어머니는 임신한 동안 자신이 섭취하는 영양분을 통해 이미 자신의 소중한 아기의 음식이력서의 첫 장을 써나가고 있는 것이다.

아기는 태내에서 성장하는 동안, 또는 그 뒤로도 아주 다양한 영양소를 필요로 한다. 탄수화물과 단백질 그리고 지방과 같은 이른바 매크로 영양소(대량영양소)는 신체와 뇌를 성장시키는 구성 요소와 생화학적 과정을 가능하게 하는 에너지를 제공한다. 그에 반해 몸 안에서 진행되는 무수한 신진대사 과정을 조절하는 책임을 맡고 있는 비타민과 무기질 등의 마이크로 영양소는 아무런 에너지도 제공하지 못한다. 특히 마이크로 영양소의 의미는 시간이 한참 지난 후에야 비로소 그 진가를 발휘하게 된다.

매크로 영양소와 마이크로 영양소

매크로 영양소에는 지방, 단백질, 탄수화물 세 가지 영양소가 있다. 그리고 마이크로 영양소에는 다양한 비타민과 철분이나 요오드 따위의 무기질이 속한다. 하지만 비타민 D와 수용성비타민 B를 제외하면, 인체는 꼭 필요로 한다는 의미에서 '필수영양소'라고 불리는 이들 비타민을 직접 생산해 내지 못한다. 또한 매크로 영양소는 에너지를 제공하는 데 반해 마이크로 영양소는 그러지 못한다는 커다란 차이점도 있다. 이 두 가지 영양소 그룹에 대해서는 3장에서 좀 더 자세히 설명하게 될 것이다.

수정 후 첫 8주까지의 태아(태아의 형성)

첫 5~6일 사이, 수정된 난자 세포는 '포배' 상태로 나팔관을 지나 자궁으로 내려가고, 그곳에서 자궁점막에 착상한다. 포배는 이른바 영양막으로 이루어져 있는데, 배아 세포를 둘러싸고 있는 영양막은 시간이 흐른 뒤 태반과 탯줄이 된다. 착상은 아주 중요한 과정으로, 착상이 이루어질 때까지 포배는 영양 세포에 비축되어 있는 영양분에만 의지한 채 자유롭게 이동한다. 하지만 포배는 본격적인 발달을 계속하기 위해 모체의 신진대사와의 연결을 도모해야만 한다. 그래서 포배는 모체의 자궁점막에 자리를 잡아 조직을 녹이는 물질을 분비하고, 그렇게 해서 자궁벽을 파고든 뒤 필요한 영양소를 담고 있는 모체의 혈액으로 둘러싸이게 된다. 그리고 이제부터는 우리 세포의 발전소인 미토콘드리아가 필요로 하는 에너지를 산소와 포도당과 지방 및 단백질 성분인 아미노산을 혈액에서 취해 포배 안에서 점점 늘어나는 세포들에게 공급해 주게 된다.

착상이 아무 문제없이 이루어지기 위해서는 다양한 종류의 비타민과 무기질들이 필요하다. 만일 이 같은 마이크로 영양소 가운데 어느 하나라도 부족하다면 난자 세포는 경우에 따라 착상에 성공할 수 없고, 그렇게 되면 배아의 발달은 중단되고 만다. (물론 모체는 이 시점까지의 발달 과정을 아주 드문 경우를 제외하고는 거의 인식하지 못한다.)

포배는 처음에는 단지 얼마 안 되는 동질의 배아 세포로 이루어져 있다. 이들은 다양한 가능성을 내포하고 있는데, 다시 말해 이들은 장차 신기하게도 아주 다양한 조직이나 기관으로 분화되어 발달하게 된다. 하지만 그 같은 세분화는 아주 이른 시기에 시작된다. 왜냐하면 하나의 세포가 발톱이 될지 아니면 허파꽈리가 될지 결정되지 않은 채 너무 오랫동안 지체되면 조직 형성에 커다란 혼란이 야기될 것이기 때문이다. (이는 집을 짓는 건축에 비견될 수 있다. 예를 들어 집을 짓기 위해서는 수많은 목재가 필요한데, 이 목재들이 각기 대들보로 쓰일 것인지 문이나 창문을 만드는 데 쓰일 것인지가 분명치 않다면 목수는 아무것도 할 수 없을 것이기 때문이다.)

하나의 세포가 특정한 유형의 세포나 조직으로 분화되자마자 포배는 이내 단 하나의 가능성만을 갖게 되고, 이러한 특성은 이제 다시는 바뀌지 않는다. 즉, 근육세포는 영원히 근육세포로 남게 되고, 그 세포의 분열로 인해 생겨난 다른 모든 세포들 또한 마찬가지로 근육세포가 된다. 인체는 모두 합해 약 200여 가지의 세포 유형이 있다. 하지만 이들 모두는 자체 내에 동일한 유전자, 즉 동일한 DNA를 갖고 있다.

그렇다면 이러한 세포의 분화는 어떻게 해서 진행될까? 세포의 분화는 더 이상은 해독되지 않는 특정한 유전자 조각의 '차단'을 통해 이루어진다. 근육세포는 그로 인해 근육세포가 어떻게 계속해서 발달되어져야 하는가 하는 특정 정보에만 접속되어질 뿐, 간세포나 뇌세포 등의 계속되는 발달 과정에 관한 정보와는 완전히 차단되게 된다.

첫 6주 동안은 배아의 발달에 있어 아주 중요한 시기이다. 이 시기에는 모든 중요한 신체 구조가 완전하게 구성되며, 그 계획에 따라 모든 발전 단계는 정해진 절차대로 섬세하게 진행되어야만 한다. 하지만 특정한 유전자 조각의 해독과 차단은, 예를 들어 배고픔 및 결핍된 영양소, 유해 물질, 또는 모체의 질병이나 극심한 스트레스 등의 외부적인 요인에 의해 영향을 받거나 방해받을 수도 있다. 그리고 이는 장차 아이의 삶에 있어서 일종의 질환으로 나타날 수도 있다. 이에 관해서는 2장의 '후성유전' 부분에서 좀 더 자세히 다루게 될 것이다.

초기의 궤도 변경

태반은 정확히 말해 어머니와 아기의 공동 작품이다. 왜냐하면 태반은 근육 조직에 의해 형성된 어머니의 몫과 포배의 영양세포에서 생성된 아기의 몫으로 이루어지기 때문이다. 모체의 조직과의 긴밀한 접촉을 통해 어머니의 혈액에서 취해진 영양소는 아기의 순환계로 넘어간다. 이 경우 공급되는 영양분의 질과 양은 한편으로는 어머니의 영양 상태에 의해 좌우되고, 다른 한편으로는 태반에 의해서도 영향을 받는다.

태반의 기능은 무엇보다도 흡연에 의해 나쁜 영향을 받는다. 니코틴은 혈관을 수축시키고, 그로 인해 혈액의 순환을 축소시키기 때문이다. 그 밖에도 담배연기에서 배출되는 일산화탄소는 적혈구에서 산소를 몰아내고, 그렇게 해서 담배를 피우는 산모의 아기는 계속해서 산소 부족 상태에 빠지게 되며, 태반의 혈액순환장애로 인해 필요로 하는 영양분을 충분히 공급받지 못하게 된다. 또한 당뇨와 고혈압 그리고 감염증 등과 같은 질환도 태반의 기능을 저하시킬 수 있으며, 산모의 영양 부족과 마찬가지로 태아의 상태에 좋지 않은 영향을 주게 된다.

어머니가 처한 외부 상황이 모체의 신진대사에 영향을 끼치듯, 자궁과 태반이라는 자궁 내 여건도 태아에게 영향을 끼친다. 특히나 공급된 영양분의 질이나 양은 태아의 외부 환경을 형성하고, 태아를 어머니의 외부 환경과 연결시킨다. 어머니의 외부 환경이, 어머니를 통해 보내오는 신호들은 태반에 의해 아기에게로 전달된다. 그리고 이 신호들은 아기의 기관에게 장차 '저 바깥세상에서' 자신을 기다리고 있는 것들이 무엇인지 알려 준다. 이렇게 태반은 모체의 기관에 대한 정보뿐만 아니라 모체의 주변 여건에 대한 정보 또한 전달한다. 그런 가운데, 예를 들어 영양소가 공급되는 표면을 확대하거나 신체에 부속된 영양소 운반 물질의 수를 늘려 부족이든 과잉이든 모체의 공급 상황과 태아의 필요에 적절히 대응해 기능을 발휘한다.

당뇨병

제1유형 당뇨병 '청소년 당뇨'라고도 불린다. 이 경우에는 아마도 인슐린을 생산하는 세포들의 점진적인 파괴를 야기하는 신체의 자가면역 반응이 문제가 된다. 그럴 때에는 신체 스스로가 인슐린을 전혀 생산하지 못하거나 너무 적은 양의 인슐린만을 만들어 내기에 어쩔 수 없이 외부로부터 몸 안으로 인슐린을 투입해 주어야만 한다. 제1유형의 당뇨병 환자 가운데 10%가량은 유전적인 원인에 의해 발병한다. 그리고 이들은 부족한 인슐린 양으로 인해 지방을 축적하기가 어렵고, 따라서 종종 마른 체형을 갖게 된다.

제2유형 당뇨병 '노인성 당뇨병'으로 불린다. 이 경우에는 부족한 양의 인슐린이 아니라 오히려 너무 많은 인슐린이 문제가 된다. 신체 조직이 인슐린에 거의 반응을 하지 않는 '인슐린저항성'을 나타내고, 그렇기 때문에 혈당을 유지하기 위해 점점 더 많은 양의 인슐린을 생산하게 된다. 하지만 아주 높은 수치의 인슐린마저도 더 이상 충분치 않게 되면 분비된 포도당으로 인해 혈당치가 정상인의 수치를 상회하는 '포도당 저항성 장애'가 일어나게 된다. 혈당이 지속적으로 표준치 이상을 유지하게 되면 사람들은 이를 가리켜 '당뇨병 신진대사 상태'라고도 부른다. 높은 인슐린 수치는 과체중이나 비만증을 초래하기 쉽다.

영양 부족뿐만 아니라 선진국에서 흔히 찾아볼 수 있는 영양 과잉 또한 태아의 훗날 건강 상태에 영향을 끼칠 수 있는 궤도의 변경을 이끌어낸다. 태어날 당시 아기의 몸무게가 표준치를 넘어설 때가 종종 있다. 그리고 그 원인은 대부분 산모의 과체중에서 기인하는데, 이는 경우에 따라 제2유형의 당뇨병을 일으키게 된다.

포도당 형태의 에너지 과잉 공급은 태아의 성장을 가속화한다. 모체의 인슐린과는 달리 안타깝게도 포도당은 생성되는 양만큼 무한대로 태반으로 침투될 수 있다. 그렇기 때문에 높은 수치의 포도당에 대한 반응의 일환으로서 태아는 스스로 그만큼 더 많은 인슐린을 만들어 내고, 이는 지방과 단백질의 축적을 촉진시킨다. 뒤에서도 설명하게 되겠지만 태아의 신체 조직에서의 이처럼 증대된 인슐린 분비는 훗날 뇌에서 배고픔과 배부름을 조절하는 데 특정한 영향을 끼치게 된다.

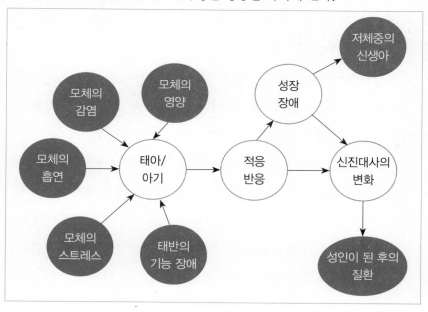

앞의 도표는 태아에게 작용하는 영향들(왼쪽의 검은색 원들)과 그에 대한 태아의 반응 방식(오른쪽 흰색 원들), 그리고 그 결과로 나타나게 되는 현상들(오른쪽 검은색 원들)을 보여 준다. 한가운데에는 이른바 대응하는 방식, 즉 '적응 반응'이 자리하고 있다. 영양 부족인 경우에는 성장 억제와 신진대사의 변화가 나타나고, 이는 신생아의 저체중 출산 및 장차 성인이 되어서 신진대사 질환에 걸릴 확률이 높아지는 위험으로 이어질 수 있다.

라마르크가 옳았을까?

사람들이 흔히 생각하는 것과는 달리, 유전인자는 특정 발달 단계에서 형성될 수도 있고 변형될 수도 있다. 그렇지 않고 우리의 신체 조직이 주변 여건의 변화와는 완전히 무관하게 고정 불변하는 것이었더라면, 이미 언급했듯이 진화의 과정 속에 서 있던 우리 인간들은 아마도 지금처럼 잘 발전해 오지 못했을 것이다.

그렇다면 이처럼 다양한 유형의 적응을 이끌어 내는 가변성은 어떻게 이해할 수 있는 것일까? 그리고 이러한 가변성은 우리의 유전 형질에 저장되어 있는 유전 프로그램과 어떠한 관계에 있는 것일까?

유전 형질은 돌연변이의 형태로 아주 서서히 변화하며, 결코 변화한 주변 여건에 신속히 반응하지 않는다. 그 말은 곧 특정한 주변 환경의 변화에도 별다른 문제없이 적응하는 능력은 분명 유전 형질 속에 이미 내재되어 있음을 의미한다. 물론 이 같은 능력은 주변 여건이 변화하기 전까지는 필요하지 않고, 따라서 활성화되지도 않는다. 하지만 덜 단 것을 선호하는 미각이나 유난히 날카로운 송곳니의 발달과 같은 유전적 성향이 갑자기 생존을 위해 중요한 요인이 될 때면 가변성은 비로소 가동되기 시작한다. 물론 이처럼 새로운 여건에 적응된 새로운 종(種)이 번식을 통해 자리 잡기까지는 수천 년의 시간이 필요하다. 그러므로 우리들의 유전적인 음식이력서의 일부는 아주 오래전 과거의 시기에 그 근원을 두고 있다. 이는 즉, 서서히 그리고 점진적으로 발전해 가는 선택적 진화 과정의 산물이며, 바로 그 덕분에 극심하게 요동치는 영양분의 공급 상황에 가장 적절하게 대처할 수 있었거나 특별히 유리한 장점을 갖고 있던 존재들만이 살아남을 수 있었다. 다시 말해 유전적 진화를 통해 인간은 영양분의 공급과 관련해 지속적으로 최상의 상태를 유지하게 된 것이다. 그러한 예로는 우리가 유당(乳糖)을 소화하는지 그렇지 못한지, 전분을 얼마나 잘 분해할 수 있는지, 또는 단맛을 더 좋아하는지 아니면 쓴맛을 더 좋아하는지 등과 같이 각각의 영양분에 대한 신진대사 능력을 들 수 있을 것이다.

우리의 유전자에 기재되어 확정된 이력에 대해서 우리는 아무것도 바꿀 수가 없다. 하지만 최근의 연구 결과에서 밝혀졌듯이 모체를 통해 우리에게 전해진 것들에 대해서만큼은 아마도 그렇지 않을 것이다. 왜냐하면 주변 환경에 대처하는 방식은 아주 다양하며, 이들은 한 세대 내에서도 변화를 추구하다가 이내 다시금 사라질 수 있기 때문이다. 이것이 바로 '후성유전(Epigenetics)'이다. (그리스어인 '에피(epi)'는 '그 밖에' 내지 '추가적인'이라는 의미이다.) 후성유전은 갑자기 변화한 영양 공급처럼 모체가 주변 세계에서 겪은 여건에 대한 경험들이 그대로 자녀에게 전해져 그들이 그 같은 상황에 좀 더 잘 대처할 수 있도록 만드는 일을 책임지게 된다. 그 과정에 대해서는 2장에서 자세히 설명하게 될 것이다.

유전 너머에, 그리고 교육 저편에 우리를 형성하는 무언가가 존재한다는 주장은 오랫동안 가당치도 않은 사실로 간주되어 왔다. 하지만 19세기에 들어서며 생물학자인 장 바티스트 라마르크(Jean Baptiste Lamarck)는 하나의 생명체가 획득한 특성들은 그 후손에게 그대로 전해질 수 있다고 주장했고, 그 같은 생각은 아마도 옳은 것임이 분명했다. 라마르크는 변화된 환경은 동물로 하여금 자신의 습성을 바꾸게 만들고, 그로 인해 그 동물의 외형적인 모습도 변화한다고 주장했다. 하지만 사람들은 오랫동안 라마르크의 그 같은 주장을 무시했고, 그러는 사이에도 학계는 그 같은 주장에 대해 점점 더 관심을 기울이게 되었다.

일기예보,
가끔은 예측했던 것과 다르게 나타난다

변덕스러운 날씨가 기승을 부리는 3월의 어느 날, 여러분이 라디오에서 흘러나오는 일기예보에 귀를 기울이고 있다고 가정해 보자. 다음 날에는 온도가 섭씨 4℃까지 내려가고, 북동쪽에서 불어오는 강한 바람과 함께 어쩌면 진눈깨비가 내릴지도 모른다고 기상캐스터는 일기예보를 전한다. 그렇다면 여러분은 다음 날, 아마도 두툼한 외투에 목도리를 두르고 우산까지 챙긴 채 집을 나서게 될 것이고, 일기예보가 적중한다면 이는 아주 적절히 대비한 차림새일 것이다. 하지만 일기예보가 맞지 않아 갑자기 따뜻하고 부드러운 남풍이 불어오기 시작한다면, 완전무장한 여러분은 오후 내내 땀을 뻘뻘 흘리고 돌아다니며 20℃까지 올라간 날씨와 따가운 햇볕을 원망할 것이다.

날씨를 살피는 기상학자와 마찬가지로 배 속의 태아는 현재의 상태에 의거하여 장차 자신이 맞이하게 될 영양 상태를 미리 예측한다. 이러한 가설을 발전시킨 연구자들은, 생성되는 생명체는 이미 자궁 안에서부터 특정한 상황에 대처하게끔 프로그래밍된다는 '자궁 내 프로그래밍(Intrauterine programming)'에 대해 이야기한다. 하지만 많은 학자들은 고정되어 불변한다기보다는 오히려 특정 조건에 반응을 보이거나 익숙해지게끔 만드는 훈련이라는 의미에서 '길들이기(Conditioning)'를 주장한다. 다시 말해 현재의 음식이력서가 최초로 기입되게 되고, 그와 더불어 특정한 미래의 시기에 일어날 사건들에 대처할 수 있는 행동들을 규정하는 기본 틀이 만들어지게 되는 것이다. 하지만 그렇다고 해서 이러한 상황이, 거의 모든 것이 미리 결정되어 있다는 걸 의미하는 것은 아니다. 그보다는 차라리 어떤 특정한 길들이 열리게 되었다라고 말하는 것이 적절할 것이다.

모체가 원했든 원하지 않았든 충분하고도 다양한 영양의 섭취를 포기한다거나 아니면 모체의 태반 기능이 일정 부분 제한받게 되면, 아직 태어나지 않은 아기의 신진대사는 일종의 에너지 절약 모드로 전환하게 된다. 에너지와 마이크로 영양소, 그리고 태반을 통해 공급되는 모체의 호르몬들의 양은 태아에게 자신이 부족함이 지배하는 세계에 태어나게 되었다는 인상을 심어 준다. 그리고 생성되는 신체 조직은 그에 맞춰 형성된다. 예를 들어 에너지를 소비하는 기관은 서서히 성장해 조금이라도 작아지게끔 조절된다. (하지만 이 같은 원칙은 신기하게도 우리 몸 가운데 가장 큰 에너지를 소비하는 부위인 뇌의 성장에는 적용되지 않는다. 이에 대해서는 4장 '이기적인 뇌'의 부분을 참고하기 바란다.)

모체의 환경이 영양 부족에 근거해 형성되었다는 태아의 인지 및 경험은 단지 성장 억제로만 이어지지 않는다. 이는 또한 좀 더 효과적인 저장을 통해 예견되는 부족분을 상쇄시키고자 하는 유전자나 신진대사 과정의 활성화를 이끌어 내기도 한다. 이러한 적응 활동은 불리한 조건에서의 생존을 어느 정도 보장해 준다. 태아는 이를 통해 '영양분 활용의 능력자'로 성장하고, 궁핍의 시기에는 무엇보다도 유용한 장점이었던 이 같은 능력은 오늘날과 같은 과잉의 시대에는 오히려 단점으로 작용할 수도 있다.

문제는 '날씨'가 예기치 않게 변할 때, 다시 말해 아기가 출생 후 마주하는 영양 상태와 환경 및 사회적인 여건 등이 배 속에서 누렸던 것들과 일치하지 않을 때 늘 생겨난다. 영양 부족으로 인해 저체중으로 태어난 갓난아기가 갑자기 영양 에너지가 과다할 정도로 공급되는 상황에 직면하게 된다면, 과체중이 되거나 그로 인해 유발되는 신진대사 질환에 걸릴 위험은 거의 예정되어 있는 것이나 마찬가지이다. (물론 5장에서 상세히 다루게 되겠지만, 과체중의 '영양분 활용의 능력자'가 정상 체중의 동료들에 비해 상대적으로 덜 건강하다는 통념은 더 이상 인정되지 않는다.)

성장하는 신체 조직이 '일기예보'에 적응한다는 것은 자연계에서는 널리 통용되는 사실이다. 그렇게 해서 새는 자신의 알에 담겨진 자양분의 합성을 공급된 영양분 내지 함께 먹고 자라는 형제의 숫자에 따라 다양하게 변화시킬 수 있다. 물론 이 같은 '프로그래밍'은 단지 특정한 발달 단계에서만 이루어진다. 기관의 발달 및 신진대사와 관련된 기본 값은 대부분 지속적으로 유지되며, 아주 드문 경우에는 나중에 살펴보게 되겠지만, 다음 세대로 유전되기도 한다. 어쨌거나 일정한 시간의 창이 일단 닫히고 나면 다시 되돌아가는 경우는 거의 없다. 그리고 그렇게 해서 담수에서 사는 물벼룩은, 예를 들어 모체가 어떤 포식자의 화학적 신호를 접하게 되면 투구 모양의 구조를 형성하게 되는데, 발육을 계속해서 이내 그 같은 포식자가 더 이상 존재하지 않거나 나타나지 않는 시기로 접어들게 되면 보호용 투구는 오히려 거추장스러운 짐이 된다. 투구가 달리지 않은 다른 동료들에 비해 영양분을 취하기가 그만큼 더 어렵기 때문이다.

뜨거운 기후대에서 활동하던 어떤 군인들은 다른 군인들에 비해 왜 더 많이 힘들어하는지 그 이유를 살피던 일련의 일본 과학자들은 투구 쓴 물벼룩의 상황에서 보듯, 더 이상 실제로 필요하지 않은 적응의 경우를 인간의 영역에서 만나게 된다. 그리고 그들은 환경이 이른 유년기에 끼치는 영향을 그에 대한 이유로서 찾아내었다. 추운 지역에서 태어난 군인들은 따뜻한 지역에서 태어난 군인들에 비해 땀샘이 훨씬 덜 발달해 있다. 땀샘은 태어난 직후에 형성되며, 그 이후로는 그 숫자가 더 이상 변화하지 않는다. 따라서 더위에 적응했던 군인들은 뜨거운 기후대에서 이점을 갖게 되었고, 그에 반해 추위에 적응했던 군인들은 더위를 견디기 힘들어했던 것이다.

건강 위험의 일기예보

대부분 이미 겪어 알고 있듯이 어떤 종류의 예보나 예측도 결코 언제나 맞아떨어지지는 않는다. 그리고 잘못된 예보의 결과가 단지 잠시 잠깐 우리들의 기분을 망쳐 놓는지 아니면 평생 동안 우리들의 삶에 영향을 끼치는지는, 그게 주말 산책에 대한 일기예보인지 아니면 노년에 대비한 체질의 추천 사항인지에 달려 있다. 아직 태어나지 않은 아기의 '영양과 관계된 일기예보'는 장기적이면서도 근본적인 결과를 수반하는 예측에 속한다. 이는 우리들의 음식이력서 맨 첫 장에 깊이 각인되어 남게 되고, 신진대사와 반응의 방식 등 장차 우리가 누리게 될 삶에 있어서 아주 중요한 일련의 행동들의 기본 틀을 형성한다.

1944~1945년 사이 네덜란드에서 일어났던 겨울 대기근에 관한 연구 결과를 통해 우리는 '일기예보'가 실제적인 삶의 여건과 맞아떨어지지 않을 경우 어떤 일이 일어날 수 있는지 알게 되었다. 임신 기간 동안이거나 어린 시절의 특수한 시기에 영양분이 너무 적거나 너무 많이 공급되는 경우를 체험한 사람은 향후의 영양 상태가 '예보되었던' 상황과 상당히 차이가 날 경우, 어른이 되어서 이른바 '문명병'에 걸릴 위험이 무척이나 크다. 문명병은 감염성 질환과 대비되는 개념인 '비감염성 질환(NCD : Non Communicable Disease)'에 속한다. 왜냐하면 문명병은 감염성 질환과는 달리 박테리아나 세균 내지는 바이러스에 의해 '전염'되는 것이 아니기 때문이다. 한편, 문명병의 특이한 조합은 다시 '대사증후군

(Metabolic syndrome)'으로 명명된다.

수년 전부터 심장 질환 관련 환자의 수가 계속해서 늘고 있고, 심장과 관상동맥 질환은 가장 빈번한 사망 원인 중의 하나로 거론되고 있다. 알레르기, 면역체계 질환, 신경퇴행성 병상, 각종 암 그리고 우울증과 같은 정신병 등은 마찬가지로 전염되지 않는 질환에 속한다. 비감염성 질환의 증가는 많은 과학자들에 의해 '1000일의 창' 동안에 증대되는 좋지 않은 발육 조건에 기인하는 결과로 해석되고 있다. 물론 영양실조 상태에서 굶주리는 어린이들의 숫자는 전 세계적으로 감소하고 있는 추세다. 하지만 영양 부족 상태인 어린이와 젊은 여성의 숫자는 여전하거나 아니면 몇몇 국가에서는 오히려 증가하고 있는 실정이다. 그리고 그 같은 상황이 초래한 결과는 특히나 개발도상국가에서 현재 현저하게 증가하고 있는 과체중이라는 현상에서 이미 확인할 수 있다. 이들 나라의 경우, 지나치게 높은 지방을 함유한 영양분에 대한 경각심은 높아지고 있다. 하지만 그에 반해, 체중은 늘어나고 영양 부족 상태는 여전히 지속되는 현상을 개선시킬 영양분의 질적인 내용에 대해서는 거의 신경 쓰지 못

대사증후군

대사증후군은 관상혈관경화나 심근경색 등 저마다 관상동맥 심장 질환의 위험성을 증가시키는 일련의 신진대사 장애를 총칭하는 용어이다. 이에 속하는 네 가지 장애로는 비만증(지방과다증), 고혈압, 지방 신진대사 장애 그리고 제2유형의 당뇨인 높은 수치의 공복혈당이 있다. 지방과다증이 적어도 다른 두 가지의 장애와 함께 나타나는 경우 사람들은 이를 가리켜 '대사증후군'이라 부른다.

하고 있는 형편이다. 이것이 이른바 '이중 부담(Double burden)'으로 묘사되며, 비감염성 질환의 확산을 특히나 조장하는 상황이다.

이 같은 현 상황에서 유엔 총회가 저체중 출산과 영양 부족에 맞서서 이미 언급한 안 좋은 결과들을 예방할 수 있는 적절한 조치를 취할 것을 촉구했다는 점은 너무나 당연한 일일 것이다. 결국 그 같은 질환들에 실제로 걸릴지 그렇지 않을지는 당연히 생활방식이나 다른 외적인 여건들에 달려 있다. 어쨌거나 건강하지 못한 생활방식은 부족한 상태에 시달리고 있는 아이들이 정상적인 발육 상태에 있는 아이들에 비해 그 같은 각종 질환에 적어도 더 빨리, 그리고 더 자주 걸리게끔 조장한다.

과학계에서건 일상생활에서건 이른바 문명병 뒤에는, 특히나 비만증 뒤에는 무절제한 식탐과 게으름과 나약한 의지 외에도 다른 어떤 원인이 숨어 있을 거라고 추정한다는 것은 아주 오랫동안 결코 쉽지 않았다. 타고난 성향이나 기질 때문이라는 주장은 그저 변명에 불과한 것으로 여겨졌고, 특히나 유전학 또한 관찰되는 모든 현상을 설명할 수는 없었다. 후성유전(2장에서 상세히 설명하게 될), 다시 말해 환경의 영향으로 인해 성향의 변화가 가능하다는 이론이 등장하면서 비로소 사람들은 외견상 혼란스러우며 모순적이기까지 한 세부 사항들을 수긍할 만한 전체 맥락과 하나로 연결시켜 주는 메커니즘의 단서를 찾아낼 수 있게 되었다.

성장하는 어린아이에게 제공되는 불충분하거나 균형 잡히지 않은 영양 공급은 그 결과로 신진대사와 호르몬 조절, 세포와 조직의 발달에 변화를 야기할 수 있다. 이는 다시 후성유전자에 영향을 끼쳐 향후 질병 발발에 유전적이거나 발육과 관련된 결과를 초래하게 된다.

위에서 언급한 장애 요인들이 어떤 방식을 통해 후성유전자의 기호와 신체기관의 기능, 신진대사 과정, 그리고 호르몬의 계통을 변화시키는가 하는 질문에 답하기 위해 다양한 동물 모델이 개발되었다. 그리고 오직 그 같은 동물 실험을 통해서만 인간을 대상으로 행해졌던 관찰이 결코 우연의 산물이 아니라는 사실을 확인할 수 있다. 그 밖에도 실험실에서의 제한 조건은 조절되거나 변화되며, 필요한 경우에는 실험을 반복할 수도 있다. 물론 동물에게서 확보된 결과들을 모두 그대로 인간에게 적용할 수는 없다. 하지만 이미 밝혀졌듯이 쥐와 원숭이 그리고 양과 송아지 같은 다양한 동물 종에게서 의도적으로 조성한 영양실조나 영양부족 상태를 통해 인간에게서와 유사한 증상들을 도출해 낼 수 있고, 그렇게 해서 가정할 수 있는 인과관계에 관한 완벽한 추론을 이끌어 낼 수 있다.

유전학과 후성유전학

유전학은 유전체, 곧 게놈(Genome)을 연구한다. 게놈은 유전자(Gene)와 염색체(Chromosome)를 합성해서 만든 용어로, DNA 염기서열에 저장된 채 유전되는 모든 유전 정보의 총체를 의미한다.

후성유전학은 후성유전체(Epigenome)를 다룬다. 후성유전체는 유전 정보의 해독 가능성이 지속적이거나 일시적으로 변화하게 만드는 모든 변이의 총체이다. 예를 들어 돌연변이와 같은 유전체의 변화는 언제나 DNA 염기나 그 서열의 변화와 관련된다. 그에 반해 후성유전적인 변화는 DNA 염기에 아무런 영향도 끼치지 않는다. 단지 후성유전체는 아주 오랜 시기에 걸쳐 변화하는 유전체와는 달리 변화한 주변 여건에 단기적으로 반응한다. 따라서 유전체는 정적이고, 후성유전체는 역동적이다.

작게 낳아서 튼튼하게 키운다?
출생 시 체중의 역할

"어서 먹어! 그래야 키도 크고 튼튼해지지!"

자식을 키우는 부모들은 이렇게 타이르면서 아이들에게 많이 먹을 것을 권유한다. 예전에는 모두가 크고 튼튼한 아이를 선호했다. 그런 아이가 이런저런 전염병에 걸릴 위험이 적고, 먹을 것이 늘 부족하기만 했던 위험한 어린 시기를 마르고 허약한 아이보다 훨씬 더 잘 이겨 낼 수 있을 것이라고 믿었기 때문이다. 그래서 작고 몸무게도 덜 나가는 아이에게는 가능한 한 많이 먹여 한시라도 빨리 기운을 차리게 해 주려고 애를 썼다. 언제 또 흉년이 들어 먹을 것이 부족한 사태가 벌어질지 그 누구도 알 수 없었기 때문이다.

하지만 모든 것이 넘쳐나는 현대의 복지사회에서는 상황이 훨씬 복잡해졌다. 역설적이게도 오늘날에는 너무 낮은 체중뿐만 아니라 너무 높은 체중 또한 장차 건강에 문제가 생기거나 비만증에 시달리게 될 위험을 안고 있기 때문이다. 그렇다고 정상적인 몸무게를 갖고 태어났다고 해서 자동적으로 안전한 편에 서 있게 되는 것도 아니다. 모체의 배 속에서 겪은 영양 부족 상태의 영향이 모두 다 출생 시 체중으로만 나타나는 것은 아니기 때문이다. 어쨌거나 일단은 너무 작거나 너무 가벼운 아기에 대해서 이야기해 보자.

모든 것이 부족하다, 작아지기 생존 전략

임신 기간 동안 아기의 성장은 무엇보다도 얼마나 많은 에너지, 다시 말해 매크로 영양소에서 나온 칼로리가 얼마나 많이 공급되느냐에 달려 있다. 그리고 먹는 음식이 임신 각 단계마다 필요한 일정량의 에너지를 갖고 있지 않다면, 일반적으로는 절실히 필요한 마이크로 영양소 또한 부족해진다. 마이크로 영양소는 매크로 영양소와 더불어 운반되기 때문이다.

그럼 이 같은 상황은 태아에게 어떤 영향을 끼치게 되는 걸까? 간단하게 한 마디로 답하자면, 크고 튼튼한 대신 작고 약한 아기가 태어난다. 이는 흔히 말하는 진부한 이야기가 결코 아니다. 쉽게 예를 들면, 돈이 부족해 강력한 엔진에 연비는 뛰어나며 최고의 안전 시스템이 장착된 신형 하이브리드 자동차를 살 수 없으면 여러분은 아마도 힘이 떨어지는 엔진에 옵션도 그저 그런 중고차를 구입하게 될 것이다. 그 차도 물론 당신을 A에서 B 지점으로 데려다 줄 것이다. 하지만 기름은 물먹듯 들어갈 테고, 까딱하면 잔고장이 날 것이며, 더구나 사고라도 나는 날에는 당신의 안전은 보장할 수 없을 것이다.

다시금 우리의 주제로 돌아가 보자. 모체의 '결핍된 영양분' 때문에 작게 태어난 아기는 총체적으로 보아 '질이 떨어지는 설비에 쉽사리 고장이 나며', 병에도 걸리기 쉬운 존재다. 어떻게 해서 그렇게 되는지가 바로 다음 장에서 다루게 될 중심 주제다. 음식이력서에게는, 이는 장차 무대 위에서 무엇이 연기되는지와 관계없이 그 뒤에서 늘 어른거리며 비쳐 나오는 일종의 시나리오를 의미한다.

그 원인이 영양 부족이든 태반의 기능 장애든 태내에서의 불충분한 영양 공급은 단지 출생 시 체중의 형태로만 나타나는 게 아니다. 그 같은 아이들은 충분한 영양을 공급받은 같은 나이 또래의 아이에 비해 훨씬 더 키가 작고, 각종 질환에도 훨씬 더 자주 걸린다. 또 이러한 집단의 사망률은 정상 크기의 또래 아이들보다 훨씬 더 높게 나타난다. 이 같은 사실을 발견한 연구자들은 키가 작은 아이들의 건강 상태를 단백질에 중점을 둔 더 나은 영양 공급을 통해 개선시킴과 동시에 뒤처진 신체의 발육을 촉진시키려고 시도했다. 그 아이들 가운데 다수는 그렇게 해서 상태가 호전되었고, 더욱 더 성장했다. 하지만 영양 상태가 분명하게 나아졌음에도 불구하고 그 아이들 중 일부는 평균적인 키에 다다르지 못했음이 밝혀졌고, 사람들은 이러한 상황을 가리켜 '발육부전(Stunting)'이라고 명명했다. 그와 동시에 발육부전에 시달리는 많은 아이들이 자기 나이에 완전히 부합되는 정상 체중을 갖고 있음 또한 밝혀졌다. 결론적으로 말해 더 나은 칼로리의 영양 공급은 키가 아니라 단지 체중의 증가에만 효과가 있다는 것이다.

임신 기간과 초기 유년기 동안의 불충분한 에너지 공급 외에도 발육부전의 가장 중요한 원인은 영양분의 질과 다양성의 결핍이었다. 임신부가 경제적인 궁핍이나 개인적인 편식 성향으로 인해 다양하고도 균형 잡힌 영양분을 섭취하지 못하면 그 아기는 다른 아기들에 비해 종종 몸무게가 덜 나가거나 키가 작게 태어난다.

곡물류나 감자처럼 전분을 함유하고 있는 식품은 물론 에너지를 제공한다. 하지만 비타민과 무기질, 그리고 적절하게 기능하는 신진대사와 아이의 건강한 발달의 전제 조건이기도 한 마이크로 영양소 등 중요한 모든 구성 요소들을 제공해 주지는 못한다.

태아가 유달리 강력히 성장하는 임신 16주부터는 특히나 아주 짧은 동안의 에너지 결핍조차도 태아의 발육에 가시적인 영향을 끼친다. 그리고 이미 언급했듯이 이는 진화에 있어서 나름의 의미를 갖는다. 배고픔과 영양 부족은 인간의 발달사에 있어서 예외가 아닌 일상적인 상황이었다. 따라서 생존을 확보하기 위해서 인간의 신진대사는 바로 그 같은 상황을 반드시 고려해야만 했다. 모체의 영양 부족으로 인해 영양소 공급이 어느 정도 감소된 상태로 조절되는 가운데 태아는 평균치보다 더디게 발달하고, 그리고 작게 태어난다. 그렇게 해서 아기는 모체의 영양 부족에도 불구하고 더 크지만, 나쁜 영양 공급을 받은 아이 치고는 훨씬 더 확실하게 살아남을 수 있는 능력을 갖게 된다.

개발도상국에서는, 그리고 산업국가의 가난한 가정에서도 마찬가지로 영양 부족은 성장장애의 표면적인 원인으로 나타난다. 고도로 발달한 선진국에서는 '태반부전증'이 종종 그 원인으로 대두하는데, 이는 흡연과 같은 다양한 요인들로 인해 나타나 영양 공급 부족 상황으로 이어진다.

가난한─작은─병든

자궁에서의 결핍된 영양 공급으로 인해 너무 작게 태어났던 사람들이 더 나은 영양을 공급받았던 사람들에 비해 종종 더 작은 키에, 또 건강상으로도 불리함을 안은 채 평생을 살아가야 한다는 사실은 학계에서도 오랫동안 일종의 수수께끼로 남아 있었다. 그러던 차에 전혀 다른 분야에서 자신만의 연구를 수행하던 어느 학자가 이 현상의 연구를 위한 실마리를 제공했다. 연구 업적을 인정받아 노벨상을 수상하기도 한 그는 바로 미국의 경제학자 로버트 포겔(Robert Fogel)이다.

로버트 포겔은 일찍이 많은 자료가 남아 있던 19세기 초반 병사들의 신장과 사망 연령에 근거해 방대한 분석 결과를 내놓았다. 그중 하나는, 키가 작을수록 그만큼 일찍 사망한다는 사실이었다. 포겔 박사가 밝혀낸 바에 따르면 그 원인은 만성적인 영양 부족과 특히 영양 에너지의 결핍이었다. 왜냐하면 그 당시에는 대부분 고된 육체노동으로, 보잘것없는 음식물에 비해 더 많은 칼로리가 필요했기 때문이었다. 영양 섭취가 안 좋으면 안 좋을수록 그만큼 각각의 수행 능력은 떨어지게 되고, 그와 더불어 전체 시스템의 생산성도 저하되기 마련이다. 포겔 박사에 따르면, 식량 공급 상황의 개선은 평균 수명을 현저히 늘리고 생산성을 극도로 증대시켰으며, 더불어 19세기에서 20세기로 이어지는 경제 성장의 기틀을 마련해 주었다.

신장과 사망률 사이의 연관성은 오늘날에도, 심지어 노르웨이나 미국과 같은 선진국에서조차 쉽사리 확인할 수 있다. 신장 160cm 이하의 남성들의 경우 사망률은 증가하고, 특히 142cm의 신장인 남성들의 경우에는 정상적인 키의 노르웨이 남성들에 비해 사망률이 2.5배까지 치솟았다. 그리고 이 같은 사실은 체중과는 전혀 관계가 없는 것으로 나타났는데, 키가 큰 사람들과 동일한 체질량지수(Body Mass Index, BMI)를 가진 키 작은 사람들은 역시 평균치보다 낮은 수명을 기록했다. (BMI에 관해서는 5장에서 다루게 될 것이다.)

영양 부족과 그로 인해 나타나는 결과는 무엇보다도 일종의 '빈곤 현상'이다. 이 같은 주장은 물론 진부하게 들릴 수도 있다. 진정한 굶주림은 여러 가지 문제 가운데 단지 일부분이기 때문이다. 질 낮고 불균형적인 음식물 섭취는 '숨겨진 허기(Hidden hunger)', 다시 말해 마이크로 영양소 부족의 원인이 된다. 가난한 사람에게는 배부른 게 당장의 목표이고, 전분을 함유한 식품은 배를 부르게 할 뿐만 아니라 값도 싸다. 그래서 가난한 사람들은 종종 단편적으로 영양을 섭취하게 되고, 아이의 발육은 아주 이른 시기에 이미 단편적인 영양소에 의해 영향을 받게 되는 일이 벌어지곤 한다.

이 같은 일들은 결코 아주 오래전 옛날이나 아프리카, 아시아의 일부 빈곤한 지역에서만 일어난 것이 아니다. 독일과 같은 선진국에서도 마찬가지로 일어난다. 1994~2006년 사이, 독일 브란덴부르크 주에 거주한 약 30만 명의 6세 아동에 관한 어떤 연구는, 수입이 적은 가정의 아이들이 훨씬 더 나은 사회·경제적 환경 출신의 아이들에 비해 현저하게 작았다는 결과를 보여 주었다. 이는 임신 기간 내지 태어나서 맞이한 첫해 동안의 영양 공급 부족에 따른 결과 때문인 것으로 해석될 수 있다.

개발도상국가의 어머니와 아이들에게는 배를 채우기 위해 곡물류와 같은 값싼 식품을 먹는 것 외에 다른 선택의 여지가 없는 반면, 독일과 같은 선진국에서의 상황은 그와는 어느 정도 다른 것처럼 여겨진다. 개발도상국에서 사는 가난한 이들은 총수입의 80% 가까이를 먹는 데 지출한다. 그에 비해 독일의 경우에는 저소득층은 수입의 15%가량을 먹는 데 쓰고, 고소득층은 5~8%가량을 지출한다. 어쨌거나 독일에서도 가난한 사람들은 마찬가지로 값싼 식품을 선호할 수밖에 없다. 왜냐하면 세상 어디에서나 다양한 음식물 섭취보다는 배를 채우는 게 급선무이기 때문이다. 물론 독일과 같은 선진국의 경우 '값이 싸다'는 게 반드시 곡물류를 의미하는 것은 아니다. 기름기가 많아 값이 저렴한 육류나 소시지류일 수도 있다. 어쨌거나 값싼 음식을 선호하는 이들의 영양 섭취 유형에서 나타나는 공통점은 그들이 선택한 식품에는 우리 몸에 없어서는 안 될 마이크로 영양소가 거의 들어 있지 않다는 사실이다. 독일에서도 마찬가지로 섭취하는 식품의 질은 수입과 사회적 지위, 간접적으로는 심지어 교육의 정도에 따라 차이가 난다. 교육은 또한 건강 영양 섭취에 관한 정보를 알고 있다는 것을 의미하기 때문이다.

가난한 사람들은 평균치보다 현저히 낮은 수명을 누린다. 여성의 경우에는 7년, 남성의 경우에는 11년 가까이 수명이 짧아진다. 사람들은 부족한 마이크로 영양소를 추구하는 '숨겨진 허기'와 배 속에서 꾸르륵거리는 소리를 내거나 전형적인 의학적 상태인 '진짜 배고픔'을 쉽사리 구분하지 못한다. 그래서 숨겨진 허기의 문제는 우리를 둘러싸고 있는 산더미 같은 음식물들 앞에서, 그리고 '뚱뚱한' 외모와 영양실조라는 테마 사이의 외관상의 모순에 가려 슬그머니 사라지고 만다.

　가난한 아이들은 그렇지 않은 학교 친구들에 비해 시각 및 언어 장애 같은 인지발달장애와 지능·운동·정서ー사회성 발달 지연 등에 훨씬 더 빈번히 노출된다. 미국에서 영상 제공 방식에 의해 실시된 한 연구는 가난한 가정 출신 어린아이들의 뇌가 그렇지 않은 가정 출신의 아이들의 뇌보다 약 6%가량 작다는 연구 결과를 보여 주었다. 이 같은 사실은 기억 및 언어와 관련이 있는 대뇌 측두엽의 해마, 그리고 복합적인 사고를 관장하는 뇌 부위에 특히 적용되었다. 이 같은 사실 또한 그 아이의 향후 발달을 위한 기회와 가난에서 벗어날 수 있는 가능성을 제약하는 요인으로 작용한다.

　낮은 수입과 '숨겨진 허기'는 선진국에서건 개발도상국에서건 밀접한 관련이 있다. 가난 속에서 살고 있는 어린아이의 정신적이고 육체적인 발달은 보다 나은 사회적 여건 속에서 살고 있는 아이들보다 뒤처진다. 그리고 훨씬 더 빈번하게 병에 걸리며, 향후 삶에 있어서도 훨씬 더 많이 과체중에 시달린다. 자세한 것은 5장에서 다루겠지만, 과체중은 어린아이들의 경우 어른들과는 달리 일반적으로 문제 상황으로 간주된다. 그 까닭은 과체중으로 인해 활동성이 제약받게 되고, 이는 곧 이어지는 건강상의 발달에 있어 일종의 좋지 않은 예후를 의미할 뿐만 아니라 사회적 배제라는 결과까지도 초래하기 때문이다.

　독일 어린이의 19%는 과체중이고, 5%는 비만증이다. 이는 2005년의 조사 결과와 비교해 거의 1.5배 증가한 수치로서, 이 같은 상황은 점점 더 격차가 벌어지는 사회적 불평등이 반영된 결과라 할 수 있다. 2016

년에는 18세 미만의 어린이 가운데 14.7%가 실업급여의 일종인 하르츠
IV(Hartz IV)를 받는 가정에서 자랐다. 앞으로 이 같은 아이들이 낳아 기
르게 될 미래의 아이들 또한 그들로서는 어찌할 수 없는 '유산'을 물려받
게 될 것이다. 그들의 음식이력서는 처음 시작 단계부터 불리한 상황에
놓여 있었고, 그렇게 해서 다음 세대 또한 다시금 어쩔 수 없이 빈곤과
영양 부족의 악순환 속으로 밀려들어가게 될 것이다. 하지만 이 같은 악
순환의 고리는 끊어버릴 수 있다. 젊은 임신부와 어린아이들의 영양 상
태 개선을 향한 사회 구성원 모두의 노력을 통해서 말이다.

살찐 어머니, 살찐 아기

이미 살펴보았듯이 임신 기간 동안의 영양 부족은 먼저 저체중 출산
을 종종 야기하고, 후에는 역설적이게도 비만증과 대사증후군에 시달릴
위험성을 높인다. 하지만 "그 반대의 경우도 마찬가지일 것이다."라는
추측은 유감스럽게도 잘못된 것이다. 역설은 더 이상 적용되지 않고, 다
시 말해 임신 기간 동안의 영양 과잉 및 출생 시 4kg이 넘는 평균치 이상
의 체중과 훗날의 마른 체형 사이에는 아무런 인과관계가 없기 때문이
다. 우리들의 음식이력서에 기입된 거의 모든 불리한 요인들은 비만증
및 그와 결부된 각종 신진대사 질환 쪽으로 우리를 몰아간다는 사실은
진화의 과정에서 미처 예견하지 못했던, 먹을 것이 넘쳐나는 현대의 풍
요로운 사회에서 살아가는 우리들의 운명이기도 하다. 게다가 칼로리가

넘쳐나는 영양 과잉의 상태에서조차 각각의 마이크로 영양소의 공급은 턱없이 부족할 수도 있다. 무엇보다도 비만인 어머니에게서 태어난 아이들은 그들 자신도 장차 비만증이나 신진대사 장애를 겪게 될 위험성이 농후하다. 어머니가 임신 기간 동안에 당뇨병에 걸렸다면 더더욱 그렇다. 그리고 이 같은 위험은 어머니가 섭취하는 음식물의 조합에 의해서도 영향 받는다. 즉, 어머니가 지방이 많은 음식을 많이 먹을수록 아기에게는 그만큼 안 좋은 상황이 펼쳐진다.

의사협회와 보건정책 담당자들은 15~64세 사이의 여성 가운데 체질량지수가 30을 넘어 비만증을 나타내는 이들의 숫자가 전 세계적으로 증가하고 있는 현 사태를 우려스러운 눈으로 바라본다. 독일의 경우에는 가임기 여성(20~39세)의 10%가 이 부류에 속한다. 과체중(특히 당뇨에 걸린) 임신부의 혈액 속에는 점점 더 많은 포도당이 들어가 혈류를 따라 순환하고, 그렇게 해서 그들의 혈당치는 점점 더 상승한다. 그리고 그 결과는 태아의 혈당 과잉 공급으로 이어진다. 모체의 혈액 속에서 대량으로 순환하는 지방산 또한 태아에게 그대로 전달되고, 그렇게 해서 태아에게는 아무것도 안 하고 놀고먹으면서도 배고픔 따위는 전혀 걱정할 필요가 없는 '게으름뱅이의 천국'이라는 신호가 전해진다. 이 같은 상황에 대한 반응으로서 태아는 잉여 에너지를 축적 지방의 형태로 저장하는 작용을 촉진시키는 인슐린의 생성을 강화한다. 그와 더불어 모체에서 태아에게로 전달되는 아미노산의 증가는 태아의 성장을 촉진시키고, 그렇게 해서 정상치보다 훨씬 더 큰 신생아가 태어나게 된다.

하지만 임신부의 당뇨가 초기에 진단되어 성공적인 치료가 행해진다면, 태아에게 끼치는 부정적인 영향들은 어느 정도 예방될 수 있다. 따라서 임신부 모두를 대상으로 당뇨병 유무의 검사를 실시하자는 주장은 너무도 당연한 것이라 할 수 있다.

태어난 후에는 어떻게 진행되나?

출생과 더불어 나아갈 선로가 모두 확정되었다고 믿는 것은 다행스럽게도 잘못이다. 후성유전체는 계속해서 주변의 여건에 반응할 수 있기 때문이다. 이는 주로 출생 직후에 해당되는 이야기이지만, 그 후 신체 조직의 가변성이 급격히 줄어드는 시기에 접어들어서도 여전히 적용되는 사실이다. 왜냐하면 우리가 일반적으로 '생활방식'이라고 이름 붙이는 것은 정확하게 말해 더 나은 쪽으로든 더 나쁜 쪽으로든 후성유전적인 변화를 야기할 수 있도록 '스스로가 능동적으로 형성한 환경 조건들'이기 때문이다.

이 같은 과정에서는 신생아가 섭취하는 영양분의 질적이고 양적인 조합이 중요한 역할을 수행한다. 이 경우에는 출생 이전에 각인된 영양과 출생 이후 섭취한 음식물의 종류나 양을 규정하는 어머니를 통한 공급이라는 두 가지 양상이 함께 나타난다. 만 두 살이 되기까지의 시기, 그러니까 '1000일의 창' 동안에는 섭취하는 영양분의 특수성에 근거해 나아가는 선로가 다시금 바뀌게 되고, 그에 따라 이미 결정되었던 후성유전적인 프로그래밍의 선로를 달려가거나 아니면 새로운 선로로 들어서게 된다. 다시 말해, 음식이력서의 진행은 출생과 더불어 다시는 되돌릴 수 없게 확정되어 불변하는 것이 아니라, 바꿀 수 있는 가능성은 여전히 존재한다는 것이다. 외견상 어찌할 수 없는 것처럼 보이기도 하는 비감염성 질환의 발생은 분명 막을 수 있거나 피해갈 수 있다.

따라잡기 성장과 따라잡기 지방

모체 영양의 양과 질이 충분하지 못하거나 태반이 제 기능을 충분히 발휘하지 못한, 통상적으로 저체중 상태인 아기는 출생 후 증가한 식욕 및 지방세포 신진대사의 변화에 힘입어 본격적인 따라잡기 추격전을 펼치기 시작한다. 즉, 신생아의 지방 조직은 급속도로 발달한다. 개발도상국에서 저체중으로 태어난 아이들의 85%가량은 충분한 음식물이 존재하는 경우 만 두 살이 될 때까지 부족했던 것들을 만회한다. 물론 그 같

두 가지 지방

지방이라고 다 똑같은 지방이 아니다. 따라서 저울에 올라섰을 때 의사가 눈살을 찌푸릴 만큼 몸무게가 더 나간다고 해서 무조건 문제가 있는 것은 아니며, 오히려 그런 사람이 아주 건강할 수도 있다. 자연은 특히나 여성의 경우, 지방 조직이 허벅지 윗부분에 저장되게끔 조치해 놓았다. 이 지방은 임신 기간이나 수유기에 대비한 비축분으로 활용되어 수유지방이라고 불리는데, 그 양은 사람에 따라서 차이가 난다. 과체중이 단지 수유지방 내지 그 밖의 피하지방 때문에 나타나는 것이라면 전혀 걱정할 필요가 없다. 진짜 문제를 일으키는 주범은 허리둘레이다. 그곳에 축적된 이른바 내장지방은 다수의 호르몬을 형성하고, 우리의 음식물 섭취를 통제하며, 심지어는 병에 걸리게 할 수 있다. 이에 관해서는 5장에서 좀 더 자세히 다루게 될 것이다.

은 과정에서 복부 주위로 더 많은 지방 조직이 형성될 수 있고, 그로 인해 과체중이나 당뇨 쪽으로 다가가는 궤도의 변경이 일어날 수도 있다. 태어나 맞이하는 첫 두 해 동안 유난히 빠르게 성장한 아이들은, 예를 들어 만 다섯 살이 되면 더디게 성장한 아이들보다 체중이 더 나가고 복부 지방도 훨씬 많다.

올바른 영양 섭취를 통해 '따라잡기 지방'을 제거할 수 있을까?

몸무게가 정상치보다 적게 나가는 미숙아의 경우, 사람들은 성장을 조절해 아기가 아직 태내에 있는 것처럼 몸무게가 증가하고 성장하도록 시도한다. 하지만 대부분 이 같은 노력은 성공하지 못하고, 그래서 종종 단백질과 에너지가 풍부하게 첨가된 조제식이 투입된다. 이는 신체의 발육뿐만 아니라 유아의 뇌 발달에 특히 효과적인 것으로 나타난다. 물론 원치 않는 부작용이 나타나기도 하는데, 허리 부위에 축적되는 내장 지방의 증가가 바로 그 예이다.

이처럼 사람들은 올바른 영양 섭취를 선택함에 있어서 딜레마에 빠지게 된다. 장에서 수행되는 포도당과 지방 및 마이크로 영양소와 같은 영양분의 섭취가 아직은 장이 제 기능을 발휘하지 못하는 미숙아나 자궁내 성장 장애를 앓고 있는 아기에게는 상당 부분 제한되어 있기 때문이다. 이런 아기들에게는 그래서 특히 다양하고 풍부한 영양 섭취가 요구된다. 불충분한 영양 공급은 뇌가 정상적으로 발달하지 못할 위험을 높여 주기에 이는 그만큼 더 꼭 필요하다.

저체중으로 태어난 아기들에게 모유를 아예 먹이지 않거나 단지 아주 단기간 동안에만 수유하고 대부분 공장에서 대량 생산된 아기 분유를 먹이게 되면, 이 아이들은 저체중으로 태어났지만 오랫동안 모유를 먹고 자란 아이들에 비해 과체중이 될 높은 위험성이 있다. 모유를 수유하는 것은 산모의 신진대사에도 긍정적으로 작용한다. 임신 기간 동안에 축적되었던 이른바 수유지방은 수유 기간에 비례해 급격히 감소하며, 이는 일반적으로 산모가 대사 장애에 시달리게 될 위험을 현저히 낮춰 준다고 알려져 있다.

태어난 지 몇 달이 지나면 아기에게는 모유나 분유를 대신하는 이유식이 주어지게 된다. 그리고 이 이유식 또한 당연히 아기의 발육에 커다란 영향을 끼친다. 비타민 B_6나 아연 및 철분과 같은 마이크로 영양소가 결핍되게 되면 아이의 신체적 성장뿐만 아니라 정신적 성숙에도 문제가 발생한다. 어쨌거나 수유기가 지난 뒤의 아이의 영양 공급은 적절히 균형 잡혀 있어야 하며, 그 아이가 아직도 계속해서 성장해 가야 한다는 사실을 항상 주지해야 한다. 다시 말해 아이의 영양 공급은 충분한 에너지, 곧 칼로리를 제공해야만 하며, 우리 몸에 필수적인 매크로 영양소와 마이크로 영양소 모두를 함유하고 있어야만 한다. 육류를 삼가는 경우처럼 특정한 음식물을 선호하거나 회피하는 부모의 특수한 성향으로 인한 영양 공급의 제약은 어린아이의 성장, 특히나 이 시기에 급속히 발달하는 뇌의 성장 및 기능 발달에 해를 끼칠 수 있다. 이에 관한 자세한 사항은 6장에서 다루게 될 것이다.

이제 다음 장에서는 먼저, 얼마 전까지만 해도 많은 것들이 알려지지 않은 채 베일에 싸여 있던 후성유전에 관해 살펴보고자 한다.

Chapter 2

게놈의 추가적인 변화, 그 과정은?

후성유전의 현상

　우리는 이제 우리의 영양 섭취 태도가 주로 부모에게서 물려받은 유전과 '1000일의 창' 동안에 마주하게 되는 여건들을 통해서 결정된다는 사실을 알게 되었다. 그렇다면 이러한 세대에서 세대로의 전달은 정확히 어떤 방식으로 작동할까? 이번 장에서는 이제 이 같은 생의학적인 신비의 세계로 한 걸음 더 깊이 들어가 보려 한다.

　한 생명체의 모든 모양은 그 생명체가 지닌 유전자에 의해 결정된다. 모든 체세포에는 각각 46개의 염색체가 들어 있으며, 이들 염색체 안에는 단백질로 안전하게 포장된 거대한 DNA 분자가 들어 있다. 그리고 그 안에는 유전자, 그리고 그와 더불어 생명체의 모든 속성이나 형질에 관한 정보들이 들어 있다. 이러한 유전자의 총합을 '게놈', 즉 '유전체'라고 명명한다. 게놈은 또 '유전자 코드(Genetic code)'라고도 불리는데, 그 이유는 건축 설계도에 비견되는 이 정보들은 암호화된 형태로 담겨 있어서 작업을 진행하기 위해서는 먼저 암호 해독 과정부터 이루어져야 하기 때문이다.

　DNA의 원리는 단세포 무핵 미생물이자 지구에 존재하는 모든 생명체의 시초에 존재했던 시원세균(Archaea)의 경우에도 이미 존재했다. 그리고 그들의 유전자의 많은 부분은 인간에게서도 아직 찾아볼 수 있으며, 원칙적으로는 상이한 종의 DNA를 비교함으로써 진화의 역사를 읽어낼 수 있다. 흥미로운 점은, 자기복제(Self-replication)를 통해 자기 안에 숨겨진 정보를 증식시키고 전파시킨다는 DNA의 원리가 그동안 지구상에서 일어났던 그 모든 변화에도 불구하고 20억 년이 넘도록 그대로 유지되고 있다는 사실이다.

유전자가 담겨 있는 DNA의 모습은 이중나선 구조(Double helix)로서, 자기 축을 중심으로 빙글빙글 도는 기다란 줄사다리처럼 보인다. 이 줄사다리의 디딤판들은 서로 마주보고 있으면서 강력한 화학 결합을 통해 상호 연결되어 있는 네 가지 종류의 염기로 이루어져 있다. 우리의 세포에는 저마다 길이의 총합이 약 2m에 달하는 DNA가 자리하고 있으며, 이들은 지름의 크기가 0.005~0.016mm 사이인 세포핵에 제각각 보관되어 있다. 이러한 신비스럽기까지 한 보관 과정에 있어서는, 또 유전자가 들어 있는 조각들이 해독되어지기 위해서는 언제든 접근 가능하다는 점이 보장되어 있어야만 한다. 이는 DNA가 적절하게 포장되어 있을 때만 가능한데, 이러한 상태는 DNA가 이른바 '히스톤(Histone)'이라고 불리는 특수한 단백질 및 다른 단백질 등의 주위를 감싸고 있을 때 비로소 가능해진다. DNA 섬유는 그러므로 세포핵 안에서 단백질 염기를 촘촘하게 둘러싸고 있다.

어느 한 종(種)의 모든 구성원들은 원칙적으로 동일한 설계도, 즉 동일한 '유전 정보'를 갖고 있다. 그래서 쥐는 모두 쥐처럼 보이고, 사람은 늘 모두 다 사람처럼 보인다. 하지만 머리카락색이나 피부색 또는 키나 신진대사 등의 세부적인 사항에서는 서로 간에 개별적이고도 분명한 차이를 드러낸다. 그 까닭은 생식 과정에서 아버지의 정자와 어머니의 난자에서 유래하는 염색체들이 함께 만나 새로운 개체를 위한 하나의 새로운 염색체 조합을 만들어 내는데, 그 안에는 하나는 아버지 것, 하나는 어머니 것인 모든 유전자들이 쌍을 이뤄 존재하기 때문이다. 이처럼 쌍을 이루는 대립 형질의 유전자를 가리켜 '대립유전자(Allele)'라고 부르며, 이들은 각자의 DNA 염기에 있어서 상호 간에 미세하지만 분명하게 구분된다. 이 말은 곧, 미미한 차이를 보이는 DNA 정보에 의거해 형성된 단백질들은 마찬가지로 서로 간에 아주 미세하게 차이가 난다는 사실을 의미한다. 이로써 우리의 주제는 이제 겉으로 드러나는 여러 가지 특성, 즉 표현형(Phenotype)의 차이라는 문제로 넘어가게 되었다.

후성유전,
유전 프로그램의 추가 조정

다시 한 번 이미 언급했던 현상, 즉 수정된 난자의 몇몇 세포에서 저마다 외형도 다르고 기능도 다른 200여 개의 상이한 세포 유형이 생겨난다는 사실을 되짚어 보자.

유전자 코드에는 아주 분명하게 무한한 가능성이 부여된다. 그리고 복합적인 유기적 생명체의 비밀은 이 무한한 가능성 가운데에서 어떤 것은 의도적으로 선택하고, 또 어떤 것은 일부러 무시하는 메커니즘이 존재한다는 사실에 놓여 있다. 이 같은 '의도된' 선택적 해독과 '무시'라는 메커니즘은 발달하고 있는 배아나 태아의 세포 분화뿐만 아니라 갑작스런 환경 변화에 대처하는 유기적 생명체의 단기적인 적응 또한 조종한다.

첫 16주 동안에는 생명체가 제대로 작동하기 위해 필요로 하는 모든 세포 유형과 조직이 형성되며, 그 이후로는 단지 부분적인 수정만이 가능하다. 생명체는 그 밖에도 이 16주 동안 자신이 태어나 속하게 된 세상에서 확실히 살아남도록 도와주는 각종 신호들에 대처해야만 한다. 그에 필요한 유전자 코드의 '미세 조정(Fine tuning)'을 가리켜 사람들은 '후성유전'이라고 일컫는다. 이미 설명했듯이 유전 '옆'이나 '너머'에는 우리 모습이 어떻게 보이게 될지, 그리고 우리의 신진대사가 어떻게 작동할지에 영향을 끼치는 무언가가 있다.

최근 들어 많은 이들은(줄지어 나란히 늘어선 염기쌍에서 나오는 유전자 코드 외에) '두 번째 코드'에 관해 이야기한다. 이 같은 새로운 인식의 중심 대목은 기본적인 유전 정보 없이도, 다시 말해 염기서열의 변화 없이도 DNA가 바뀔 수 있는 조정 영역이 존재한다는 주장이다. 즉, 기본 코드는 안정적으로 고정되어 있지만, 어느 유전자가 해독되고 어느 유전자가 무시될지를 결정하는 세부적인 실행 계획인 조정 코드는 가변적이며 유동적이다. 그러므로 '후성유전체'는 하나의 세포의 DNA에서 행해진 '변화' 전체를 책임진다. 그리고 영원히 지속될 어떤 것들은 볼펜으로, 그리고 일시적이고 되돌릴 수 있는 어떤 것들은 연필로써 써나가며 우리의 음식이력서 또한 작성한다.

주변 영향으로 인해 요구되는 변화를 시도할 수 있는 유기적 생명체의 능력은 적응 능력 내지 순응성(Adaptivity)으로 지칭된다. 이는 적응, 곧 가변성의 전제이다. 이미 언급했듯이 세포와 생명체가 그들의 발생기 동안 및 출생 후 예상되거나 마주하게 된 환경 여건에 적응하는 것을 가능하게 해 주는 특성이 바로 '가변성(Plasticity)'이다. 정확히 말해, 이는 상이한 표현형의 형성을 통해 적응을 성취할 수 있는 유전자형(Genotype)의 능력이다. 가변성은 이러한 맥락에서 세포가 자신이 만드는 호르몬의 양을 환경 여건에 어울리게 맞출 수 있음을 의미한다. 그리고 이 또한 후성유전체의 도움을 받아 일어나는데, 바로 여기에 우리의 음식이력서에 여전히 영향력을 행사할 수 있는 가능성이 존재한다. 왜 나하면 어머니가 아직 태어나지 않은 아기에게 환경의 신호를 보내듯, 우리 스스로도 출생 후에 우리 세포 및 세포에 자리하고 있는 유전체와 후성유전체에게 우리 주변 환경의 신호를 보내기 때문이다. 진화의 관점에서 보면 적응하는 가변성은 젊은 생명체에게 자신의 표현형을 적절히 조절하게끔 해 주며, 그렇게 함으로써 자신이 태어나 속한 환경 속에서 살아남아 번식하게 해 준다.

순응적인 가변성의 대표적인 예는 들쥐에게서 찾아볼 수 있다. 늦가을에 태어난 들쥐들은 늦은 봄에 태어나는 들쥐들보다 훨씬 더 가죽이 두껍다. 이러한 메커니즘은 멜라토닌 호르몬, 즉 뇌에서 형성되어 밤과 낮의 길이나 리듬 등의 조정에 관여하는 호르몬을 이용한다. 아침이 되어 날이 환해지면 멜라토닌 호르몬 수치는 급격히 떨어지고, 어둠이 깃들면 다시금 상승하기 시작한다. 낮이 짧아질수록 그만큼 더 많은 멜라토닌이 분비된다. 들쥐가 새끼를 배면 아직 태어나지 않은 들쥐새끼는 어머니 쥐의 신진대사에서 분비되는 멜라토닌 호르몬의 농도를 통해 자신이 어느 계절에 태어나게 될지를 알게 된다. 멜라토닌은 털옷의 형성을 책임지는 효소(Enzyme)에 영향력을 행사해 들쥐새끼의 신체 조직이 예상되는 '밖의 온도'에 대비하도록 해 준다. 바로 이러한 과정을 가리켜 흔히 예견 내지 예측하는 '적응 반응'이라고 일컫는다.

후성유전적 변이의 예는 꿀벌에게서도 찾아볼 수 있다. 꿀벌의 경우에는 '로열젤리'라는 신비의 자양분에 의해 변화가 생기는데, 로열젤리는 일벌을 여왕벌로 만들어 준다. 일벌과 여왕벌 사이의 차이는 확연하다. 여왕벌은 몸집이 동족의 일벌보다 두 배 정도 크고, 몸무게도 세 배 가까이 무겁다. 여왕벌은 몇 년을 살 수 있지만, 일벌은 한여름에는 겨우 한 달 남짓을 살 수 있을 뿐이다. 이 같은 신체적인 차이 외에 꿀벌사회의 계급 사이에서는 행동방식의 차이도 관찰된다. 일벌 무리가 자기 자신만의 후손 번식을 포기한 채 열심히 꿀을 모으고 벌집을 청소하고 지키며 다음 세대를 키우는 데 반해, 외로운 여왕벌은 여러 마리의 수벌과 교미를 한 후 일벌들만큼이나 열심히 알들을 낳는다. 그리고 이 알들에서는 동일한 유전 형질을 갖고 있음에도 불구하고 다시금 얼마 안 되는 여왕벌과 수많은 일벌들이 태어난다. 일벌과 여왕벌 사이의 차이는 애벌레 시절에 유모벌에게서 받아먹은 먹이에 기인한다는 사실은 이미 오래전부터 알려져 있었다. 여왕벌이 되도록 정해진 애벌레는 발육 기간 내내 유모벌의 인두선에서 나오는 분비물인 로열젤리를 받아먹는데, 로열젤리에는 당·단백질·지방 외에도 비타민 B와 같은 마이크로 영양소가 풍부하게 함유되어 있다. 그에 반해 일벌이 될 애벌레들에게는 신비의 로열젤리가 단지 발육 초기 3일 동안만 제공되고, 그런 다음에는 꿀과 꽃가루가 제공된다.

얼마 전 오스트레일리아의 어느 연구팀은 그동안 로열젤리가 담당했던 역할을 인공적인 방식으로 대체해 일벌을 꿀벌로 성장시키는 데 성공했다. 그렇게 해서 연구자들은 여왕벌과 일벌과 수벌 사이의 차이는 꿀벌의 뇌 발달 및 행동에 관여하는 상이한 유전자의 다양한 후성유전적 변화에 기인한다는 사실을 보여 줄 수 있었다. 원인은 로열젤리 안에 존재하는 효소 때문인 것처럼 보였다. 위에서 언급했던 예측 기능을 갖춘 순응적 가변성의 경우와는 달리, 꿀벌들의 예에서는 발육 가변성이라 불리는 현상, 즉 '자양분'이라는 외적인 영양을 통해 발육하는 생명체의 표현형이 변화하는 현상이 문제시된다.

매우 복합적이지만 무척이나 환상적인 메커니즘 덕분에 유기적 생명체는 각각의 유전자를 선택하거나 무시할 수 있고, 그 결과 하나의 생명체의 구성과 발달에 있어서는 엄청난 차이가 나타나게 된다. 이제 그 같은 메커니즘에 대해 잠시 알아보자. 잠깐, 미리부터 겁먹을 필요는 없다. 전문가가 아닌 우리는 그저 가능한 한 간단하고 쉽게 살펴보려 할 뿐이다.

유전자는 DNA의 한 조각으로, 그 안에는 단백질의 형성에 관한 정보가 담겨 있다. 이 정보가 세포 내에서 염색체가 들어 있는 핵으로부터 단백질을 생산해 내는 공장인 리보솜으로 전달되기 위해서는 유전자는 선택되고 해독되어야만 한다. 이러한 과정은 줄사다리의 양쪽이, 그러니까 DNA 끈이 열리고 양쪽 가운데 하나에 의해 '메신저RNA(mRNA)'라고 불리는 보충적인 복제가 이루어질 때 가능해진다.

유전자의 올바른 위치가 열리게 하기 위해서 그곳에 "여기서부터 쓰기 시작해 여기서 끝내라."라는 일련의 표시가 달라붙는다. 해독이라는 아주 복합적인 과정에는 다양한 단백질 염기와 비타민 A와 D 및 다양한 호르몬과 같은 '열쇠'들이 관여한다. 정보의 연결과 차단 그리고 선택적 해독 덕분에 세포들은 내적이고 외적인 영향에 반응을 할 수가 있으며, 호르몬이나 다른 전달 물질들도 개별적인 요구에 맞춰 작용할 수 있다. 그리고 이 같은 처리 절차는 세포들 저마다가 가능한 한 오류를 배제한 채 좀 더 높은 확실성 속에서 복제를 진행하도록 도와준다.

DNA 분자에 들어 있는 유전 정보들은 펼쳐진 책처럼 공개되어 있는 것이 아니다. 이들 정보들은 먼저 암호부터 해독되어야만 한다. 이와 관련해서는 현금 수송차에 든 돈을 극도로 안전한 은행 지하의 안전 금고로 운반해야 하는 현금 호송원을 상상하면 된다. 호송원이 그곳에 도착하기까지 많은 경비원들은 매번 자기만의 열쇠로 문을 열고 길을 터 줘야 할 것이다. DNA에 들어가 있는 정보의 행로도 이와 비슷하다. 먼저, 정보는 이른바 자기 자신의 심부름꾼이 되고, 세포핵에서 나와 세포원형질, 다시 말해 단백질의 복합체인 리보솜이라는 '단백질 공장'에 도착하기 위해 풀어서 다시 써져야 한다. 이처럼 풀어서 다시 쓰는 '전사(Transcription)'의 결과는 RNA 분자이고, 이 RNA 분자를 사람들은 '메신저RNA(mRNA)'라고 부른다. 현금 호송원이 일단 지하 금고에 다다르면, 이제는 또 다른 열쇠가 활성화되어야 한다. 메신저RNA에 들어 있는 정보는 암호가 해독되어 공사 설명서로 옮겨져야 한다. 이처럼 공사 설명서로 옮겨지는 과정은 '번역(Translation)'이라고 불린다. 각기 세 개의 RNA 염기는 하나의 아미노산을 코드화하고, 리보솜 공장은 이 RNA 코드에 따라 아미노산을 원하는 단백질로 합성해 낸다.

DNA에서 RNA로의 전사 과정이나 RNA에서 단백질로의 번역 과정 동안에는 후성유전적인 메커니즘, 그러니까 환경과 호르몬 및 영양 섭취 등과 같은 단기적 영향들이 활성화되고 그들의 조정 작용이 전개된다. 정보로부터 단백질로 이어지는 길을 작동시키기 위해 유기적 생명체는 깜짝 놀랄 만한 트릭들을 준비하고 있다. 그들 가운데 가장 중요한 세 가지 트릭에 대해 이제 간단히 설명하고 넘어가고자 한다.

첫 번째 책략은 DNA의 메틸화(Methylation)이다. 그런데 이게 대체 무슨 말일까? 사실은 아주 간단한 원리다. 하나 또는 다수의 염기가 하나의 작은 화학적 빨래집게로 집어지면 이른바 하나의 메틸 그룹이 생겨나고, 그렇게 되면 RNA 생성을 위한 보완 염기는 더 이상 읽혀질 수가 없게 된다. 이러한 화학적 집게는 대부분 유전자의 출발점에 설치되고, 그 결과는 어떤 정보의 '차단'이다. 이제, 현금 수송차에 든 돈을 운반하는 현금 호송원의 경우로 다시 돌아가 보자. 안전 검사를 통과하지 못한다면 그 차는 지하 금고로 들어갈 수 없다. 이 경우, 메틸화는 바로 특정 현금 호송원에게 "안전지역 출입금지"라는 명찰을 붙여 주는 담당 직원이라 할 수 있다. 그렇다면 그 현금을 필요로 하던 은행에는 이제 커다란 문제가 생겨나게 된다. 따라서 메틸화된 유전자는 전사될 수 없다. 다시 말해 메틸화된 유전자에 들어 있던 정보는 메신저RNA로 바뀌어 발송되지 않은 채 차단된다. 아울러 그 정보와 관련된 특정 단백질 또한 더 이상 생성되지 않게 된다.

이미 설명했듯이 이와 같은 메커니즘은 생성되는 유기적 생명체의 세포 분화와 파생을 가능하게 해 준다. 메틸화는 자연이 준비한 '히스톤 변형(Histone modification)'이라는 또 다른 책략과는 달리 대부분의 경우 아주 안정되어 있다.

히스톤 변형 또한 사실은 아주 간단한 원리이다. 두 가닥의 가느다란 실을 꼬아놓은 것 같은 DNA실이 히스톤이라고 하는 단백질 포장 물질 둘레를 감싸고 있는 모습을 다시 한 번 상상해 보자. 이 같은 포장 상태는 DNA를 핵 속으로 가지고 가는 동시에 DNA를 보호하기 위해 아주 튼튼히 감겨 있어야 한다. 하지만 DNA실을 너무 팽팽하게 잡아당기면 끊어지고, 너무 헐렁한 채로 두면 실이 엉켜 버릴 수도 있다. 물론 이 두 가지 모두 전혀 원치 않는 상황이다. 그 해결책은 물리적이다. 단백질은 양전하를 띠고 있고, DNA는 음전하 쪽에 가깝다. 그래서 두 물질은 전하의 차이에 따라 자석처럼 서로 잡아당겨 결합한다. DNA에 메틸 그룹을 가져다 붙이면 암호 해독 과정이 장애를 일으키는 반면에, 메틸 그룹과 자매지간인 아세틸 그룹을 히스톤에 가져다 붙이면 해독 과정은 활성화된다. 그로 인해 다른 전하를 띤 DNA와 히스톤의 서로 잡아당기는 힘이 감소되기 때문이다.

아세틸화는 일종의 '기동타격대'와 같아서 주변 여건의 영향에 신속하게, 그리고 단기적으로 반응할 수 있다. 그리고 이 변화는 다시금 원상태로 되돌아갈 수 있다. 간단하게 말하면 전깃불과 보일러가 완전히 나간 게 아니라 잠시 꺼진 집의 경우처럼 단지 어두워질 때면 스위치를 다시 켜거나 끄고, 추워질 때면 온도를 높이거나 낮춰 조정할 수 있는 것이다.

히스톤의 아세틸화 외에도 또 다른 다양한 히스톤 변형은 DNA의 해독을 변화시킬 수 있다. 현금 호송원의 예를 들자면, 호송원이 지하 금고로 들어갈 수 있도록 은행 입구에 채워진 빗장을 여는 것을 책임지는 게 바로 히스톤 변형이다. 한마디로 아세틸화는 메틸화와 대비되는 개념으로서 정보의 해독을 가능하게 해 준다.

마찬가지로 아주 유동적인 또 하나의 후성유전적 간섭(Interference)을 일으키는 주인공으로는 RNA 분자의 미니 버전인 이른바 '마이크로

RNA(MicroRNA)'가 있다. 마이크로RNA는 은행에서 은근히 시작된 일종의 태업으로 비유될 수 있다. 이 메커니즘은 은행 문의 개폐나 정보의 해독이 아니라 지하 금고의 도착에 영향을 끼친다. 이제 막 세포핵에서 나와 자신이 지닌 정보를 전달하려는 메신저RNA(줄여서 mRNA)를 발견하면, 마이크로RNA(줄여서 miRNA)는 곧바로 자기 자신이 그 RNA에 들어맞는지 아닌지를 검사한다. 만일 자신이 들어맞는 경우라면 마이크로RNA는 메신저RNA와 결합한다. 그리고 그렇게 해서 생성된 이중 끈은 끊기고 파괴된다. 마이크로RNA는 이른바 정보를 설계도로 번역하는 과정에 끼어들어 간섭하고, 원래 계획된 단백질의 생성을 부분적으로 방해하거나 완전히 폐기해 버린다. (많은 마이크로RNA는 또한 이와는 정반대의 역할을 수행하기도 한다. 즉, '번역'을 지원해 단백질 생산을 오히려 촉진시키기도 한다.)

'1000일의 창' 동안의 발달 과정이나 신체기관의 기능 변화 내지 암 발병에 있어서 마이크로RNA가 맡는 역할은 최근 들어 점점 더 집중적인 학계의 관심을 받고 있다. 마이크로RNA는 유전자의 모든 그룹을 차단해서 세포의 분화(Cell differentiation)와 상이한 조직의 발달에 직접적으로 영향을 끼칠 수 있는 일종의 분자 스위치인 것처럼 여겨진다.

후성유전체의 상이한 도구들은 각기 고립되어 독자적으로 투입되는 것이 아니라 종종 서로 연합해 작용하는 가운데 유전자의 이런저런 많은 변이들과 함께 자신의 영향력을 행사한다. 물론 그러한 세부적인 사항까지 이 책에서 기술할 필요는 없을 것이다. 어쨌거나 메틸화와 히스톤 변형은 우리의 영양 섭취와 아주 밀접한 관계가 있다. 그 말은 우리의 영양 섭취가 후성유전에 직접적인 영향을 끼칠 수 있다는 사실만을 의미하는 것이 아니다. 우리의 영양 섭취는 한 걸음 더 나아가 우리 후손들의 음식이력서 또한 작성해 내는 것이다. 이에 대해서는 좀 더 자세히 이야기하게 될 것이다.

DNA의 형태로 포장된 유전 정보로부터 전사와 번역을 거쳐 단백질(Protein)이 만들어지기 위해서는 아미노산(Amino acid)이 필요하다. 우리 인간은 우리의 단백질을 생성하기 위해 20가지의 다양한 아미노산을 필요로 한다. 그리고 연령대에 따라 조금씩 다르기는 하지만, 그 가운데 12~16개 정도의 아미노산을 스스로 만들어 낼 수 있다. 그리고 이 20가지의 아미노산 가운데 하나라도 결핍되면 이는 향후 발달에 부정적 영향을 끼칠 수 있다. 그런데 우리들은 지나치게 편식을 하면서도 그런 영양 섭취가 불러올 부정적인 영향에 대해서는 전혀 생각하지 않곤 한다. 예를 들어 단백질은 지방과 함께 세포막이나 뇌세포를 만들고, 탄수화물과 결합해서는 전달 물질을 합성해 내며, 아니면 경화되어 뼈가 되기도 한다. 이런 기본 구조뿐만 아니라 효소나 호르몬과 같이 신진대사에 관여하는 수많은 물질들도 단백질로 구성되어 있다.

부모가 은연중에 물려준 것

오늘날까지 이어져 내려오는 전통적인 유전 이론에 따르면, 주변 여건에 대한 생명체의 반응은 결코 유전되어질 수 없는 것에 속한다. 심지어 바로 위에서 설명했던 후성유전적 메커니즘과 관련된 사실들이 발표되었을 때조차도 사람들은 부모의 DNA 메틸화는 태아의 게놈, 즉 유전체로 옮겨 가지 않는다고 믿었다. 왜냐하면 수정이 이루어진 직후에 '재설정 버튼(Reset-Button)'이 눌러진다고 믿었기 때문이다. 물론 이처럼 믿게 된 데에는 나름 까닭이 있다. '둘에서 하나 만들기'라는 모토에 따라 진행되는 번식에는 통속적이라고 무시하고 넘어갈 수만은 없는 문제, 다시 말해 남자와 여자는 전혀 다른 저마다의 체세포와 생식세포의 기본 틀을 가진 두 개의 전혀 다른 개체라는 현상이 깔려 있기 때문이다.

남성의 배종 세포와 여성의 난자 세포는 저마다 아버지와 어머니에게서 물려받은 각각의 후성유전적 틀을 여전히 지니고 있을 것이고, 이 둘이 서로 만나게 되면 당연히 일대 혼란이 일어날 수밖에 없을 것이다. 그렇다면 이러한 혼돈 상황이 발발하는 것을 막기 위해서는, 이제 막 생성되려 하는 새로운 개체의 DNA로부터 모든 후성유전적 기호를 제거함으로써 이 둘의 기본 바탕은 완전히 깨끗하게 청소되어야만 하는 것이다.

그리고 실제로도 수태된 지 사흘째까지는 제일 먼저 생겨난 새 세포들의 유전자는 완벽하게 탈메틸화(Demethylation)되어 있다. 이 위대한 '재설정'은 이미 존재하던 모든 조정 상황을 제로 상태로 돌려놓고, 완전하게 청소된 유전체를 지닌 세포들은 이제 다시금 어느 방향으로도 나아갈 수 있는 아주 자유롭고도 아주 다양한 발전 가능성을 갖게 된다. 그리고 또 이틀이 지나면 세포들은 다시금 새롭게 메틸화되기 시작하고, 전혀 다른 신체 기관과 조직으로 분화되기 시작한다.

하지만 그레고어 멘델(Gregor Mendel)과 찰스 다윈(Charles Darwin)의 진화론의 가장 엄격했던 대변자들조차 그 사이 불가능한 것으로 간주되었던 유전의 과정들을 암시하는 징후들을 이제는 어쩔 수 없이 인정하고 받아들여야만 하는 상황에 처하게 되었다. 이와 관련된 가장 유명한 일화 중 하나는 북극권 너머 스웨덴 북부 지역인 노르보텐 주의 외버칼릭스 마을에서 일어난 일이다.

노르보텐 주의 특별한 점은 이 지역이 처한 극한 상황이다. 19세기 말~20세기 초까지만 발트 해가 얼어붙으면 이 지역은 외부로부터의 공급이 완전히 차단된 것과 마찬가지인 상황에 놓이곤 했다. 연중 평균온도는 섭씨 1.5℃이고, 10월부터 4월 사이 온도계는 늘 영하 10℃ 이하를 가리킨다. 그리고 낮은 아주 짧다. 섭취 가능한 음식물에 관해 이야기하자면, 노르보텐 지역에는 아마도 우리 인류의 초기 조상들이 처해 있었음직한 상황과 여건이 여전히 지배하고 있었을 것이다. 한마디로 말해, 가을에 수확한 곡식으로 다음 해 수확할 때까지 먹고살아야만 하는 것이다. 하지만 가을의 수확 상황이 좋지 않고, 이어지는 겨울과 봄의 수확 또한 충분치 않다면, 그곳 사람들은 결국 늘 언제나 굶주림에 허덕일 수밖에 없는 것이다.

스웨덴은 1799년 이후로 매년 수확량과 식량 가격에 관한 기록을 보관하고 있다. 아울러 20세기 초부터 이미 인간의 삶의 이력과 기상 상황 사이의 관계를 현대적이고 체계적으로 인식하고 있었다. 따라서 외버칼릭스 마을은 스웨덴의 보건학자 라스 올로프 비그렌(Lars Olof Bygren)에게는 아주 이상적인 실험 지역임에 분명했다.

비그렌 박사는 1980년대 이후로 당시만 해도 아직 불분명한 것으로 여겨지고 있던 문제, 즉 부모나 조부모의 나쁜 영양 섭취 상태와 자식 및 손자가 일찍 죽거나 심혈관계 질환에 걸릴 위험성 사이에 어떤 연관성이 존재하는지 아닌지를 연구하고 있었다. (1장에서 이미 언급한 데이빗 바커 또한 1980년대 영국 웨일스 지역에서 이와 유사한 문제에 관한 연구를 시행하던 중 비슷한 의혹에 부딪히게 되었다.) 기존의 기후 자료와 지역별 수확량 및 곡물 가격과 관련된 통계 자료를 분석하던 비그렌 박사는 일단 풍년과 흉년을 구분해 낼 수 있었다. 그러고는 2001년 처음으로 발표된 아주 놀랄 만한 연구 결과, 다시 말해 풍년이 든 덕분에 9~12세 사이의 연령대에 먹을 것이 아주 풍족했던 남성들의 자식이나 손자들은 평균 수명이 비교적 짧았다는 연관관계를 찾아내게 된다. 이들 남성의 손자들은 같은 연령대에 먹을 것이 부족해 고생했던 남성들의 손자들에 비해 평균 수명이 6년이나 짧았다. 그뿐만이 아니었다. 계속된 비그렌 박사의 자료 분석 결과는 성장기에 단 한 해라도 먹을 것이 풍부한 겨울을 보냈던 어린이라면 50년 후에 그의 손자가 다른 가족 구성원보다 더 일찌감치 세상을 떠나게 되는 일종의 생물학적인 연쇄반응에 직면할 수 있다는 사실을 시사하고 있었다. 그리고 그 반대의 경우, 다시 말해 굶주림에 시달려야 했던 할아버지의 손자는 상대적으로 더 오래 살았다는 사실도 마찬가지로 확인되었다.

이 같은 연구 결과가 처음에는 당시 사람들에게 말도 안 되는 일종의 난센스로 치부되었다는 사실쯤은 누구나 충분히 상상할 수 있을 것이다. 당시만 해도 이처럼 수수께끼 같은 연관성을 설명해 줄 만한 메커니즘이 아직 알려져 있지 않았기 때문이다. 하지만 비그렌 박사의 외버칼릭스 연구는 계속 진행되었고, 그 결과 점점 더 많은 정보들이 제공되었다. 이미 알려졌듯이 특정한 시기의 할아버지의 영양 섭취 상태만이 그 손자의 평균 수명과 관련되어 있는 게 아니었다. 물론 단지 아버지 쪽의 조부모라는 전제 조건은 있었지만, 똑같은 상황이 할머니와 그 손녀에게도 마찬가지로 적용되었던 것이다.

훗날, 비그렌 박사는 대규모 연구를 수행하고 있던 여성 전염병학자인 진 골딩(Jean Golding)과 함께 오랜 기간에 걸친 영국의 백작령(領)에 이번 지역의 부모와 자식 간의 관계를 연구했다. 두 사람은 이 연구 범위에 해당되는 사람들 중에서도 특히 9~12세 사이의 중요한 시기에 특별한 사건을 경험했던 남성 후보자들에게 주목했다. 그 결과, 두 사람은 마침내 연구 대상인 총 14,024명의 아버지들 가운데 그 나이 또래에 흡연을 시작했다고 진술한 166명을 추려냈다. 그리고 그들 166명의 아버지의 아들들은 이미 9세의 나이에 다른 부모의 아이들에 비해 현저하게 높은 체질량지수를 보여 준다는 사실이 밝혀졌다.

이러한 후성유전적인 이정표는 그런데 왜 단지 부계 쪽을 통해서만 유전되는 것일까? 외버칼릭스 프로젝트의 연구 결과에 따르면, 그 같은 현상에 대한 설명 가능성 가운데 하나로서 여자아이의 경우 출생과 동시에 배종 세포가 이미 존재하는 반면, 남자아이의 경우에는 사춘기가 시작되는 9~12세의 나이에 들어서야 비로소 배종 세포가 발달되기 시작한다는 점을 들 수 있다. 물론 이 시기의 아이들은 주변 환경의 영향이나 후성유전적 변이에 특히나 민감하고 노출되기도 쉽다. 그리고 이 같은 변화들은 아주 견고하고 안정적이어서 다음 세대뿐만 아니라 다음다음 세대의 '대청소'에도 불구하고 수태된 난자 세포에 여전히 남아 있게 된다. 그래서 손자들까지도 자신들의 할아버지가 겪었던 경험의 결과를 여전히 갖고 있게 되는 것이다. 후성유전적 신호의 배종 세포로의 전달은 Y염색체를 통해 할아버지에게서 아버지를 거쳐 아들에게로 계속해서 이어진다. 할머니에게서 비롯된 아버지의 X염색체는 단지 그의 딸에게로만 전달될 뿐, 아버지로부터는 Y염색체를 물려받지만 X염색체는 어머니에게서 전해 받는 아들들에게는 전해지지 않는다. 그리고 바로 이 점이 외버칼릭스 연구 결과를 설명해 준다.

이제 다음으로는 우리가 먹는 음식물의 구성 요소를 좀 더 자세히 들여다보고, 어떻게 하면 그것들을 가장 잘 섭취할 수 있을지 알아보자.

Chapter 3

매크로 영양소와
마이크로 영양소

우리의 영양 섭취는 크게 볼 때 두 개의 서로 다른 요소로 이루어진다. 그중 하나는 신체에 에너지와 구성 물질을 제공하고, 다른 하나는 그런 역할 대신에 중요한 신진대사 과정과 조절 임무를 위해 필요한 존재이다.

에너지와 구성 물질을 제공하는 영양분, 즉 지방, 탄수화물 그리고 단백질에는 매크로 영양소, 즉 '대량영양소'라는 이름이 붙여졌다. 이름 앞에 붙는 접두어 '매크로(macro)'는 그리스어로 '크다'라는 의미인데, 이 같은 이름은 두 가지 관점에서 적절하다고 할 수 있다. 그 하나는 '매크로 영양소'가 상대적으로 작은 개별 구성 요소들이 합쳐져 만들어진, 상대적으로 커다란 분자와 관련되어 있기 때문이고, 다른 하나는 우리가 '마이크로 영양소', 즉 '미량영양소'라고 불리는 비타민과 무기질 그리고 미량원소보다 훨씬 더 많은 양의 매크로 영양소를 필요로 하기 때문이다. 매크로 영양소는 우리를 배부르게 만들고, 어느 정도까지는 서로 대체 가능하다. 다시 말해 우리는 한동안은 단지 탄수화물(쌀, 옥수수, 밀가루)이나 단백질(고기, 유제품)만 섭취하고도 살 수 있다. 하지만 비타민이나 다른 마이크로 영양소의 경우는 그렇지가 않다.

'단백질(프로테인)'은 식물성과 동물성 단백질로 구분된다. 그러나 콩류·견과류·씨앗·육류·달걀 또는 유제품 어디에서 얻은 단백질이든 모두 다 똑같이 우리의 소화기에서 단백질의 구성 요소인 아미노산으로 분해되며, 우리 신체 고유의 단백질들을 생성해 내는 기본 구성 요소이다. 영양분과 함께 섭취된 단백질 성분들은 두 가지 중요한 기능을 수행한다. 하나는 우리 몸이 직접 생산해 내지 못하는 모든 아미노산 요소를 공급해 주며, 다른 하나는 우리 몸이 이미노산과 다른 질소를 함유한 결합물들을 자체적으로 생산해 내기 위해 필요로 하는 질소를 공급해 준다. 우리가 일상적으로 섭취하는 음식물에는 충분한 양의 아미노산이 들어 있다. 단백질은 지방이나 탄수화물에 비해 에너지를 제공하는 요인으로서는 적합하지 않다. 왜냐하면 장에서의 작은 구성 요소로의 분해와 신체 내에서의 재합성 과정에 다시 에너지를 필요로 하기 때문이다.

'식물성 지방과 동물성 지방'은 인체에 있어서 가장 중요한 에너지원이다. 물론 지방은 섭취된 후 곧바로 장에 저장되고, 단지 예외적인 경우에만 섭취되는 즉시 에너지원으로 사용된다. 하지만 식이지방은 우리의 에너지 저장소를 채워 줄 뿐만 아니라 세포막을 형성하는 구성 물질 또한 제공한다. 또한 몇몇 식이지방은 그 밖에도 오메가-3 지방산과 오메가-6 지방산을 함유하고 있는데, 이들은 면역체계와 뇌의 발달에 있어서 중요한 역할을 맡는다. 예를 들어 리놀렌산은 그 같은 기능을 맡고 있는 대표적인 필수 지방산이다. 여기서 '필수 지방산'이란 우리 몸에서 자체적으로 생산해 낼 수 없어서 음식물을 통해서만 섭취할 수 있는 지방산을 말한다. 리놀렌산은 주로 생선이나 아마 씨와 유채 씨 및 해바라기 씨 등 몇몇 지방을 함유한 씨앗에 들어 있다.

'탄수화물', 즉 당분과 전분은 우리의 주 에너지원으로, 지방과는 달리 즉각적인 에너지 공급에 사용된다. 그렇기 때문에 마라토너는 시합 전날 밤 누들 파티를 벌이곤 한다. 누들에 함유된 탄수화물이 갑작스런 에너지 저하를 신속히 방비해 주기 때문이다. 다양한 종류의 탄수화물은 온갖 종류의 덩이줄기, 콩류, 뿌리, 곡식, 과일, 채소 그리고 나뭇잎들에 대량으로 함유되어 있다. 탄수화물 구성 요소 가운데 가장 중요하면서도 잘 알려진 것은 글루코오스, 즉 포도당이다.

이 세 가지 핵심 매크로 영양소 가운데 어느 하나가 부족하면 어떤 일이 일어날까? 다른 매크로 영양소가 충분한 에너지를 제공하는 한, 당장은 어떠한 극적인 문제 상황도 발생하지 않는다. 에너지 공급이라는 차원만 고려한다면 강력한 다이어트를 위해 일정 기간 동안 지방 섭취를 완전히 포기하는 것도 가능하다. 그럴 경우에는 단백질과 탄수화물에서 필요한 에너지를 대신 공급받을 수 있기 때문이다. 그리고 동물성 단백질을 먹고 싶어 하지 않는 사람은 콩과 같은 식물성 단백질원을 섭취해도 된다. 그렇게 보면 에너지 공급자로서의 매크로 영양소는 대체 가능한 것처럼 보인다. 하지만 사실은 그렇지가 않다. 왜냐하면 각각의 매크로 영양소는 저마다 특별한 마이크로 영양소 또한 실어 나르기 때문이다. 그리고 이 같은 기능은 다음에서 설명하겠지만 세 가지 매크로 영양소를 대체 불가능한 것으로 만들어 준다.

다이어트 전문가들 사이에서는 지방이나 탄수화물이 '정말로 살찌게 만드는지'에 대해 종종 논란이 벌어지곤 한다. 하지만 그 같은 논란은 한

가지 중요한 문제, 즉 우리를 '살찌게' 만드는 것은 '에너지 과잉'이라는 사실을 완전히 간과하고 있다. 우리가 필요로 하는 것보다 더 많은 에너지를 지속적으로 받아들이면 우리는 살이 찐다. 이 경우 필요하다는 것은 육체적이고 정신적인 활동(공급된 에너지의 25%는 뇌에서 사용된다.), 체온 유지(칼로리(Calorie)는 체온을 뜻하는 라틴어 '칼로어(Calor)'에서 유래한다.), 그리고 우리 몸 안에서 이루어지는 제반 과정을 총칭해 일컫는 신진대사에 필요한 것을 의미한다. 몸매 관리라고 하는 관점에서 볼 때, 총 에너지 섭취량을 관리하지 않는 한, 단지 매크로 영양소의 섭취량을 줄이는 것만으로는 아무런 의미가 없다. 애써 줄인 에너지가 다른 무언가를 통해 공급되면 안 되기 때문이다.

'저탄수화물 다이어트(Low Carb)'와 같은 일방적인 다이어트의 진정한 의미에 대해서는 6장에서 좀 더 자세히 언급할 기회가 있을 것이다. 그리고 4장에서는 어떤 영양소 조합이 우리의 자연스런 포만감을 조작할 수 있는지, 그리고 우리가 뚱뚱해지든 말든 전혀 신경 쓰지 않는 이기적인 뇌에 대해 이야기할 것이다.

마이크로 영양소는 무엇인가?

마이크로 영양소, 즉 비타민과 무기질과 미량원소는 다양한 임무를 수행한다. 많은 신진대사 과정은 단지 적당한 마이크로 영양소가 제때에 충분하게 존재할 때만 진행된다. 많은 마이크로 영양소들은 이른바 항산화제(라디칼 제거제)로 작용하고, 다른 것들은 세포핵의 유전자의 해독에 참여한다.

자동차에 비유해 말하자면 매크로 영양소가 자동차를 움직이게 하는 연료라면, 마이크로 영양소는 한편으로는 내연기관을 가동시키는 점화 불꽃이고, 다른 한편으로는 엔진이 매끈하게 작동하도록 도와주는 엔진 오일이다. 마이크로 영양소가 없다면 연료를 가득 채웠다 하더라도 자동차는 피스톤이 고장 나 금세 멈춰서고 말 것이다.

예를 들어, 특정 비타민이나 일군의 비타민이 결핍되면 이는 에너지 신진대사에 즉각적인 영향을 끼치게 된다. 그리고 그로 인한 영향은 무엇보다도 신속히 재생되고 그에 따라 많은 에너지를 필요로 하는 점막과 같은 조직에서 나타난다. 몸이 너무 피곤하거나 병이 나면, 눈이 빨갛게 충혈되어 따끔거리거나 입 안이 불편하고 아플 만큼 허는 것을 누구나 한 번쯤은 경험해 보았을 것이다. 하지만 뇌 또한 그 영향을 받아 피곤함을 느끼거나 식욕을 잃게 된다. 심지어 정신병적인 변화는 에너지 신진대사의 장애와 관련이 있을 수도 있다.

앞에서 언급한 증상들이나 육체적인 쇠약 및 극심한 기분의 변화는 특정한 마이크로 영양소의 결핍에서 오는 초기 증상일 수 있다. 나중에는 이 같은 결핍을 혈액에 함유된 비타민 B와 비타민 C(이들 비타민은 수용성이라 축적이 되지 않는다.), 그리고 철분과 아연의 농도 변화에 의거해서도 확인할 수 있다.

후성적인 발달 과정, 다시 말해 신체가 환경 조건에 적응하는 데 꼭 필요한 물질들 또한 음식 섭취를 통해 우리 몸에 공급된다. '후성적 스위치'를 작동시키는 물질로는 예를 들어 엽산(비타민 B$_9$), 비타민 B$_{12}$, 콜린, 베타인 그리고 아미노산 메티오닌 등이 있다. 우리는 이들을 식물성이나 동물성 양분을 섭취함으로써 공급받을 수 있는데, 이 같은 방식은 아주 경제적이라 할 수 있다. 잡식 동물인 인간은 규칙적으로 동물과 식물 그리고 그들에게 함유되어 있는 마이크로 영양소를 섭취한다. 그런데도 인간이 굳이 애를 써서 그 같은 물질들을 직접 생성해 낸다면, 이는 일종의 에너지 낭비일 것이기 때문이다.

콩에 함유된 이소플라본인 제니스테인이나 녹차와 캐슈너트의 얇은 잎에서 나오는 카테킨과 같은 여러 가지 '생리활성물질'은 2장에서 이미 설명한 DNA 염기서열의 메틸화(차단)에 관여한다. 그에 반해 적포도주에 들어 있는 '마법의 물질'인 레스베라트롤, 그리고 예를 들면 마늘에서 찾아볼 수 있는 다양한 유황 함유 결합물들은 아세틸화(잠금장치 해제)에 영향을 준다. 이 같은 과학적 지식들은 아마도 '건강한 음식 섭취'의 중요성을 제대로 이해하는 데 많은 도움을 줄 것이다.

하지만 양분을 섭취하다 보면 이미 언급한 마이크로RNA와 같은 반갑지 않은 후성유전적 인자들 또한 우리 몸으로 들어오게 된다. 그리고 일부 가설에 따르면, 이처럼 '밀반입된' 마이크로RNA는 엉뚱하게도 유전자의 해독성에 치명적인 해를 끼칠 수가 있다.

마이크로 영양소가 필요한 이유는?

원칙적으로 수용성 비타민과 지용성 비타민은 서로 구분된다. 대부분의 무기질과 미량원소는 수용성이다. '수용성 마이크로 영양소'는 장에서 혈액에 흡수되고, 이 피는 그런 다음 간에 도달한다. 그리고 간에서 이들 수용성 마이크로 영양소 가운데 일부는 화학반응을 통해 활성화되고, 그런 다음 혈액을 통해 다른 신체기관에 배분된다. 비타민 C와 같은 다른 성분들은 다시금 활성화될 필요가 없다.

장기적인 저장은 수용성 마이크로 영양소와는 관계가 없다. 하지만 수용성 비타민의 일부는 며칠에서 몇 주 동안 간에 저장되기도 한다. 단지 비타민 B_{12}만큼은 몇 달에서 몇 년 동안 저장된다. 이와 달리 지용성 비타민은 전혀 저장되지 않는다.

일반적으로 말해 수용성 비타민은 신진대사 과정, 그중에서도 특히 에너지 신진대사에서 일종의 촉매제 역할을 맡는다. 많은 에너지를 소모한다면, 우리는 그에 상응해 많은 양의 수용성 비타민을 필요로 한다. 수용성 비타민은 그 외에도 현재까지 계속해서 밝혀지고 있는 다른 많은 기능들 또한 수행한다.

'지용성 비타민'은 아주 이른 시기에 발견되었지만 초기에는 그 본연

수용성 비타민과 지용성 비타민의 공급원과 생물학적 기능

비타민	원천*	기능	위험 집단**
비타민 C	**파프리카**, 로즈힙(생열귀 열매), 열대 과일	항산화제(라디칼 제거제) : 호르몬과 연골 합성에 필요한 효소의 활성화	알코올 환자, 노인
티아민(B₁)	**돼지고기**, 통밀 제품, 효모, 콩	에너지 신진대사(특히 탄수화물의 처리)	알코올 환자, 노인, 과다신진대사 환자 (암이나 증상으로 인한 신진대사 장애)
리보플래빈(B₂)	**간, 우유**, 달걀, 호밀 싹	에너지 신진대사 : 항산화제	알코올 환자, 과다신진대사 환자
피리독신(B₆)	**새싹**, 간, 통밀 제품, 완두콩이나 팥 따위의 콩과식물	아미노산 신진대사에 있어서 수많은 효소의 보조 효소(코엔자임) : 혈액 생성	알코올 환자, 노인, 과다신진대사 환자
코발라민(B₁₂)	**간**, 돼지고기, 물고기	핵산 신진대사와 메틸화 과정에 관여하는 효소들의 성분, 폴산 신진대사에서의 상호작용	노인, 채식주의자, 위점막염 환자
폴산(엽산)	**간**(최상의 생체이용률), 통밀 제품, 채소	메틸기의 전달 (후성유전자)	노인, 알코올 환자
판토텐산	거의 모든 식품	에너지 신진대사	알코올 환자
비오틴	**간**, 콩, 견과류, 달걀 (장내 세균을 통해 형성됨.)	지방 신진대사와 단백질 신진대사	알코올 환자
나이아신 (니코틴산)	**간**, 생선, 커피	에너지 신진대사	알코올 환자
비타민 A	**간**, 달걀	호르몬과 유사한 작용, 세포 재생, 면역체계	채식주의자, 지방 소화 장애 환자
비타민 D	**지방이 풍부한 생선**	호르몬과 유사한 작용, 세포 재생, 면역체계	노인, 햇빛을 너무 적게 쬐는 사람들
비타민 E	식물성 지방과 오일	항산화제	지방 소화 장애 환자
비타민 K	푸른 잎채소	혈액응고, 뼈의 형성	지방 소화 장애 환자

* 굵은 글씨체 = 가장 풍부한 식품. 1일 필요량을 충족시키기 위해 가장 조금만 섭취해도 된다. ** 임상적으로 관찰할 수 있는 결핍이 자주 확인되는 집단

의 기능이 잘못 알려져 있었다. 이들의 기능에 관한 과학적 지식은 비타민 A는 눈에 좋고, 비타민 K는 혈액응고에 필요하며, 비타민 E는 항산화제이고, 비타민 D는 뼈에 좋다는 정도로 제한되어 있었다. 하지만 시간이 지나며 이들에 관해 더 많은 것들이 밝혀졌는데, 예를 들면 신체 기관과 조직의 발달과 재생 및 면역 시스템과 관련된 비타민 A와 D의 본질적이고도 다양한 기능이 그 예이다. 그리고 비타민 K와 E는 인체의 건강한 혈관과 관련해 아주 중요한 역할을 담당한다.

지용성 비타민은 장에서 소화되고 섭취된 후 수용성 비타민과는 달리 곧바로 혈액 속으로 들어가지는 않고 작은 지방 알갱이에 포장되어 있다가 이른바 림프관을 통해 전송된다. 그리고 동맥혈로 들어갔다가 그곳에서 다시금 간 등의 상이한 신체 기관으로 흘러들어가고, 그런 다음 견갑동맥을 거쳐 쇄골동맥에 도달한다. 비타민들은 간에서 작은 지방 알갱이로부터 풀려나게 되고, 계속해서 혈액 속으로 들어가기 위해 단백질과 결합한다. 지용성 비타민의 불충분한 공급은 지방 소화 장애로 인한 경우가 대부분인데, 이 같은 장애는 점액성 점착증과 같은 병이나 위, 장의 축소술과 같은 외과수술 후에 나타난다.

마이크로 영양소는 어디에서 섭취하나?

　식품을 하루치의 마이크로 영양소 공급이라는 의미에 따라 분류하고
그에 따른 소비량을 고려한다면, 무엇보다도 동물성 식품이 특별한 위
치를 차지한다는 사실은 아주 쉽게 드러난다. 다음 도표에 설명된 식품
은 하루에 필요한 양을 충족시키는 데 단지 100g 이내의 적은 양만 섭취
하면 된다. 그러나 안타깝게도 이 같은 음식들은 가난한 나라의 사람들
식탁에는 아주 드물게 오르거나 전혀 오르지 않는다는 데 문제가 있다.

　우리 인간에게 가장 중요한 비타민 A의 공급원의 예를 들면 간이며,
그 다음으로는 장어와 같이 지방이 풍부한 생선과 달걀노른자이다. 충
분한 양의 아연 공급원 또한 간이며, 그 밖에도 생선과 다양한 종류의 치
즈들도 있다. 철분도 상황은 비슷한데, 여기에서도 그 첫 번째 자리는 여
전히 간이 차지하고 있다. 요오드는 주로 생선과 바닷말에 들어 있는데,
이들은 마이크로 영양소 외에도 중요한 지방산과 비타민 D를 제공한다.
물론 다른 식품들에도 이 같은 마이크로 영양소가 들어 있기는 하지만,
필요한 양의 마이크로 영양소를 섭취하기 위해서는 아주 많은 양을 섭
취해야만 한다.

　'간'에는 그저 우연히, 이처럼 유난히 많은 그 중요한 마이크로 영양소

미량원소의 존재와 작용방식

원소	원천	기능	위험 집단
불소	식품에는 단지 아주 미세한 양만이 농축되어 있어 공급이 용이하지 않음.	뼈와 이의 안정성을 위해 필요	임신부, 모유 수유 중인 어머니
아연	굴, 간, 생선, 새싹	알코올 분해 등 약 50여 종의 아연과 관련된 효소 반응이 알려져 있음. : 면역체계(감염 방지)	채식주의자, 만성장질환을 앓고 있는 사람들
셀레늄	생선, 달걀, 곡물(토양의 셀레늄 양에 따라 다름.)	황산화작용에 관계된 많은 효소의 활성화	채식주의자, 만성장질환을 앓고 있는 사람들
구리	견과류, 코코아, 초콜릿, 새싹, 간	반응성 산소 화합물의 방어에 중요 : 아연은 장에서의 구리 섭취를 억제할 수 있음.	채식주의자, 만성장질환을 앓고 있는 사람들
망간	새싹, 콩, 통밀 제품	항산화효소의 활성화	미상
몰리브덴	새싹, 완두콩이나 팥 따위의 콩과식물	항산화효소의 활성화	미상
크롬	새싹, 양념	포도당 저항성 인자(GTF)의 안정화에 특히 중요	미상
바나듐	완두콩이나 팥 따위의 콩과식물	불분명, 아마도 뼈의 생성에 영향을 끼친다고 추측됨.	미상

들이 들어 있는 게 아니다. 알고 보면 간은 바로 마이크로 영양소의 저장 기관인 것이다. 그런데 간에는 아주 강한 유해 물질이 들어 있기 때문에 먹는 것을 아예 삼가거나 먹더라도 아주 소량만 섭취해야 한다는 속설이 널리 퍼져 있다. 그러나 독일연방 위험도평가연구소(BfR)는 2010년도 평가 조사에서 몇 년 전부터 동물의 간에는 더 이상 유해 물질이 거의 함유되어 있지 않으며, 그 양은 심지어 우리가 매일 먹는 채소와 곡물에 들어 있는 양보다도 적다는 사실을 확인했다. 단, 생선의 간은 예외이며, 특히

대구의 간은 아주 위험하다.

그렇다면, 말이 많은 호르몬은 어떠한가? 이에 대해서도 위험도평가 연구소는 아주 명쾌한 답을 주고 있다.

황체호르몬(프로게스테론), 테스토스테론, 에스트로겐의 함유량은 살 코기나 도살된 동물의 식용 가능한 내장기관, 그리고 달걀이나 채소류 식품과 비교해 우유에 훨씬 더 많이 들어 있다. 성인 한 사람이 이들 식 품을 통해 날마다 섭취하는 에스트로겐(약 60%)과 프로게스테론(약 80%) 총량의 상당 부분이 우유에서 얻어진다.

따라서 14일마다 간 한 조각을 먹는 것은 전혀 위험하지 않을 뿐더러, 충분한 양의 비타민을 섭취하기 위한 가장 적합한 방법이라고 할 수 있 을 것이다.

밀과 옥수수 그리고 쌀은 영양 에너지, 즉 칼로리의 세계 공급량 가운 데 75%를 차지한다. 전 세계적인 단백질 공급량 또한 50% 이상이 미량 의 마이크로 영양소를 함유하고 있는 밀, 옥수수, 쌀, 기장, 호밀, 귀리, 보리 등의 식품을 통해 공급된다. 이 같은 영양 섭취 형태는 우리 인간의 진화적인 기원과 아주 조금은 관련이 있다.

1만 5,000년 전까지만 해도 곡물류는 아주 미미한 역할만을 맡고 있었 다. 영양 섭취의 근간은 생선과 육류와 채집 가능한 만큼의 달콤한 열매 와 나뭇잎, 그리고 뿌리였다. 그리고 이들을 통해 하루에 필요한 만큼의 마이크로 영양소 필요량은 아주 오랜 시간에 걸쳐 안정적으로 확보되었 다. 약 1만 2,000년 전에 이루어진 저장 가능하고 위기의 순간에도 위험 요인을 덜어 주는 곡류로의 전환은 본질적으로 허기를 줄이는 데 기여했다. 하지만 그와 더불어 마이크로 영양소 공급의 제한이라는 현상도 이끌어 냈다. 이러한 사실은 처음으로 퇴행성 변화의 징후를 보여 주는 해골과 치아에 관한 연구 결과를 통해 밝혀졌다. (이른바 구석기 다이어트로 불리는 '팔레오 다이어트'가 왜 21세기 인류에게는 전혀 의미 없는 영양 섭취 방식인지는 6장에서 자세히 설명할 것이다.) 아주 조금 경제사적으로 설명하자면, 곡식 재배로의 전환은 동시에 먹고 남은 식품을 갖고 있는 사람들과 그 잉여 식품에 의존해야 하는 사람들 사이의 식품 거래의 시작이기도 했다.

오늘날, 곡물은 무엇보다도 가난한 나라에서 에너지 공급의 80%와 단백질 공급의 60% 정도를 책임지고 있다. 그런 곳에서는 마이크로 영양소 공급에 기여할 수 있을 만한 식품이 들어설 자리는 거의 없다. 그리고 그런 식으로 영양을 섭취하는 사람들은 포만감은 느끼지만, 그럼에도 불구하고 이미 언급한 '숨겨진 허기', 즉 영양 불균형으로 인해 모르는 사이에 일어나는 영양실조에 시달린다. 게다가 곡물에 들어 있는 얼마 안 되는 마이크로 영양소 또한 제대로 섭취하지 못하는 실정이다. 이같은 현상은 다른 일련의 식물성 식품의 경우에도 마찬가지다. 채식 섭생의 취약점에 대한 자세한 설명은 6장에서 볼 수 있다.

"오늘날의 식품에는 더 이상 비타민이 들어 있지 않다!"

인공 비타민 생산자가 즐겨 사용하는 이 광고 문구는, 자연식품은 비타민이 풍부하기 때문에 몸에 좋다는 주장만큼이나 거짓이다. 중요한 것은 무엇보다도 과일이나 채소가 자라는 조건이다. 과일과 채소가 가장 중요한 비타민 공급원이라는 주장은 지금과는 상황이 전혀 다른 시절에서 비롯된 생각이다. 그 당시에는 오늘날과 같은 풍요로운 먹을거리가 존재하지 않았다. 그래서 가난한 이들은 고기나 생선처럼 비타민이 풍부한 식품을 감당할 수가 없었다. 당시에는 하루 사과 한 개면 의사도 필요 없다는 슬로건이 만연했다. '하루 사과 한 개'라는 사실 자체에는 반대할 이유가 전혀 없다. 하지만 그렇다고 해서 사과 한 개가, 우리가 필요로 하는 모든 비타민을 제공하는 것은 결코 아니다. 보통 크기의 사과 한 개에는 우리가 하루에 필요로 하는 비타민의 2% 정도가 들어 있을 뿐이다.

물론 이 같은 주장에도 예외는 있다. 바로 비타민 C이다. 비타민 C는 사과껍질에 들어 있고, 그 양은 그 사과가 수확할 때까지 얼마나 많은 햇빛을 받았는지에 따라 하루 필요량의 10%나 그 이상을 커버한다. 왜냐하면 식물과 그 열매는 비타민 C를 통해 태양방사와 그로 인해 강화된 활성산소에 맞서 자신을 보호하기 때문이다. 햇빛을 많이 받으면 받을수록 시금치와 같은 잎채소에도 또한 그만큼 더 많은 비타민 C가 생겨난다. 일반적으로 말하자면, 넓은 표면을 가진 과일과 채소에 존재하는 항산화제의 양은 그것이 양지에서 자랐느냐 아니면 음지에서 자랐느냐에 따라 큰 차이를 보인다. 따라서 원칙적으로는 과일이나 채소에 함유된 마이크로 영양소의 양은 햇빛, 토양, 거름 그리고 성숙도 등 성장 조건에 따라 결정되는 것이다.

무엇이 얼마만큼 필요한지 어떻게 아나?

건강을 생각하는 사람들은 자신의 식단을 어떻게 짜야 하는지, 그리고 영양 보충을 위해 어떤 비타민이나 미량원소를 특별히 더 섭취해야 하는지 종종 묻곤 한다. 그에 대한 대답은 물론 종종 당황스럽고 모순적이기도 하다. 왜냐하면 그 대답에는 의학적이고 영양학적이며, 상업적인 관점이 혼재되어 있기 때문이다.

의사들의 대답부터도 그들이 갖고 있는 지식과 확신 정도에 따라 서로 달라진다. 약사나 유사요법 치료사, 그리고 잘 알려진 민간요법 등도 대답들이 제각각 다 다르기는 마찬가지다. 비타민 제품의 대중 광고 또한 전혀 다른 관점을 내세운다. 결국 일반 소비자들은 어떤 말을 믿어야 할지 혼란에 빠지고 만다. 이 같은 상황이라면, 특정한 추천 사항 뒤에는 어떤 이해관계가 숨어 있는지를 생각해 보는 게 많은 도움이 될 것이다.

처음에는 여러 비타민과 그 각각의 비타민이 인체 내에서 행하는 기능, 그리고 그 결핍이 가져오는 증상에 관하여 점점 더 전문화되어 가는 지식이 중심에 서 있었다. 그 다음 단계에서는 결핍증에 시달리지 않기 위해 우리는 얼마만큼의 비타민을 필요로 하는지가 규명되어야 한다. 다양한, 하지만 윤리적인 측면에서는 결코 학계를 대표한다 할 수 없을 인체 실험을 통해, 결핍 증상이 나타날 때까지 어느 정도의 시간이 걸리는지가 밝혀졌다. 그리고 그렇게 해서 1949년 영국의 교도소에서는 비타민 A 결핍으로 인해 여러 명의 죄수들이 중이염과 결핵을 앓게 되었다는 사실이 밝혀졌다. 또한 이와 유사한 실험들을 통해서 결핍 증상을 다시 사라지도록 하기 위해서는 각각의 비타민이 어느 정도 필요한지 밝혀내려는 시도들도 이어졌다. 그리고 그 결과들로부터 '측정 평균값'이 산출되었다.

하지만 이 같은 연구 과정에서 적용된 통계방식은 그 결과를 상당히 모호한 것으로 만들고, 개개인에게 실제적으로 적용하는 것을 어렵게 만든다. 또한 이 같은 연구 결과는 개개인이 어디에서 살고 있는지, 그가 이제껏 취해온 음식이력은 어떤 것인지, 그리고 만성적인 질환에 있어서 비타민 필요량이 어떻게 변화하는지 등은 전혀 고려되지 않았다. 그럼에도 불구하고 오늘날 이 '측정 평균값'을 근거로 국제적인 추천 필요량이 제시되고 있는 형편이다. 따라서 그 같은 평균값의 실효성은 지금이라도 다시 한 번 진지하게 검토되어야만 한다. 그 값은 한낱 허술한 측정치에 근거하고 있기 때문이다.

영양소 결핍은 어떻게 알 수 있나?

독일에서는 단지 알코올 질환, 장 질환, 그리고 과체중 수술 후나 암으로 인한 비타민 수용장애 등의 경우에만 혈액검사나 명확한 증상을 통해 임상적으로 확인할 수 있는 결핍이 나타나곤 한다. 한 가지 문제는 결핍으로 인한 질환의 임상적인 증상이 명확하지 않다는 사실이다. 왜냐하면 통상적으로 어느 한 가지 불충분한 영양 섭취가 명백하게 정의된 특정 질병을 일으키는 것이 아니라 대부분 다양한 병과 증상이 혼재되어 나타나기 때문이다. 또, 단지 하나의 특정한 비타민이나 무기질만 완전히 결핍되어 있을 뿐 다른 모든 것들은 충분히 갖춰져 있는 경우는 실제로 거의 없기 때문이기도 하다.

비타민 결핍의 전형적인 징후

비타민	결핍 질환	또 다른 초기 징후 및 증상
비타민 A	야맹증, 다양한 눈 질환	초기 : 감염 가능성 증가 등의 면역체계 장애 ; 피부와 점막, 그리고 특히 호흡기에서의 재생능력 감소
비타민 C	괴혈병(다양한 신진대사 과정의 변화)	초기 : 감염 가능성 증가, 신경학적 증상 ; 히스테리, 심기증, 우울증, 기억 장애
비타민 D	구루병	초기 : 감염 가능성 증가 등의 면역체계 장애 ; 어린이—구루병, 어른—골연화증 (골다공증과는 구분됨.)

비타민	결핍 질환	또 다른 초기 징후 및 증상
비타민 E	인간에게는 아무런 전형적인 증상도 나타나지 않음.	적혈구의 수명 단축, 세포막에 있는 지방의 산화 증가
티아민 (비타민 B$_1$)	각기병	초기 : 근육 경련, 식욕 부진, 지각 이상 (특히 손과 발이 저리거나 피부에 느껴지는 불분명한 통증) ; 심장박동장애, 부종
리보플래빈	인간에게는 아무런 전형적인 증상도 나타나지 않음.	초기 : 근육 약화, 식욕 부진 후기 : 입술과 잇몸의 염증, '지도혀(지도상설)'
나이아신 (니코틴산)	펠라그라(피부병), 피부염, 신경학적 증상	신경학적 증상 ; 우울증, 무감각증, 트레머(떨림)
비타민 B$_6$	빈혈, 체중 감소, 소화 장애	신생아에게 나타나는 경련, 우울증, 기억장애
폴산	빈혈, 식욕 부진, 구토, 설사	누적된 우울증과 정신병, 혈액응고장애, 빈혈
비타민 B$_{12}$	빈혈, 척수기능장애	기억 장애, 뇌전도(EEG) 변화, 척수의 신경물질 감소로 인한 마비

'무기질과 미량원소'의 결핍으로 인해 나타나는 임상적인 징후들은 그다지 전형적이지 않다. 이들 징후들이 단독적으로 나타나는 경우는 흔치 않기 때문이다.

물질	결핍 질환	또 다른 초기 징후 증상
철분	빈혈	초기 : 피로, 감염 가능성 증가, 면역체계 장애
아연	만성 설사, 탈모	초기 : 후각과 미각 장애, 식욕부진
칼슘	골 형성 장애	뼈의 무기질화 장애(20세가 될 때까지 나이에 비해 비정상적으로 높아진 골다공증 위험도를 동반함.)
요오드	갑상선종	초기 : 정신발달장애와 신진대사 장애

그 밖에도 늘 반복해서 듣게 되는 것과는 달리, 독일에서는 마그네슘이나 셀레늄과 같은 일련의 무기질과 미량원소들이 결핍된 경우는 거의 없다.

의사들이 말하는 것은?

이해하기 쉽지 않은 사실인데, 의사 양성 과정에는 '영양학' 분야가 없다. 그 결과 많은 의사들은 "혹시라도 무언가가 부족한 건 아닌지 모르겠다."는 질문을 받으면, 다음과 같이 말하며 상황을 빠져나간다.

"그건 일단 피검사를 해 본 다음에 말씀드리겠습니다."

이로써 의사들은 마이크로 영양소 결핍은 혈액을 통해서 입증될 때 비로소 치료되어져야 한다는 다양한 전문가 집단에 편승한다. 문제는, 마이크로 영양소의 부족한 공급은 현재의 의학적 수준에서는 혈액을 통해 입증되기가 거의 불가능하거나 기껏해야 마이크로 영양소의 결핍이 아주 심각한 상황에 이르렀을 때에나 가능하다는 사실이다. 그러니 그때가 되면 손을 쓰기에는 이미 너무 늦은 상황이라는 것은 불을 보듯 뻔하다. 왜냐하면 우리 인간의 신체는 혈액 속의 비타민 수치를 가능한 한 오랫동안 안정적인 상태로 유지하려 애를 쓰고, 그래서 위기 상황이 닥치면 저장하고 있던 영양소를 남김없이 다 소모해 버리기 때문이다.

예를 들어 비타민 E의 경우, 저장된 비타민이 전혀 존재하지 않을 때에야 비로소 혈액검사를 통해 그 같은 결핍 상황이 확인된다. 이는 자동차의 경우를 예로 들어 설명하자면, 연료 부족으로 인해 엔진이 멈춰서고서야 비로소 자동차의 주유 경고등이 들어오는 것과 같은 상황이다. 혈액 속의 비타민 수치에 대한 지나친 의존이 갖고 있는 위험에 대한 반론은 그뿐만이 아니다. 피는 신체 기관이 상호 간에 보내는 '구급 조치'에 대한 운송자이다. 예를 들어 양분 속에 폴산이 존재하지 않으면 폴산을 훨씬 덜 필요로 하는 조직은 폴산을 혈액 속으로 배출하고, 그럼으로써 다른 조직들은 시급한 양만큼의 폴산을 조달받게 된다. 그 결과, 혈액 수치는 결핍 상황임에도 불구하고 심지어는 일시적으로 상승하기도 한다. 그리고 그로부터 공급 상태가 상당히 양호하며, 돌발 사태라기보다는 오히려 아주 안정적인 상황이라는 추론을 이끌어 낼 수 있게 된다.

비타민 C를 포함해 많은 비타민들은 적혈구, 백혈구, 대식세포 등 다양한 혈액 성분으로 분배될 수 있다. 이들은 자신을 뒤쫓는 추적자들을 따돌리려는 스파이처럼 매번 다른 운송 수단을 이용한다. 그렇게 되면 상태 분석의 결과는 어떤 운송 수단, 다시 말해 어떤 혈액 성분이 분석되는가에 따라 완전히 달라질 수 있다. 흡연자의 경우 언제나 반복해서 강조되는 비타민 C와 E의 높은 필요량은 바로 그 같은 재분배에 그 근거를 두고 있다. 물론 흡연자의 혈액수치는 비흡연자의 경우와 비교해 낮지만, 그에 반해 허파꽈리액 속의 수치는 오히려 더 높다.

혈액 분석에서 드러나는 문제점들은 그 밖에도 많이 있으며, 이를 통해 혈액 분석이 보여 주는 수치만으로는 실질적인 비타민 상태를 추론해 낼 수 없다는 사실이 분명해진다. 각각의 비타민의 혈장(플라스마) 수치는 나이와 성별, 그리고 건강 상태에 따라 다양하게 나타날 수 있다는 사실 또한 잊어서는 안 될 것이다.

비타민 D와 비타민 B_{12}의 경우는 차치하고라도, 가난한 나라에서와는 달리 독일에서는 특정 비타민만이 단독적으로 결핍되는 일은 거의 상상할 수 없다는 이유로 각각의 비타민의 혈액수치 분석은 거의 의미가 없다. 불균형적인 영양 섭취나 단장증후군, 점액성 점착증 또는 암과 같은 질환의 영향으로 나타나는 복합적인 결핍의 경우는 그에 비해 훨씬 더 개연성이 있다.

이 같은 문제를 일목요연하게 정리해 보자. 예를 들어 비타민 B_6와 B_{12}, 그리고 폴산의 복합적인 결핍은 신진대사 산물인 호모시스테인의 분석을 통해 확인할 수 있다. 호모시스테인의 농도가 높으면, 이는 위에 든 세 가지 비타민 가운데 어느 하나 아니면 셋 모두가 부족하다는 분명한 신호이다. 하지만 셋 가운데 정확히 어느 것이 보충되어야 하는 대상인지는 판별해 내기가 결코 쉽지 않다. 따라서 개별적인 영양소에 대해 특정한 목표를 세운 검사가 필요하다. 그러나 자신의 환자가 무엇을 먹는지 알고 있다면, 의사는 환자의 비타민 상태가 어떠한지 번거로운 혈액검사를 통하는 것보다 훨씬 더 신속하게 판단할 수 있을 것이다.

철분이나 요오드와 같은 다른 마이크로 영양소의 경우에도 물론 결핍 상태를 인지할 수 있지만, 이들의 결핍은 영양 섭취와는 전혀 관계가 없는 원인 때문일 수도 있다. 이 같은 상황은 특히 철분의 경우에 해당되는데, 이는 아직 눈에 띄지 않은 염증 때문이거나 아니면 비타민(A, C) 공급 부족이 그 원인일 수 있다.

철분 부족은 세계적으로 가장 빈번하게 나타나는 단독적인 결핍 가운데 하나이며, 특히 여성들의 경우에 자주 나타난다. 세계보건기구의 조사 결과에 따르면, 10억 명 이상이 철분 부족인 상태이다. 철분 부족은 보통 빈혈 증상으로 나타난다. 감염 가능성 증가, 임신 기간과 어린 시절 동안의 발달장애 등 철분 부족으로 인해 나타날 수 있는 건강상의 증상들은 그 원인이 밝혀져 필요한 경우 철분 보충제를 복용하는 등 적절한 치료가 이루어져야 한다. 이로써 이제 우리는, 영양보충제라는 특별한 문제를 살펴볼 시점에 와 있다.

영양보충제, 효과가 있을까?

온갖 다양한 결합과 징후를 언급하고 있는 영양보충제들은 셀 수도 없을 만큼 많이 나와 있다. 하지만 찬사 일색인 영양보충제들의 기능들은 많은 경우가 의심스럽고, 전혀 검증받지 않은 것들이다. 사람들은 영양보충제에 대해 한편에서는 도를 넘는 수많은 '치유 가능성'으로 칭찬하고 있고, 다른 한편에서는 어느 누구도 마이크로 영양소를 필요로 하지 않는다거나, 아니면 아무런 도움이 되지 않는다거나, 심지어는 오히려 해가 된다고 주장하는 등 무차별적으로 전면 부정하기도 한다. 또 심심찮게는 환경오염과 기후변화로 인해 자연에서 수확하는 식품보다도 더 많은 마이크로 영양소가 필요함에도 불구하고, 오늘날 상업적으로 생산되는 식료품에는 비타민이 전혀 들어 있지 않다는 말도 회자되곤 한다. 그런가 하면 또 다른 사람들은 우리나라에서는 모두가 충분하고 건강하게 영양을 섭취하고 있으며, 따라서 어차피 아무 효과도 없는 합성비타민 같은 것은 필요하지도 않고 무작정 먹어서도 안 된다고 호언장담한다.

결론적으로 말해 적색경보가 울리는 비상사태다! 위와 같은 주장들은 타당하지 않다. 우리가 먹는 식품에는 결코 비타민이 부족하지 않다. 그렇다고 해서 우리 모두가 다 건강하게 영양을 섭취하는 것도 아니다. 그리고 합성비타민이 때로는 더 나을 수도 있다. 일찍이 논란의 여지가 없는 생명의 은인으로 여겨졌던 비타민의 이미지가 어쩌다 이렇게 변질되었는지 그 이유를 이해하기 위해서는 약간의 역사적 고찰이 필요할 것이다.

비타민의 작은 역사

한편으로는 비타민 그리고 비타민과 연관된 질병들의 발견과 더불어, 다른 한편으로는 이러한 비타민의 인공적인 생산과 더불어, 약 100년 전쯤 그때까지만 해도 치유 불가능한 것으로 여겨졌던 병들을 갑자기 성공적으로 치료할 수 있는 가능성이 처음으로 발견되었다. 예를 들어 비타민 B_{12}의 결핍은 예전에만 해도 치료 불가능한 것으로 여겨졌다. 이유는 원인을 제대로 파악하지 못했기 때문이다. 하지만 1주일에 450g 정도의 생간을 먹는, 이른바 '거위 치료법'이 도입되면서, 오랫동안 비타민 B_{12}의 결핍으로 인해 고통 받던 사람들도 비로소 희망을 갖게 되었다.

결핵과 함께 나타나는 구루병은 주로 어린아이들에게 발생했고, 종종 죽음에 이르게까지 만드는 병이었다. 아이들에게 자외선 치료 기계인 태양등으로 인공 자외선을 쪼여줌과 동시에 비타민 D를 투여하는 치료법은 구루병을 사라지게 하는 데 기여했다. 식품에 함유되어 있는 각각의 비타민에 대한 지식과 그에 근거한 식품 추천은 부유한 많은 나라들에서 비타민 결핍으로 인한 질병을 실질적으로 몰아낼 수 있게 해 주었다. 점점 더 다양해지는 식품은 그 같은 상황을 마무리해 주었고, 결론은 이제 비타민 결핍은 더 이상 존재하지 않는다는 사실이다.

이 같은 배경에서 우리는 60년 전에 비타민 결핍은 완전히 극복되었다고 당당하게 말할 수 있었다. 대부분의 사람들이 갖고 있는 확신과 소비자가 갖고 있는 보건정책적인 기본 정보는 그에 따라 한 마디로 요약될 수 있다. "우리에게는 비타민 보충제가 특별히 필요하지 않다. 충분한 양의 과일과 채소가 있기 때문이다." 이는 원칙적으로 옳은 말이고, 앞에서 간략하게 설명한 역사적인 맥락에서도 충분히 이해할 수 있는 주장이다. 하지만 이미 언급했듯이 특정한 종류의 비타민과 무기질을 섭취하는 데에는 과일과 채소가 별로 효과적이지 못한 경우도 많다. 그럼에도 불구하고 그 같은 주장이 널리 퍼지게 된 것은 아마도 가장 잘 알려진 비타민 C가 과일과 채소에 유난히 많이 함유되어 있기 때문일 것이다. 하지만 비타민 A와 D와 B_{12} 같은 또 다른 비타민들은 과일과 채소에는 전혀 들어 있지 않다.

1950년대와 1960년대에는 '비타민의 발견과 합성'이라는 주제로 모두 여섯 차례의 노벨상이 주어졌다. 라이너스 폴링(Linus Pauling)은 그중에서도 아마 가장 유명한 수상자일 것이다. 그는 비타민 C를 세상에서 가장 유명하면서도, 또한 논란의 여지가 가장 많은 비타민으로 만들었다. 예를 들어, 비타민 C가 감기에 안 걸리게 도와준다는 사실은 단지 비타민 C가 공급 부족 상태일 때에만 해당되는 말일 뿐이다. 이러한 사실은 영국의 초등학교 학생들을 대상으로 한 연구 결과를 통해 밝혀졌다. 연구를 위해 먼저 학생들 모두에게 여섯 달 동안 비타민 C를 투여했다. 하지만 그 뒤에도 감기로 인한 결석일수는 줄지 않았다. 이번에는 학생들의 영양 상태를 검토한 뒤, 단지 과일과 채소를 거의 먹지 않거나 아예 먹지 않는 학생들만을 대상으로 조사 결과를 다시 살펴보았다. 그러자 그들 학생들이 아픈 날수가 예전에 비해 훨씬 줄어들었다는 사실이 밝혀졌고, 그로 인해 비타민 C의 효과가 입증되었다. 결론은 '다다익선(多多益善)'이 비타민의 경우에는 적용되지 않는다는 사실이다. 이미 충분한 양의 비타민 C를 체내에 확보하고 있는 사람이라면 추가로 비타민제를 먹을 필요가 없는 것이다.

또한 아이들에게 인공 자외선을 쪼이고 비타민 D를 투여한 결과, 구루병을 몰아내는 데 일조할 수 있었다. 그렇게 조금씩 사람들은 점점 더 다양해지는 식품의 도움을 받아 비타민 결핍으로 인한 모든 병들을 극복할 수 있었다. 그 결과, "이제 더 이상 비타민 결핍은 없다."는 주장은 의심할 바 없는 사실이 되었다. 그로 인해, 특정 비타민 결핍으로 인해 나타나는 전형적인 임상학적 징후가 나타날 때 비로소 그 비타민을 보충하면 된다는 견해가 생겨나게 되었다. 하지만 이는 유감스럽게도 잘못된 견해이다. 문제들은 이 같은 결핍 징후가 가시적으로 나타나기 이미 오래전부터 결핍은 시작되기 때문이다. (이에 대해서는 1장의 '숨겨진 허기' 항목을 참고하라.)

미국 상원의 영양문제특별위원회가 1977년에 제출한 보고서에는 흥미로운 도표 하나가 들어 있다. 이 도표는 그 당시까지 밝혀진 과학적 사실에 근거해 유아, 어린이, 어른으로 구분한 세 그룹이 저마다 필요로 하는 비타민과 무기질의 적정량을 보여 주고 있다. 비타민 A와 D와 C 및 철분(철분의 경우는 단지 유아에게만 적용됨.)을 제외하면 이 도표에는 아무런 데이터도 나와 있지 않거나 기껏해야 단편적인 자료만이 제시되고 있다.

오늘날 부자나라에서는 비타민 결핍 현상을 거의 찾아볼 수 없다는 사실은 물론 특정한 비타민의 결핍으로 인한 병을 예방하기 위해서는 그 비타민을 공급해 주는 것만으로도 충분하다는 사실을 증명하고 있다. 하지만 그 같은 비타민의 공급량이 정말로 충분한 것인지는 여전히 불확실하다. 왜냐하면 공급량이 필요량에 부합되지 않는다고 해서 반드시 특정 비타민 결핍으로 인한 전형적인 징후가 나타나는 것은 아니기 때문이다. 예를 하나 들자면, 비타민 A의 결핍으로 인해 나타나는 전형적인 질환은 야맹증이다. 하지만 이 같은 증상이 나타나기 이미 오래전, 비타민 A의 부족한 공급은 이미 면역체계에 부정적인 영향을 끼치고 있다. 그리고 이는 비록 아주 명확한 것은 아닐지라도, 적어도 전형적인 조기 경보 신호일 것이다.

1980년대와 1990년대는 진정 새로운 출발이라는 낙관적 분위기에 휩싸여 있었다. 그리고 그 같은 분위기의 근본적인 원인은 기술의 발전에 힘입어 이제 대규모 샘플 집단을 분석하고, 마이크로 영양소의 혈액 농도가 건강 상태와 비교해 어떤 관계에 있는지를 전체 국민을 대상으로 검사하는 게 가능해졌기 때문이었다. 당시만 해도 그 어떤 하나 내지 다수의 비타민 결핍과 연관되지 않는 병은 찾아보기 거의 힘들었다. 청각장애로부터 모든 종류의 피부병과 위장장애를 거쳐 당뇨병과 심혈관계 질병 및 암에 이르기까지, 갑자기 모든 질환의 원인이 모두 밝혀져 치료 가능한 것처럼 보였다. 혈액 속에 들어 있는 충분한 양의 프로비타민 A는 심지어 흡연자의 경우에 있어서조차 폐암과 반비례 관계를 보여 주었다. 그리고 충분한 양의 비타민 E는 심혈관계 질병을 예방해 주는 것처럼 보였다. 제약 산업의 입장에서 보자면, 이 같은 사실을 특정 연구와 결합시킬 수만 있다면 이는 더없이 매력적인 메시지임이 분명했다.

그렇게 해서 5만 명 이상의 연구진들이 참여한 'ATBC(Alpha-Tocopherol Beta-Carotene Cancer Prevention)'와 'CARET(Beta-Carotene and Retinol Efficacy Trial)'이라는 두 개의 초대형 연구 프로젝트가 시작되었다. 이들은 우리가 일상에서 최상의 영양 섭취를 통해 얻을 수 있는 양보다 10배 많은 베타카로틴을 투여하는 게 흡연자를 폐암으로부터 지켜줄 수 있는지의 여부를 연구했다. 하지만 안타깝게도 결과는 정반대로 나타났다! 베타카로틴 제제를 복용했던 흡연자는 그렇지 않았던 흡연자보다 더 많이 폐암에 걸렸다. 예전의 관찰에서 이끌어 낸 추론은 완전히 잘못된 것이었다. 많은 이들이 연구를 진행했고, 건강한 흡연자들은 규칙적으로 아주 다양한 과일과 채소를 섭취했으며, 그로 인해 특히나 베타카로틴 혈액 수치가 아주 높은 수준에 다다를 수 있었다는 사실이 밝혀졌다. 그리고 그 같은 사실로부터 흡연자들을 건강하게 유지해 준 것은 베타카로틴 자체였다는 결론을 이끌어 낸 것은 너무 단순하고 성급한 판단이었으며, 아울러 다양한 식품의 작용을 그저 농축된 베타카로틴 제제로 대치하려 했던 시도 또한 무리였음이 밝혀졌다. 이는 비유해 설명하자면, 마치 엄청난 액수의 복권에 당첨된 사람의 주변 여건을 조사한 뒤, 그가 로또 용지를 채울 때 사용했던 것과 똑같은 볼펜을 모든 국민에게 하나씩 선물하고는, 그로써 모든 복지문제가 해결되었다고 믿는 것과 마찬가지 경우인 셈이다.

이와 마찬가지로, 심혈관계 질환을 예방하기 위한 목적에서 아주 많은 양을 처방해 투여했던 비타민 E의 실험도 미혹에서 깨어나게 만드는 안타까운 결과로 끝나고 말았다. 그 효과는 아주 미미했거나 전혀 나타나지 않았던 것이다.

그 밖에도 이와 비슷한 사례들은 아주 많이 있다. 특정한 물질 하나만을 다량 투여하는 것은 그것이 비타민 E가 되었든 C가 되었든 아니면 다른 결합물이 되었든, 단지 실험 참여자가 영양 섭취를 통해 이 물질을 다량 복용했다는 이유만으로도 실패할 수밖에 없었다.

항산화제, 산소 속의 위험한 삶

약 25억 년 전, 햇빛의 도움을 받아 물과 이산화탄소를 탄수화물(포도당)과 산소 분자로 변형시킬 수 있었던 생명체들이 나타났다. 물론 물과 산소는 일종의 치명적인 결합이었다. 자외선을 통해서 유기체의 생명을 파괴할 수 있는 활성산소가 생겨나기 때문이다. 만일 생명체들이 자신을 보호할 수 있는 하나의 길을 찾아내지 못했다면 아마도 진화는 아주 일찌감치 끝이 나고 말았을지도 모른다.

단세포의 녹색 미세조류 '두날리엘라 살리나'는 강한 염분을 함유한 호수의 표면에서 번성했고, 오늘날까지도 사람들의 관심을 끄는 일련의 속성들을 갖게 되었다. 두날리엘라 살리나는 아주 많은 양의 베타카로틴을 합성하고 저장할 수 있으며, 그로 인해 예를 들어 캘리포니아나 오스트레일리아에서 발견되는 염분 호수들은 오렌지색에서 붉은빛을 띠게 된다. 베타카로틴의 생성은 두날리엘라 살리나가 노출되는 햇빛의 강도에 의해 좌우된다. 일정한 정도의 햇빛 강도에 이르면 두날리엘라 살리나는 다량의 베타카로틴을 합성하기 시작하고, 그렇게 해서 활성산소의 유해한 작용에 대항할 수 있는 보호 물질을 만들어 낸다. 베타카로틴은 반응적인 산소 결합물의 파괴적인 에너지를 프로비타민이 변형되지 않는 가운데 피뢰침처럼 수용할 수 있고, 받아들인 에너지를 다시금 열의 형태로 발산한다.

자외선의 강도가 너무 세지면 두날리엘라 살리나는 베타카로틴 산물을 감소시킨다. 왜냐하면 최대치로 생산해 낼 수 있는 양조차 어차피 더 이상은 자신을 보호하기에 충분하지 않기 때문이다. 그럴 경우 두날리엘라 살리나는 자신의 에너지를 이제 작은 프로펠러와 같은 편모를 형성해 내는 데 사용하고, 이를 사용해 해를 끼치는 광자(光子)를 피하는 동시에 에너지를 공급하기에 충분한 햇빛을 받을 수 있을 만큼 물 아래로 잠수한다. 이로써 두날리엘라 살리나는 이른바 굴광성(Phototropism)을 드러낸다. 이 같은 굴광성은 단세포생물인 두날리엘라 살리나가 빛에 의해 아무런 피해도 입지 않는 가운데 자신의 자양분인 빛을 찾아 움직이도록 해 준다.

베타카로틴 및 식물에서 발견되는 또 다른 색소들의 항산화라는 기본원칙은 햇빛과 산소의 위험에 맞서 발전해가는 자연이 주는 대답이다. 동물과는 달리 식물은 햇빛에서 벗어날 수가 없다. 그렇기 때문에 식물은 자신들의 잎과 열매에 항산화적인 화합물을 만들어 내는데, 그 가짓수는 대략 1,000개가 넘는 걸로 파악되고 있다. 우리 인간이 이제 그 같은 식물의 잎과 열매를 먹게 되면, 우리 또한 거기에 함유되어 있는 항산화제들도 섭취하게 되는 것이다. 그리고 해로운 활성산소로부터 우리를 지켜주기를 희망하는 것이다. 물론 우리가 원하는 대로 결과가 나올 수도 있다. 그런데 우리 인간들은 다른 많은 생명체와 마찬가지로 항산화적으로 작용하는 화합물들의 완전한 네트워크를 갖고 있으며, 스스로 이 네트워크를 생산해 낼 수 있기에 굳이 자양분을 통해서 섭취하지 않아도 된다.

인간 스스로 생성해 내는 화합물 가운데 가장 중요한 것으로는 예를 들어 '요산'이 있다. 요산은 아주 효과적으로 항산화작용을 수행하는데, 하지만 그 양이 지나치게 많을 경우에는 결정체로 응고되어 흔히 '통풍'이라 불리는 통증을 야기할 수도 있다. 비타민 E와 C, 그리고 베타카로틴의 경우에서 이미 살펴보았듯이 결국 너무 많은 것이 언제나 좋은 것만은 아니다.

비타민에 관한 몇 가지 고정관념

"합성비타민의 효능은 자연산 비타민과는 똑같지 않다!"

널리 퍼져 있는 이 같은 생각은 잘못된 것이다. 먼저 '합성비타민'이라는 개념은, 자연은 비타민을 합성하는 것 말고는 아무것도 하지 않는다는 말만큼이나 오해하기 쉬운 것이다. 자연의 경우에는 비타민 합성이 '생물반응장치(Bioreactor)'에서 일어나거나 박테리아를 통해 일어나는 반면, 공장에서의 합성은 시험관 안에서 진행된다. 그리고 그 결과는 비타민의 화학적 구조라는 단 한 가지 예외를 제외하면 둘 다 똑같다. 그럼에도 불구하고 '공장 비타민'은 식품에서 나오는 비타민과 동일한 효능을 갖고 있다는 사실은 '공장 비타민'으로도 비타민 결핍으로 인한 질환을 치료하는 게 가능했다는 사실로 인해 이미 입증되었다.

단 하나 예외가 있다면, 이는 비타민 E의 경우이다. 합성에 의한 비타민 E의 생산은 저마다 다른 생물학적 기능을 발휘하는 여덟 가지 다른 형태를 만들어 낸다. 천연적인 형태에 상응하는 기능에 도달하기 위해서는 천연비타민보다 35%가량 더 많은 비타민 E를 복용해야 한다.

"마이크로 영양소는 단독적인 화합물을 통해 얻는 것이 식품을 통해 얻는 것보다 섭취가 더 어렵다!"

이 같은 생각 또한 잘못된 것이다. 마이크로 영양소가 얼마나 잘 섭취되는지는, 다시 말해 장으로부터 얼마나 완벽하게 혈액 속으로 흡수되는가 하는, 이른바 '생체이용률'은 이제 막 섭취되는 영양분의 혼합 여부에 달려 있다. 하지만 그 구체적인 내용은 앞에 인용된 고정관념과는 정반대의 경우다. 그렇게 해서 보충제로 주어진 폴산은 거의 100% 수용된다. 간이나 달걀과 같은 동물성 식품의 경우 생체이용률은 50~70%에 이른다. 식물성 식품의 경우에는 그에 반해 아주 특수한 형태로 존재하는데, 그래서 생체 내에서 흡수되기 전에 먼저 다른 형태로 변형되어야만 한다. 이 같은 특성 때문에 식물을 먹는 경우에는 그중 단지 10~25%만을 취하게 된다고 말하는 것이다.

프로비타민 A, 즉 베타카로틴은 합성비타민으로서 약 80%가량 흡수된다. 식물성 식품의 경우 베타카로틴의 수용은 그보다 훨씬 낮은 수준이며, 함께 관여한 식이섬유소들은 베타카로틴의 대부분을 다시 배설하도록 작용한다. 베타카로틴은 식이섬유소에 달라붙는 속성을 갖고 있기 때문이다.

베타카로틴이 엄청나게 함유된 당근을 날로 먹게 되는 경우 그 안에 들어 있는 베타카로틴은 흡수되지 않는다. 약 300년 전, 하나의 돌연변이가 생겨나 당시만 해도 주로 무색이었던 당근에서 그때까지 억제되어 있던 베타카로틴 합성을 다시금 개시했다. 그리고 사람들에게는 오렌지색 착색이 훨씬 더 마음에 들었고, 그래서 그 후로 이 당근을 계속해서 재배하게 되었다. (일설에는 이 변종이 처음에는 늘 잿빛으로 흐린 채 비가 오는 아일랜드에서 나타났으며, 그곳 사람들은 식탁 위에 오른 새로운 색깔을 아주 마음에 들어 했다고 한다. 또 다른 주장에 따르면 오렌지색 당근은 네덜란드에서 처음 나타났으며, 이 당근이 네덜란드의 왕가를 상징하는 오렌지색이어서 계속해서 재배하게 되었다고 전한다.) 물론 당근은 본래 베타카로틴을 필요로 하지 않는다. 당근은 햇빛과 산소의 유독한 결합에 그리 많이 노출되지 않기 때문이다. 그렇기 때문에 당근은 우리 인간이 필요 없는 것을 버리듯 베타카로틴을 쓰레기통에 버렸다. 베타카로틴은 전분으로 만들어진 일종의 작은 '쓰레기봉투'에 담긴 채로 당근에 존재한다. 이 전분 봉투는 삶지 않은 상태에서는 좀처럼 열리지 않는다. 그래서 베타카로틴은 생 당근 속에 포장된 그대로 소화되지 않은 채 위와 장을 이동한다. 먼저 즙을 내고, 그런 다음에 삶는 것은 도움이 된다. 그렇게 하면 전분 봉투가 열리게 된다.

매크로 영양소든 마이크로 영양소든, 단독적인 화합물의 생체이용률은 일반적으로 식품 속에 들어 있는 것보다 높다. 물론 단독적인 마이크로 영양소에는 식품이 우리에게 제공하는 다른 여러 가지 것들이 들어 있지 않다. 그렇기 때문에 우리는 생체이용률이 낮은 것을 알면서도 질병이나 임신과 같은 특별한 상황에 있지 않은 한, 알약을 먹는 것보다는 식품을 통해 영양소를 섭취하는 것을 선호하는 것이다. 건강한 사람이라면, 그리고 균형 잡힌 음식을 먹는다면 이는 아주 쉬운 일이다.

"지용성 비타민은 저장된다.
그렇기 때문에 과도한 섭취는 위험하다!"

이 같은 주장도 역시나 옳지 않다. 맞는 것은, 비타민 A는 간에 저장되고 일단 저장고가 가득 차면 소비량에 따라 6~9개월까지 사용할 수 있는 양이라는 사실이다. 어쨌거나 비타민 A의 위험은 저장과는 전혀 관련이 없다. 합성되어 만들어진 비타민 A의 양이 많은 것은 건강에 좋지 않다. 하지만 이 같은 상황은 단지 처방전상에서만 존재할 뿐이다. 다른 모든 지용성 비타민은 실제로는 저장될 수 없다. 지용성 비타민 가운데 많은 것들은 지방 조직에 존재하는데, 지방 조직에 있는 이들 비타민이 다시 혈관 안으로 들어가는 일은 거의 일어나지 않는다.

"비타민들은 전혀 위험하지 않다?"

이는 양이 많고 적고의 문제다. 비타민과 다른 마이크로 영양소의 경우, 장기간에 걸쳐 복용 시 넘어서는 안 된다고 감독관청이 정해 놓은 '허용치'가 있다. 장기간에 걸쳐 지속적으로 비타민을 복용한다면 이 허용치에 유의해야 한다. 그리고 그렇게만 한다면 위험하거나 걱정할 필요는 전혀 없다고 최근에 연구 결과가 발표되었다. 7,317명의 의사들이 12년간에 걸쳐 종합비타민제와 무기질 보충제를 복용했고, 7,324명의 또 다른 의사들은 플라시보약(속임약)을 복용했는데, 이로 인한 부작용은 전혀 관찰된 바가 없다.

심혈관계 질환이나 노인 실명과 관련해서는, 보충제는 플라시보약과 비교해 아무런 장점도 보여 주지 못했다. 물론, 보충제를 복용했던 집단에서 암 환자의 숫자는 약 8%가량 낮았다. 이 정도의 결과로 "비타민제는 암을 예방해 줍니다."라는 의사의 추천은 결코 받아낼 수 없다. 하지만 이는 마이크로 영양소 필요량을 충족시켜 주는 건강한 영양 섭취는 건전한 생활방식과 함께 질병을 예방해 주는 가장 일반적이면서도 가장 중요한 출발점이라는 사실을 강조해 준다.

Chapter 4

배고픔과 식욕, 그리고 배부름

우리의 음식이력서는 우리의 식사 태도와 밀접한 관련이 있다. 우리의 식사 태도는 무엇보다도 배고픔, 식욕 그리고 포만감에 의해 좌우된다. 그리고 양분 섭취와 배부름을 조절하는 메커니즘은 우리의 태도와 깊이 관련되어 있고, 스트레스와 두려움과 공격성(배고픔만큼 사람을 공격적으로 만드는 것은 없다.), 또는 사회적인 결합능력(너무 배가 고프면 사람 만나고 싶은 생각도 사라진다.)의 조절과 연관되어 있다. 그 원인은 인류 발전사에 있어서 가장 중요한 국면에 존재한다.

약 250만 년 전, 우리의 조상들은 기후변화로 인해 어쩔 수 없이 점점 사라져가는 숲에서 나와 드넓게 펼쳐진 초원에서 먹을 것을 구해야만 했다. 익숙했던 거주 공간인 숲에서 초원으로의 '강제 이주', 그리고 그로 인해 숲에서 주로 채식에 의지해 살던 때와 비교해 조금은 더 다양해지고 개선된 영양 공급 상태는 우리의 조상들이 한 단계 훌쩍 발전해 나가는 것을 가능하게 해 주었다.

하지만 100만 년이 넘는 동안 자신들에게 안전함과 먹을거리를 베풀었던 숲을 떠나야만 한다는 사실은 당연히 엄청난 스트레스를 불러일으켰다. 그때까지만 해도 비교적 작았던 뇌는 나뭇잎, 열매, 새 알, 곤충, 그리고 물고기와 작은 동물로 충분히 영양 공급을 받고 있었다. 하지만 이제 삶의 여건이 바뀌었고, 호모 에렉투스(직립 원인)에게 요구되는 사항들도 달라졌다. 살아남기를 원한다면 이제 좀 더 주의를 기울여야만 했고, 도망칠 것인지 맞서 싸울 것인지 좀 더 현명하고 신속하게 판단을 내려야만 했다. 또 한편으로는 사냥하려는 동물을 포획하기 위해서, 그리고 다른 한편으로는 스스로 잡아먹히지 않기 위해서 늘 전방을 주시하며 나무와 수풀 사이에서 움직여야 했다. 진화는 이 같은 새로운 삶의 방식에서 좀 더 뛰어난 주의력을 내보이고, 좀 더 빠르며, 좀 더 잘 스트레스에 반응할 수 있었던 이들을 선택하고 총애했다. 스트레스와 음식 섭취는 그 이후로 상호 밀접하게 연관되어 있다.

배고픔과 식욕, 포만감의 메커니즘에 관한 연구는 최근 들어 새롭고도 흥미로운 많은 사실들을 밝혀냈다. 스트레스로부터 에너지에 굶주린 우리 뇌의 이기주의를 지나 보상체계에 이르기까지, 우리를 먹게 만드는 여러 요인들은 바로 이 챕터의 주제다. 아울러 무엇이 맛있고, 왜 맛있게 느끼는지에 대해서도 알아볼 것이다.

배고픔을 느끼게 하는 것과
식욕의 제동

허기나 식욕과 관련해서는 우리 몸속에서 두 명의 배우가 활약한다. 하나는 공급과 소비 사이에서 에너지 균형을 잡아주는 '항상성 시스템'이고, 다른 하나는 즐거움을 주는 것에 반응하는 '쾌락 시스템'이다. 실제적인 허기는 식품의 종류와 조리법 등을 따지지 않고 쾌락에 의해 조종되지 않는다. 지금 당장 필요한 것은 바로 에너지이기 때문이다. 가장 좋은 것은 에너지 공급과 에너지 소비가 균형을 이루는 것이다. 그와 같이 균형 잡힌 신체 내의 에너지 관리 내지 일반적으로는 역학 시스템 내에서의 균형 유지를 '항상성(Homeostasis)'이라고 부른다.

과체중은 에너지 공급과 소비 사이의 흐트러진 균형 상태를 알려 주는 신호이다. 따라서 중요한 문제는 왜 신체 내의 '에너지 관리'가 비정상적인 상태가 되었으며, 이를 다시 정상적인 상태로 되돌리고자 한다면 어떤 면에서 수정이 되어야 하는가 하는 점이다.

이 같은 시스템에는 배부름과 포만감 또한 속한다. 배부름은 즉시 나타날 수 있고, 먹은 양에 따라 좌우된다. 그에 반해 포만감은 먹은 뒤 얼마 후에 나타나며, 다음번 식사시간의 식욕을 억제한다. 우리 모두는 배고픔과 식욕과 배부름, 그리고 포만감이 아주 개별적인 느낌이라는 것을 경험한다. 하지만 이들은 결코 자의적인 것이 아니라 우리가 아무런 영향도 주지 못하고 우리의 음식이력의 일부인 다수의 과정에 의해 조절된다.

인체의 에너지 관리는 뇌, 정확히 말해서 우리의 모든 기본적인 욕구를 조절하는 컨트롤 센터인 '시상하부'에서 관장한다. 배고픔, 갈증 그리고 체온 외에도 이곳에서는 혈압과 밤낮의 리듬 그리고 성적 행동 또한 조정된다. 하지만 다른 거대한 조직이나 장치에서와 마찬가지로 주어지는 모든 과제는 보스 혼자에 의해서만 해결되는 게 아니다. 저마다 다른 임무를 맡고 있는 여러 개의 부서가 있고, 그들이 담당하는 권한과 명령권은 정확하게 조정되며, 그들 가운데 어느 것도 '상부로부터의' 지시나 동료와의 협의 없이는 어떠한 일도 행하지 못한다. 우리의 경우 보스는 물론 극단적인 자기중심주의자이며, 나중에 다시 언급하게 될 '이기적인 뇌'에서 밝혀지듯 거침없이 자기 주머니만을 채운다.

미각과 후각은 배에서 오는 신호들과 더불어 뇌(뇌간)를 통해 다가올 식사시간을 준비하는 신경(미주신경 그룹)의 활성화를 이끌어 낸다. (옮긴이 주_라틴어로 '방랑자'를 뜻하는 미주신경은 뇌간에서 골반까지 넓게 연결되어 있는 부교감신경조직으로, 장기들의 연결고리 역할을 한다. 간 기능이 떨어질 때 대뇌에 지시를 내려 쓸개즙을 분비하게 하여 간이 활력을 내도록 하고, 지나치게 흥분했을 때 심장으로 가는 혈액 속에 아드레날린이 과도해지지 않도록 조절한다. 이 외에도 위의 공복 상태 여부 등 각 기관의 상황 정보를 뇌에 공급하는, 한마디로 신경계의 리듬을 잡아주는 통합 센터이다.) 양분이 공급되면 이는 위를 확장시키게 만들고, 그와 더불어 호르몬의 분비가 일어난다. 호르몬의 분비는 한편으로는 장에서의 음식물 통과와 흡수를 조절하고, 다른 한편으로는 뇌에 신호를 보내 허기가 가라앉고 우리가 배부름과 그에 이어지는 포만감을 느끼도록 해 준다.

그 밖에도 음식의 섭취를 억제시키는 것보다는 증가시키는 신호들이 더 많다. 이는 우리의 조상들이 먹을 것을 포기하기보다는 섭취하도록 훨씬 더 많이 자극받았다는 사실을 보여 준다. 이 같은 제어 회로가 모든 포유동물에서뿐만 아니라 물고기까지 포함한 다른 많은 종에서도 나타난다는 사실은 지속적으로 섭취하는 에너지양이 자연 상태에서는 너무 높게 나타나는 경우가 거의 없다는 사실을 짐작하게 해 준다.

놀고먹는 세상은 배고픈 인간들이 꿈에도 그리던 세상이었다. 하지만 이 같은 세상이 오늘날 몇몇 사람들에게는 실현되었다는 사실은 오히려 문제를 야기한다. 왜냐하면 인간의 신체조직은 진화를 거치는 동안 오히려 결핍 상황에 적응되어 있기 때문이다.

우리가 음식을 선택하는 메커니즘에 관해서는 계속해서 새로운 이론들이 주장된다. 그리고 이들 대부분은 (실제적이든 아니면 단지 그렇다고 상상할 뿐이든) 과체중에 대처하기 위한 다이어트 추천과 관련되어 있다.

얼마 전 보스턴에 있는 유명한 하버드 의과대학의 어느 교수가 출간한 다이어트 북에서는 지방이 많은 음식을 먹을수록 더 날씬해진다는 깜짝 놀랄 만하면서도 일견 단순해 보이는 주장을 제시하고 있다. 이 같은 주장의 핵심은, 문제는 음식 속에 들어 있는 지방이 아니라 탄수화물의 양이라는 것이다. 그리고 이 같은 주장의 근거, 다시 말해 지방이 풍부한 음식을 먹은 뒤의 배부름은 탄수화물이나 단백질이 많이 함유된 음식을 먹고 난 뒤에 비해 훨씬 오래 지속된다는 설명은 상당히 설득력이 있어 보인다. 이러한 주장의 배경에는, 우리가 단백질과 지방 그리고 특히 탄수화물을 함유하고 있는 무언가를 먹을 때면 늘 혈당수치가 상승한다는 사실이 자리하고 있다. 아주 많은 양의 에너지를 필요로 하는 뇌는 즉시 사용 가능한 포도당을 곧바로 이용한다. 그리고 그와 동시에 혈당수치를 다시 낮추고 섭취한 음식과 함께 공급된 지방을 저장하기 위해 인슐린이 분비된다. 물론 혈당수치가 너무 많이 내려가면 다시금 허기를 느끼게 만든다.

혈당수치를 상당량 높이고 인슐린 분비를 상당량 증가시키는 탄수화물을 많이 섭취하면 인슐린이 신속히 작용하게 된다. 그러면 그 결과로 지방의 저장이 증가할 뿐만 아니라 그 뒤에 나타나는 '저혈당'으로 인해 다시금 허기를 느끼게 된다. 통상적으로 추천하는 영양 섭취 방식에 따라 지방이 적고 탄수화물이 풍부한 음식을 먹으면, 뇌에서 사용될 연료는 여전히 충분하기에 얼마 되지 않는 지방은 그대로 저장된다. 하지만 그와 반대로 지방은 풍부하고 탄수화물은 적은 음식을 섭취하면, 지방은 뇌를 위한 에너지원으로 사용되기에 저장되어질 여유가 없다. 이상과 같은 주장은 상당히 논리적인 것처럼 보이지만, 실제로 인체는 그리 단순하게 기능하지 않는다.

배부름과 그 뒤에 따라오는 포만감으로 이끌어 내는 생화학적인 과정은 지극히 복합적이다. 그리고 늘 그랬듯이 이럴 때 마이크로 영양소는 논의에서 거의 주목받지 못했다. 각각의 매크로 영양소에 관해서는 거의 아무것도 밝혀진 바가 없지만, 그래도 우리는 매크로 영양소의 변형을 통해 우리의 에너지 균형을 조절하거나 쾌락 시스템을 조절하기 위해 끊임없이 노력하고, 시도하고 있다.

영양의 섭취는 어떻게 작동하고, 그 과정에서 무엇이 애초의 계획과는 달리 틀어지게 되는 걸까? 우리에게 뭔가를 먹어야만 한다거나 먹을 수 있다고 생각나게 만드는 것은 배고픔이 아니라, 뭔가 먹을 만한 것을 보거나 냄새 맡거나 맛을 보게 될 때 느끼는 '식욕'이다. 많은 사람들은 실제로 무언가를 먹고 싶을 때만 식욕을 느끼고 금세 배가 불러진다. 그에 반해 어떤 사람들은 끊임없이 식욕을 느끼는 것처럼 보인다. 이들에게는 실제적인 배부름의 느낌은 진정한 포만감과 마찬가지로 거의 나타나지 않는다. 그들은 식욕을 통제할 수 없는 것처럼 보이고, 주변 사람들에게 문제가 있다는 형태로 인식된다.

"벌써 또 먹고 싶다고? 말도 안 돼! 이제 막 아침을 먹었잖아?"

우리가 우리의 식욕을 어떻게 잘 통제할 수 있는가는, 하지만 의지의 문제가 아니라 대개의 경우와 마찬가지로 호르몬의 문제이다. 이 호르몬 또한 '뇌'라는 컨트롤 센터에서 조절된다. 그리고 호르몬의 조절은 영양 공급뿐만 아니라 보상 센터 및 쾌락 센터와도 관련되어 있다. 이들이 정확히 어떻게 작용하는지는 잠시 후에 설명하게 될 것이다.

미국의 과학자인 고든 케네디(Gordon C. Kennedy)는 이미 1953년, 하나의 메커니즘이 에너지 공급과 에너지 소비를 조절해 체중이 항상 일정하게 유지될 수 있도록 한다는 이론을 발표했었다. 그는 시상하부가 지방세포로부터 신호를 받아 영양 공급을 상승시키거나 감소시키게 된다고 가정했다. 그가 관찰한 바에 따르면, 쥐는 축적된 지방을 안정적인 상태로 유지하고, 영양 공급의 변화를 체온을 저하시키거나 새끼에게 젖을 먹임으로써 상쇄할 수 있다. 하지만 시상하부가 손상되면 그 동물은 아주 짧은 시간에 극도의 과체중 상태에 이르게 된다. 우리는 "이제 배불러"라고 말할 수 없고, 그와 더불어 실제로 포만감을 강요할 수도 없다. 배고픔의 경우도 그와 마찬가지이고, 우리는 허기를 종결시킬 수 없다. 어떤 사람들은 먹는 것만 생각해도 벌써 배가 부르고, 또 어떤 사람들은 배부름의 상태를 전혀 모르는 것처럼 보이기도 한다. 이 같은 현상 또한 우리의 음식이력 속에 이미 결정되어 있거나 최소한 성향이 깔려 있는 것이다.

일정 기간 동안의 단식 뒤에 나타나는 정말로 심한 허기는 전형적인 신진대사 변화에 기인한다. 이미 설명했듯이 맨 먼저는 영양 공급과 더불어 분비된 인슐린이 포도당을 감소시킨다. 글리코겐의 형태로 주로 간에 저장되어 있던 포도당은 24시간이 지나면 다 소모된다. 혈액 속에 들어가 온몸을 순환하는 포도당은 점점 감소하고, 인슐린도 마찬가지로 줄어든다. 인슐린이 적다는 것은 저장량이 줄어들고, 그 대신에 이제 더 많은 지방을 분해함으로써 에너지를 활성화하는 과정들이 늘어나며, 혈액수치가 높아진다는 것을 의미한다. 그 뒤에는 무엇보다도 '이기적인 뇌'가 숨어 있다.

이제 곧 설명하게 될 이기적인 뇌는 포도당 부족으로 인해 이른바 '케톤체'로 불리는 특정한 지방분해산물을 이용해 에너지를 얻는다. (옮긴이 주_ 참고로, 케톤체는 생체 내에서 물질대사가 정상적으로 이루어지지 않을 때 생성·축적되는 아세톤과 아세토아세트산 따위를 총칭한다.) 이와 동시에 배후에서는 뇌와 호르몬에 의해 조종되는 프로세스가 진행되는데, 이 과정은 배가 고픈 개체가 가능한 한 신속히 영양분을 찾아 나서도록 해 준다. 쾌락 시스템은 이 경우 차단되고, 식욕과 풍미는 더 이상 아무런 역할도 하지 못한다.

이기적인 뇌

인간의 뇌는 다른 포유동물의 뇌와는 달리 태어나는 시점에서는 아직 아주 미성숙한 상태이다. 생물학자들은 이를 직립보행이라는 진화의 결과로 인식한다. 다시 말해 직립보행이 가능해지기 위해서는 골반이 좁아진다. 그 결과, 어린아이의 두개골은 그에 적응하기 위해 좀 더 작아져야 한다. '더 작다'라는 말은, 이 경우 '덜 발달된다'를 의미할 수도 있다. 비교해서 말하자면, 인간의 경우 갓난아기의 뇌는 성장한 어른 뇌의 25% 정도의 크기에 불과하다. 그에 반해, 아프리카·아시아산 원숭이의 하나인 마카크의 경우는 태어나면서 이미 70% 정도 성숙한 뇌를 갖고 있다.

우리 인간의 뇌는 태어나면서부터 뒤처진 발달 상태를 만회하기 시작한다. 그리고 그를 위해 유아의 신체는 더 많은 에너지를 필요로 한다. 유아는 일반적으로 그에 필요한 에너지를 모유에서 얻는다. 하지만 유아의 신체는 모유에서 충분한 에너지를 얻지 못하는 경우, 자기 자신의 신체 물질을 이용할 수도 있다. 에너지를 얻기 위해 신체질량을 분해해 축소시키는 것은 뇌에게 있어서는 평생 동안 지속되는 선택권이고, 이로 인해 뇌에게는 '이기적'이라는 속성이 붙게 된다. 다시 말해 신체와 뇌에 적정하게 공급할 양분에너지가 충분하지 못할 경우, 신체적인 성장이나 에너지를 소비하는 다른 과정에는 훨씬 적은 에너지가 투입되는 것이다. 한마디로 말해 뇌가 먼저이고 다른 것들은 나중인 셈이다.

생후 2주차에 접어들면 신생아의 뇌는 이미 성인 뇌의 3분의 1 정도에 해당하는 크기로 성장한다. 그리고 만 두 살이 될 무렵이면 성인 뇌의 80%에 이르고, 만 다섯 살이 되면 어느새 90%의 크기까지 성장한다. 나머지는 사춘기에 접어들며 마무리되는데, 이 과정은 사람에 따라 조금 이르기도 하고 조금 늦어지기도 한다. 결국, 가장 강력한 성장은 '1000일의 창' 동안에 이루어지는 것이다.

따라서 뇌의 에너지 소비가 생후 4년차에 접어들기까지 인체의 기초대사의 80% 정도를 차지한다는 것은 그리 놀랄 만한 일이 아니다. 참고로, 기초대사란 정신적으로나 육체적으로 에너지 소비가 없을 때 신체가 생명을 유지하기 위해 필요로 하는 최소한의 에너지 대사를 가리킨다. 이 비율은 5년차로 들어서며 40% 정도로 떨어지고, 13년차에서는 약 25%가량으로 감소한다. 성인의 뇌는 주로 포도당에서 에너지를 구하며, 만 하루 이상을 단식하거나 탄수화물의 공급량이 현저하게 줄어드는 경우에야 비로소 이른바 케톤체를 이용하기 시작한다. 그에 반해 신생아의 뇌는 아예 처음부터 지방산의 분해에서 생겨나는 에너지에 의존한다. 이는 아마도 포도당만으로는 신생아의 뇌가 필요로 하는 에너지를 충분히 확보할 수 없기 때문인 것처럼 보인다. 성인의 뇌와 비교해 신생아의 뇌는 케톤체를 4배에서 5배 정도 빠른 속도로 흡수한다. 물론 이를 위해서는 케톤체가 형성될 수 있는 충분한 양의 지방이 존재한다는 전제가 충족되어야만 한다.

성장에는 마이크로 영양소가 필요하다

뇌가 급속도로 성장하는 이 시기에는 에너지를 공급하는 지방과 포도당, 그리고 '구성 물질'로서의 단백질 외에도 특히 많은 마이크로 영양소가 필요하다. 뇌 속에는 거의 모든 비타민과 무기질이 들어 있고, 그 같은 사실만으로도 이들이 뇌에 어떤 의미를 갖고 있는지 알 수 있다. 비타민을 뇌로 전달해 주는 특수한 전달자가 있다는 사실은 그 의미를 한층 더 강조해 준다. 예를 들어 철분은 신경을 임시적으로 격리시키기 위해 얇은 막으로 감싸주는 물질을 만드는 데 필수적이고, 또 뇌의 에너지 신진대사에도 필요하다. 비타민 A는 아연, 요오드, 비타민 D 그리고 특히 바닷물고기나 아마인유와 같은 몇몇 식물성 오일에 함유되어 있는 오메가-3 지방산과 마찬가지로 신경세포를 서로 연결시키는 데 필요한데, 이는 신경 연결망을 형성하기 위해 아주 중요한 과정이다. 이 모든 것들은 처음에는 모유를 통해서 공급되며, 따라서 이 시기의 모체의 영양 섭취는 아주 중요할 수밖에 없다.

대다수 신체 기관의 성장과 발달은 일반적으로 태어나는 시점에 이미 자신의 맡은 바 기능을 수행할 수 있을 만큼 충분히 완결되어 있는 데 반해, 뇌는 상대적으로 아직은 미성숙한 상태이다. 그 말은, 뇌는 태어난 후 몇 달 동안에 더욱 강력히 성장해야 할 뿐만 아니라 더욱 더 발달해야만 함을 의미한다.

이 같은 성장과 발달은 무엇보다도 주변 세계의 자극들이 다양한 뇌의 영역에서 처리되고 저장되는 과정을 통해 진행된다. 이를 통해 뇌는 자신의 주변 환경에 적응하게 된다. 눈이나 귀를 통해 수용되는 주변 세계로부터의 자극들이 결여되거나 마이크로 영양소의 결핍으로 인해 제대로 처리되지 않을 경우, 이 같은 임무를 담당하는 뇌의 영역들은 적절히 작동할 수 없게 된다. 그리고 이 같은 상황은 추후 음식물 처리를 조절하게 될 뇌의 영역에도 똑같이 적용된다. 여기에는 아주 중요한 의미가 담겨 있다. 즉 임신 기간 동안에 이미 나타난 모체의 공급 부족은 수유 기간에도 계속 이어질 수 있고, 그로 인해 아기의 발달에 영향을 끼칠 수 있는 것이다. 이러한 상황은 철분뿐만 아니라 비타민 D와 요오드에도 그대로 적용된다. 6장에서도 자세히 설명하겠지만, 바로 이 세 가지 마이크로 영양소는 늘 공급 부족의 위험이 있다.

경쟁하는 뇌, 분할하여 통치하라!

뇌는 사용 가능한 에너지를 다른 신체 기관이나 조직에 나눠 주어야만 한다. 뇌는 태아 발육시기 동안 겪었던 잉여와 결핍의 경험을 통해 공급되는 에너지를 어떻게 분배해야 늘 풍족함을 유지할 수 있는지 이미 잘 알고 있다. 더 큰 몫을 배분받는 길은 에너지의 흐름을 통제하고 저장고 사용을 조절하는 것이다.

뇌는 혈액을 타고 순환하는 포도당의 약 65%를 차지하는데, 그 양은 하루에 약 135g에 해당한다. 물론 골격근도 마찬가지로 많은 에너지를 필요로 한다. 하지만 골격근이 힘들여 사바나를 뛰어다닌다 한들 뇌가 힘들이지 않고 슬슬 일을 한다면, 그래서 그가 산양을 잡아야 할지 아니면 표범에게서 얼른 도망쳐야 할지 신속하게 결정을 내려주지 않는다면 골격근이 무슨 필요가 있겠는가! 이처럼 신속한 결정을 내림으로써 생존의 가능성을 높이기 위해 뇌는 많은 에너지를 필요로 한다. 그리고 그러한 이유로 인해 에너지 수용과 분배가 무엇보다도 뇌에 유리하도록 진행된다는 일종의 위계 구조가 형성된다. 즉, 다른 신체기관과는 달리 뇌는 수많은 신하가 딸린 왕에게는 별도의 식품 저장고가 필요하지 않다는 모토 아래 에너지 저장소로는 전혀 이용되지 않는다.

에너지, 곧 양분을 찾아 소화하는 데 소모되는 에너지는 그 대가로 받게 될 거로 예상되는 에너지와 비교해 합리적인 관계에 서 있어야만 한다. 각각의 신체기관이나 조직의 에너지 소비를 최소화하기 위해서는 집단 사냥이 하나의 방법이다. 이 또한 물론 협력과 소통 과정에서 소모될 에너지를 뇌에 요구하게 되지만, 뇌의 에너지 공급과 그 밖의 주변 기관과 조직의 에너지 공급은 서로 연결되어 있어야만 한다. 이 같은 연결 고리가 존재하지 않는다면 전체로서의 인체는 결국 작동을 멈추게 되고 만다.

현대적인 실행 계획이 더 나은 고급을 보장한다
―수요에 따른 에너지

비록 신체 기관에 해가 될지라도 뇌는 주변 환경이 약속하는 것을 그대로 받아들인다. 이기적인 뇌와 관련해 중요한 연구를 수행한 아힘 페터스(Achim Peters)는 이 같은 사실을 뇌는 맨 먼저, 그리고 오직 자신만을 생각한다고 아주 명쾌하게 설명한다. 이 과정에서 자원을 얻기 위한 경쟁은 외견상 배고픔과 배부름의 다른 통제와는 완전히 무관해 보이는 중독성 있는 행동을 통해서도 이루어진다. 신속히 사용할 수 있는, 다시 말해 신속하게 혈액 속으로 들어가 포도당 수치를 높일 수 있는 탄수화물에 대한 '중독'은 뇌에 의해 만들어진다. 그리고 이 같은 탄수화물 중독은 아주 이른 발달 국면에서 이미 시작된다. 단맛과 사탕을 좋아하는 성향은 우리 유전자에 이미 자리 잡고 있고, 수백만 년 전부터 우리의 식생활 습관에 영향을 끼치고 있다.

'수요에 따른 공급'은 오늘날 필요한 나사가 필요한 시점에 정확히 공급되도록 해 주는 과정을 일컫는다. 흥미로운 모델에 따르면, 이 과정은 뇌의 포도당 및 에너지 수요와 관련해서도 작동하는 것처럼 보인다. 뇌의 에너지 관리 센터가 "주의하라! 에너지가 빠듯하다!"라고 신호를 보내면 이내 뇌의 보상체계가 작동하기 시작하고, 그러면 우리는 무언가 단것을 찾아 신속히 입에 넣는다. (옮긴이 주_뇌의 보상체계란, 기분을 좋게 만듦으로써 인간의 행동을 조절하는 뇌의 회로이자 구조이다. 배가 고프면 음식을 찾게 되고, 음식을 먹으면 기분이 좋아지는 자연적인 과정도 뇌가 그때마다 도파민과 같은 호르몬과 신호로 보상을 해 주기 때문이다.)

보상체계는 많은 경우 짧은 국면의 피곤함을 몰아낸다. 단것이 공급될 뿐만 아니라 포도당이 근육이 아니라 뇌에 도달되게끔 만들기 위해서 실제로 뇌는 진화의 과정을 통해서 자신에게 부여된 모든 기교를 동원한다. 그렇게 하기 위해서 뇌는, 이를테면 스트레스호르몬인 코르티솔의 분비를 억제하고 혈액에 함유된 당분을 세포로 전달하기 위해 충분한 양의 인슐린을 생성한다. 이러한 '인슐린 억제' 효과는 뇌가 혈뇌장벽(옮긴이 주_ Blood-Brain Barrier : 뇌로 가는 모세혈관 벽의 내피 세포들이 단단히 결합되어 있어서 대부분의 화학물질이 뇌로 들어갈 수 없게 차단하여 뇌를 보호하는 기제)에도 불구하고 인슐린 없이도 혈액으로부터 당을 가져올 수 있게끔 해 주며, 그래서 뇌는 독점적인 접근권을 갖고 있고, 다른 여타 신체기관이나 조직을 책략을 써서 따돌린다. 그리고 그렇게 해서 뇌는 '수요에 따른' 에너지 공급이라는, 자기가 원하는 바를 이루게 된다.

호르몬과 배고픔

호르몬은 다양한 신체 기관에서 형성되어 저마다의 '임무'를 띠고 '발송'되어 다른 부위에서 작용을 전개하게 하는 신체 고유의 전달 물질이다. 다수의 호르몬과 유사 호르몬 물질은 배고픔과 배부름의 조정에도 또한 관여한다. 다음의 도표는 가장 중요한 역할 담당자들을 정리해 놓은 것이다.

식욕을 증가시키는 호르몬인 그렐린은 식사시간에서 다음 식사시간으로 이루어지는 단기간에 걸쳐 작용한다. 그렐린에게 충분치 못한 포도당이 존재한다는 사실이 전달되면 배고픔을 관장하는 센터를 활성화시킨다. 이제 양분이 섭취되면, 이는 다시 장에서 펩타이드 YY(PYY)나 콜레키스토키닌(CCK)과 같은 호르몬의 생성과 분비를 유도하고, 이들 호르몬은 뇌에 이제 충분하다는 신호를 보낸다. 그러면 배부름을 관장하는 센터가 활성화되고, 허기가 가라앉는다. 그렇게 해서 이제 에너지가 공급되면, 이 에너지는 배분되어야 할 뿐만 아니라 뇌에게도 저장고가 얼마나 채워졌는지가 전해져야 한다.

그렐린과는 달리 식욕을 억제하는 호르몬인 렙틴은 배부름과 포만감과 관련해 제법 오랜 기간 동안 작용한다. '렙틴'이라는 이름은 '마른'을

호르몬	생성 장소	시상하부에서의 역할	신진대사에서의 역할
그렐린	혈당이 떨어지면 위에서 생성됨.	허기 생산자의 생성을 증가시킴. → 식욕 증가	위장 활동의 증가, 위액의 생성을 자극, 포도당 사용 증대, 지방 연소 감소, 활동 감소
펩타이드 YY, 콜레키스토키닌 (CCK)	영양 섭취 후 장에서 생성됨.	시상하부에 배부름을 전달하고, 허기 생산자의 작용을 억제함.	펩타이드 YY는 탄수화물에 통보, CCK는 지방과 단백질에 통보
인슐린	혈당이 올라가면 췌장에서 생성됨.	허기 생산자의 생성을 억제하고, 식욕 억제의 생성을 증가시킴. → 배부름	조직으로의 포도당 수용 증가, 지방과 포도당의 저장 증가, 에너지 대사 강화
렙틴	백색지방조직	지방조직에 있는 에너지 저장고를 뇌에 통보하고, 식욕 억제를 활성화하며, 허기 생산자를 억제함. → 배부름	에너지 소비의 증가와 공복감의 억제를 통한 에너지 사용의 조절
아디포넥틴	백색지방조직		인슐린 작용을 개선시킴.

뜻하는 고대 그리스어 '렙토스(Leptos)'에서 유래한다. 이 호르몬은 단백질 산물인 렙틴을 생성하는, 이른바 '비만 유전자(Ob gene)'의 활동을 중지시킨 생쥐에게서 발견되었다. 그 결과 그 생쥐들은 더 이상 렙틴을 생성할 수 없었고, 이제 끊임없이 양분을 섭취해 뚱뚱해졌다.

렙틴은 지방세포에서 만들어진다. 지방세포가 더 많아지고 더 커질수록 그만큼 더 많은 렙틴이 생겨난다. 렙틴의 양은 에너지 상태를 나타내는 하나의 척도로서, 얼마나 많은 에너지가 축적된 지방의 형태로 존재하는 가운데 사용 가능한지를 알려 준다. 체내의 혈류와 함께 혈뇌장벽을 뚫고 들어갈 수 있는 호르몬인 렙틴은 뇌로 전달된다. 충분한 양의 지방이 존재한다면 시상하부에서는 '식욕 억제'가 활성화되고, '허기 생산자'는 억제된다. 그 밖에도 렙틴은 췌장에 지금 당장은 인슐린이 필요하지 않으며, 아울러 더 이상은 지방이나 다른 에너지원이 저장될 필요가 없다는 사실을 통보한다. 렙틴과 인슐린은 서로 직접적으로 관련되어 있고, 다른 호르몬들과 협력해 에너지 관리를 책임진다.

렙틴의 수치가 감소하면 신체의 에너지 절약 프로그램이 작동하기 시작하고, 그와 동시에 뇌에 있는 배고픔 센터가 활성화되며 허기가 느껴진다. 따라서 렙틴은 장기적으로는 정상적인 상황에서 체중이 몇 킬로그램 편차 안에서 일정하게 유지되도록 작용한다. 그리고 단기적으로는 에너지 활용과 관련이 있는 수많은 신진대사 과정을 조종한다.

너무 적거나 너무 많은, 렙틴과 과체중

렙틴 호르몬과 이 호르몬이 저장 지방의 형성에 끼치는 작용의 발견 덕분에 사람들은 배가 많이 고프고 지방을 많이 축적한 사람은 렙틴이 결핍된 게 분명하다는 논리적인 결론을 이끌어낼 수 있었다. 앞에서 이미 언급한 렙틴이 결여된 생쥐 실험의 결과도 그 같은 결론을 입증해 주는 것 같았다. 렙틴이 없는 생쥐들은 도무지 먹는 걸 그칠 줄 몰랐고, 그 생쥐들에게 렙틴을 투여하자 비로소 끊임없이 먹는 짓을 그만두었기 때문이다. 그리고 이 같은 연구 결과를 토대로 렙틴은 과체중을 치료하는 알약으로 제공되었다. 하지만 임상적인 연구 결과는 아무 효과도 보여 주지 못했다.

그리하여 밝혀진 더욱 놀라운 점은, 심한 과체중에 시달리는 사람들은 결코 렙틴 결핍 상태가 아니었다는 사실이었다. 그런 사람들은 정상 체중인 사람들에 비해 혈액 속의 렙틴 수치가 오히려 더 높기까지 했다. 이에 대해서는 단 한 가지 설명만이 가능하다. 렙틴은 과체중인 사람에게서는 잘 기능하지 못하고, 그래서 더 많이 생성되는 것이다. 사람들은 이 같은 현상을 가리켜 '렙틴 저항성'이라고 부른다. (저항성은 이 경우 '무감각함'을 의미하고, 병원체에 대한 저항성과 마찬가지로 그 유해한 작용이 신체 내에서 기능을 발휘하지 못하게 한다.)

이 저항성으로 인해 배부름의 센터로 전달되어져야 할 렙틴의 메시지는 그곳에 다다르지 못한다. 그 이유는 렙틴 수용체가 변형되어 메시지를 제대로 인식하지 못하거나 반응하지 못하는 것일 수도 있고, 아니면 렙틴 수용체 수가 너무 적어 반응을 하더라도 그 강도가 너무 약하기 때문일 수도 있다. 어쨌거나 그 결과는 그 같은 상황을 만회하기 위해 더 많은 렙틴이 생성된다는 것이다.

좀 더 이해를 돕기 위해 하나의 예를 들어보자. 전달체는 메시지 신호를 폐쇄된 특정 공간에 전달해야 한다. 이 메시지 전달 임무는 벽에 고막과도 같은 하나의 작고 얇은 막이 설치되어 있고, 전달체가 그 막에다 대고 있는 힘껏 소리를 질러 막이 진동함으로써 수행 가능하다. 그런데 그 막이 갑자기 두꺼워져서 막의 떨림이 미약해진다. 그렇다면 이제 전달체는 어떻게 해야 할까? 일단 더 크게 소리를 지르는 것은 불가능하다. 그래서 전달체는 몇몇 친구들을 끌어 모으고, 함께 입을 모아 막에다 대고 소리를 질러 댐으로써 메시지 신호가 그 안에서도 들릴 수 있게 하는 것이다. 조금 더 잘 알려진 인슐린 저항성의 경우에는 이 같은 조치는 꽤 오랫동안 효과를 발휘한다. 하지만 렙틴 저항성의 경우에는 그 변형이 너무 심해 더 많은 렙틴 친구들을 끌어 모은다 해도 그 같은 조치는 별다른 효과를 나타내지 못한다.

그렇다면 렙틴 저항성은 어떻게 해서 나타나게 되는 걸까? 이 질문과 함께 우리는 다시 음식이력서라는 주제로 돌아오게 된다. 우리의 음식이력서에 그 같은 저항성의 싹이 숨어 있을 수 있다.

출생 이전의 발달과 일기예보의 문제에 대해 이야기했던 내용들을 다시 떠올려보자. 모체의 영양 섭취와 신진대사가 태아의 렙틴 형성에 영향을 끼침으로써 렙틴 저항성이 이미 태내에서 생겨날 수도 있다는 몇 가지 징후들이 있다. 영양 과다와 임신 당뇨, 즉 혈액 속의 높은 포도당과 인슐린 수치는 모체에서의 렙틴 생성을 상승시키고, 영양 부족과 낮은 포도당과 인슐린 수치는 렙틴 생성을 저하시킨다. 인슐린과 마찬가지로 렙틴은 태아에게 '주변 여건'을 묘사하고, 이를 통해 태아의 성장과 발달에 영향을 끼친다. 신생아의 렙틴과 포도당과 인슐린 수치는 신생아의 체중 및 키와 직접적인 관련이 있다.

태아는 태어나기 전부터 이미 스스로 자신의 에너지 관리를 하기 시작한다. 태어나기 이전에 형성된 시상하부의 허기 생산자와 식욕 억제자는 배부름의 조절기능을 미리 규정할 수도 있다. 이는 아마도 지속적으로 상승된 모체의 혈당수치로 인해 태아에게서 너무 많은 인슐린이 분비되고, 그로 인해 태아의 시상하부의 렙틴-인슐린-조정회로가 훼

손, 그 결과 훗날 당뇨와 과체중을 야기하는 인슐린 및 렙틴 저항성을 갖게 되는 것이다.

출생 직후의 영양 섭취 또한 중요한 역할을 담당한다. 그래서 조산으로 인해 영양소가 풍부한 유아식을 먹었던 아이들에게서는 갓난아기 때 모유를 먹었던 아이들에 비해 체지방 그램당 렙틴이 더 많이 발견된다. 그리고 그들은 또한 전반적으로 더 뚱뚱한 편이다. 태내에서나 갓난아기 때의 영양 과다는 렙틴과 인슐린을 너무 많이 생성하도록 만들 수 있고, 렙틴 저항성의 경우에는 과체중이나 비만증까지도 불러오는 성향의 기초가 될 수 있다.

정반대의 경우인 임신 기간 동안의 영양 부족에서도 낮은 수치의 렙틴과 인슐린 또한 태어난 아기의 가라앉을 줄 모르는 식욕이라는 결과가 나타날 수 있는데, 이 같은 현상은 렙틴 저항성을 통해 더욱 심각해진다. 아기는 먹기만을 계속하고, 몸은 먹은 것을 소화하지 못하며, 그래서 저장 지방은 점점 더 쌓여만 간다. 이 경우, 렙틴 저항성은 일기예보에 결핍의 위험이 있다는 의미심장한 답을 준다. 하지만 태어난 후 아무런 결핍도 나타나지 않으면, 필요로 하는 것보다 더 많이 섭취하고 저장하게 된다. 이미 언급한 모순, 즉 임신 기간 동안의 영양 과잉뿐만 아니라 영양 부족 또한 아이가 훗날 과체중에 시달리게 될 위험을 높여 주게 된다는 사실과 관련해 결국은 인슐린과 렙틴이라는 호르몬이 전환점인 동시에 가장 중요한 핵심인 것처럼 보인다.

진화학적인 관점에서 보면 아이의 뇌에 있는 배고픔과 배부름의 조정회로는 출생 전에 이미 예상되는 에너지 공급량에 적응한다는 사실은 매우 의미심장하다. 인간의 경우 시상하부의 신경세포는 임신 9주와 10주차에 들어서면 형성된다. 신경이 연결되어 기능을 수행할 능력이 있는 신경회로망을 구축하는 작업은 10주차부터 진행되고, 출생 전에 어느 정도 완성된다. 신경세포와 신경회로망이 이 시기에 모체의 영양 섭취를 통해 겪게 되는 경험들은 분명 뇌의 구축에 그대로 나타난다.

설치류 실험을 통해 알게 된 것처럼 영양 부족은, 예를 들어 상이한 세포 유형들이 뇌에서 수적으로 감소된 채로 형성되게끔 만든다. 시상하부에서는 모체의 영양 부족이나 영양 과잉의 결과로서 구조적인 변화를 확인할 수 있다. 이러한 변화들은 배고픔과 배부름의 조정회로에서 역할을 수행하는 뉴런의 연결이 감소되거나 '비정상적으로' 수행된다는 사실을 보여 준다. 이러한 실험의 결과들은 렙틴과 발달단계 초기에 나타나는 렙틴 저항성이 시상하부에서 관찰되는 변화에 원인을 제공한다는 사실을 시사한다. 여기에 렙틴 유전자의 후성유전적 변화들이 추가되면, 이로부터 배고픔 및 배부름과 관련해 중대한 장애가 나타날 수 있다.

물론 이 모두는 아이의 생존에 도움이 된다. 단지 그 아이의 유전체계가 자양분이 부족해질 수 있을 뿐만 아니라 양식을 찾아 툭 트인 초원을 헤매는 것이 생명을 위협할 수도 있었던 시절에 맞춰져 있다는 사실이 안타까울 뿐이다. 아이와 어머니를 위해 준비된 넉넉한 에너지 저장소들은 생존의 가능성뿐만 아니라 종의 번식 및 유지를 확고하게 다져 주고 있다. 그러므로 진화의 관점에서 보자면 이는 일종의 '적자생존'인 셈이다.

(지방) 저장소 관리, 가진 자가 갖는다

저장소에는 비상시를 대비한 여유분 외에 지금 당장 필요로 하지 않는 것들도 저장되어 있다. 이는 오늘날 우리가 아주 꺼려하는 지방 축적물도 마찬가지다. 하지만 이는 불안정한 시기에서는 생존을 위해 아주 중요하기 때문에 식욕 및 배부름과 마찬가지로 아주 교묘한 조정을 받게 된다. 단지 수백만 년 동안 진화의 경험에 근거해, 분해보다는 대형 저장 창고가 더 적합하다.

우리의 지방 축적물은 어떤 모습일까? 기본적으로 두 가지 유형으로 구분해 볼 수 있다. 하나는 피하지방이고, 다른 하나는 내장지방이다. 그 밖에도 근육과 여러 신체기관 및 특히 신생아들이 갖고 있는 갈색지방조직의 특수한 형태로 존재하는 작은 저장소들이 여럿 있다.

에너지가 풍부한 영양 섭취의 결과로 나타나는 과체중은 지방조직의 증가를 불러온다. 이러한 증가는 지방세포(주로 피하지방)의 증가뿐만 아니라 각각의 지방세포(주로 내장지방)의 크기 증대를 통해서도 나타난다.

지방세포, 특히 복부지방조직의 지방세포들은 아주 특수화되어 있다. 이들은, 한편으로는 시상하부로부터 신호를 받고, 다른 한편으로는 스스로 렙틴이나 이미 이야기했던 아디포넥틴과 같은 호르몬을 분비한다. 이 호르몬들은 우리의 배고픔과 배부름의 행동을 조절할 뿐만 아니라, 지방이나 저장된 지방으로부터 에너지를 조달한다. 태내에서 영양 부족을 경험했던 어린아이들의 경우, 지방세포는 최적의 출생 전 영양 공급을 누렸던 아이들과 비교해 세포의 수를 훨씬 더 많이 늘리거나 더 많은 지방을 저장하는 방향으로 변화한 것처럼 보인다. 자궁 내 성장장애를 겪은 남자 신생아의 경우, 출생한 다음 날 이미 지방세포에서의 지방 저장을 촉진하는 효소들이 증가하기 시작한다. 이 같은 상태가 지속되면 과체중과 심혈관계 질환 및 당뇨병이 발현할 수 있는 가능성이 커질 수 있다.

1962년, 제임스 닐(James V. Neel)은 자신의 연구 결과를 발표했다. 이 연구에서 그는 이른바 '문명병'이라고 불리는 제2형 당뇨병의 근간을 이루는 일련의 조정 과정이 본래 하나의 진화적인 감각기능을 갖고 있을 수는 없는지, 그리고 하나의 '검소한' 유전자가 어쩌면 잉여사회라는 조건 아래에서는 오히려 '유해한' 유전자가 되는 것은 아닌지 하는 질문들을 제기한다. 닐은 피마 인디언의 예를 들어 '검소한 유전자'라는 자신의 이론을 설명한다. 그가 설명하는 바의 핵심은 굶주림과 먹을 것이 부족했던 시기에, 그에 상응하는 유전적 장비를 갖춘 덕분에 그렇지 못했던 다른 사람들보다 훨씬 더 잘 견뎌 낼 수 있는 능력을 갖게 되었고, 그리하여 이들은 진화상 장점을 갖고 있다는 것이다.

뉴멕시코와 애리조나에서 살고 있는 피마 인디언은 평균치보다 훨씬 더 빈번하게 제2형 당뇨병에 걸리고 과체중에 시달린다. 수렵과 채집에 의존하던 이들은 20세기 중반까지만 해도 빠듯한 자원만으로도 자급자족하며 살았었다. 닐은 그 같은 사실로부터 이들 집단에서 빈번하게 나타나는 인슐린 저항성은 바로 검소한 유전자에 그 원인이 있다는 주장을 이끌어 낸다. 높은 인슐린 수치는 더 효과적인 양분의 이용과 저장을 의미한다. 그리고 이는 자원이 부족한 상황에서는 실제로 하나의 장점임이 분명하다. 하지만 미국과 다른 여러 나라에서는 20세기 중반부터 에너지가 풍부한 먹을거리가 넘쳐났고, 그 같은 장점은 이제 단점으로 변하고 말았다. 그래서 피마 인디언은 과체중에 시달리게 되었고, 그들 중 많은 이들은 당뇨병에도 걸리게 되었다.

어머니의 일기예보라는 틀에서, 아기에게 전달된 안 좋은 주변 여건 상황에서 검소한 유전자를 갖춘 아기는 오히려 생존이 확고해질 수 있다. 체내의 저장을 더 낮게 하는 데 기여하는 신진대사 적응은 먹을 것이 부족한 시기에는 아주 소중한 도구였다. 하지만 먹을 것이 넘쳐나는 세상에서 그 같은 능력은 1장에서 이미 언급한 바 있는 '대사증후군', 즉 배가 불뚝 나온 과체중이나 높은 혈중지방수치(트리글리세리드), 낮은 HDL 콜레스테롤, 높은 식전 혈당수치, 그리고 높은 혈압과 같은 신진대사장애의 발현을 도울 뿐이다.

이미 소개한 영국의 연구자들인 바커(Barker)와 오스몬드(Osmond)가 1980년대에 수행한 관찰 결과들은 '검소한 유전자 가설'이 한 단계 더 발전된 것으로 볼 수 있다. 그들의 판단에 따르면, 출생 시 체중이 훗날 나타나는 대사증후군과 관련해 어떤 의미를 갖는지가 분명해진다. 출생 시 체중이 2,950g 이하였던 조사 집단 남성들 가운데 22%는 64세의 나이에 대사증후군을 앓고 있었다. 그리고 이 수치는 출생 시 체중이 4,300g 이었던 집단의 평균치보다 10배 높은 것이었다. 어머니가 당뇨병을 앓고 있는 경우에 자주 관찰되는 출생 시 체중 역시 높은 과체중 위험도를 동반하여 나타난다는 사실을 고려한다면, 이 같은 차이는 더욱 벌어지게 된다.

'바커 가설'을 확인시켜 주는 증거는 덴마크와 이탈리아에서 수행된 '쌍둥이 연구'에서 찾아볼 수 있다. 이 연구는 쌍둥이 가운데 한 명만이 제2형 당뇨병에 걸렸다면, 그가 다른 쌍둥이형제보다 출생 시 체중이 덜 나갔다는 사실을 보여 준다. 닐의 피마 인디언 연구가 유전적으로 물려받은 효과에서 출발한 것이라면, 바커의 연구는 후성유전적인 원인으로 인해 야기된 결점이 있는 '일기예보'에서 나온 결과들을 보여 준다.

피마 인디언의 유전적인 성향은 늘 계속해서 나타나는 영양 부족을 토대로 발달된 것일 수 있다. 이 같은 성향은 영양 부족이 더 이상 존재하지 않게 되자 그 유전자를 지닌 사람들을 과체중에 걸리기 쉽게 만들었다.

섬 현상(Island Phenomena), 장점 아니면 덫?

이른바 '섬 현상'은 일반적으로 고립된 생태계의 제한된 자원에 동식물이 적응하는 현상을 묘사한다. 사람들은 1만 년 전부터 뭍과는 떨어져 있는 인도네시아 중부의 플로레스 섬에서 '호빗족'이라고 이름을 붙인 인류의 화석을 발견했다. 약 1만 8,000년 전 멸종한 호빗족의 이 화석은 키가 기껏해야 1m를 넘지 않았고 몸무게는 25kg이 안 됐으며, 특히 현생인류의 1,400cc에 훨씬 못 미치는 400cc 정도의 두뇌 용량을 가진 머리는 믿을 수 없을 정도로 작았다. 그럼에도 불구하고 '호모 플로레시엔시스(Homo floresiensis, 플로레스인)'는 도구 및 불과 장신구 등 문명의 이기를 소유하고 있었다. 플로레스 섬에는 인류를 대표하는 호빗족 외에도 난쟁이코끼리와 큰 쥐들도 살았다. '플로레스자이언트쥐(Papagomys armandvillei)'라 불리는 이 거대 쥐의 몸길이는 45cm이고, 꼬리는 70cm까지 자란다. 거대 쥐는 말 그대로 모든 것을 다 먹었고, 그로 인해 최상의 조건을 누렸다. 반면에 식성이 까다로운 생명체는 먹을 것이 제한되어 있었고, 그리하여 진화는 에너지를 절약하는 검소한 유전자를 지닌 작은 유형을 선호했다.

다른 연구 결과들 또한 검소한 유전자 가설에는 무언가가 있다는 사실을 시사한다. 사모아 섬의 거주자들은 세계적으로 가장 높은 과체중자 비율을 보여 준다. 2003년, 남성의 68%와 여성의 84%가 과체중군에 속했다. 2010년에는 그 수치가 더욱 높아졌는데, 남성의 80%와 여성의 91%가 과체중인 것으로 드러났다. 그에 따라 3,000년 전부터 그곳에 자리 잡고 살고 있는 사모아 섬의 거주자들의 유전자를 좀 더 자세히 조사하기 시작했다. 그리고 실제로 그들에게는 세계 어느 곳에서도 찾아보기 힘든 유전적인 변형이 일어났음이 밝혀졌다. 일반적인 경우와 비교해 볼 때 사모아인에게서 발견된 이 유전자 변형은 에너지 소비를 급격히 감소시키고, 동시에 지방 축적을 현저하게 강화시킨다. 하지만 흥미롭게도 이 유전자 변형은 인슐린 신진대사나 지방 신진대사에는 영향을 주지 않는다. '섬'이라고 하는 특수한 상황이 사모아 거주민들을 분명 늘 반복되는 배고픔으로 몰아넣었고, 그래서 이 같은 검소한 표현형(Phenotype, 유전자와 환경의 영향에 의해 형성된 생물의 형질)의 결과를 가져왔을 것이다. 그리고 그 같은 방식을 통해 그들은 생존과 번식을 보장받을 수 있었다. 하지만 사모아 섬이 서구 세계와 점점 더 교류하게 되고, 기름진 음식이 전해지면서 사모아 섬 거주민들은 그들의 검소한 유전자로 인해 점점 더 과체중의 늪에 빠지게 된 것이다.

따뜻하게 하는 지방

지방의 섭취와 에너지라는 연관성에서 이야기하자면, 사람들은 대부분 먼저 칼로리가 높은 맛있는 음식과 신체 곳곳에 저장되는 그 음식의 칼로리를 떠올린다. 지방, 이 경우에는 특히나 피하지방조직은 추위로부터 보호해 주는 작용을 한다는 사실은 살찐 사람들로부터 종종 자신의 살을 옹호하는 용도로 인용된다. 하지만 특정 지방조직이 실제로 온기를 생산하는 데 아주 구체적으로 기여한다는 사실은 그리 널리 알려져 있지 않다.

인체에는 본질적으로 두 개의 커다란 지방 저장소가 있다는 사실은 이미 앞에서 언급한 바 있다. 하나는 피하지방조직이고, 다른 하나는 복부에 저장된 지방이다. 이에 더해 두 가지 상이한 유형의 지방이 있다. 하나는 백색지방이고, 다른 하나는 갈색지방이다. 수년 전까지만 해도 사람들은 갈색지방은 단지 신생아와 겨울잠을 자는 포유동물에게만 존재한다고 믿었다. 백색지방은 '연소'되어 우리의 신체에 있는 모든 신진대사 모터가 필요로 하는 에너지를 공급해 준다. 그에 반해 갈색지방은 연소되면서 열을 발생시킨다. 신생아에게는 이 갈색지방이 필요한데,

그 이유는 신생아의 근육은 아직 움직임, 즉 경련을 통해 열을 생산할 수 있을 만큼 발달되어 있지 않기 때문이다. 그리고 겨울잠을 자는 동물들 또한 깨어 있는 동안 자신들의 몸을 정상적인 운전 온도로 유지하기 위해 갈색지방을 필요로 한다.

설치류를 추위 자극에 노출시키면, 그들의 백색지방 전구세포(전구세포 Precursor는 특정 세포의 형태 및 기능을 갖추기 전 단계의 세포이다.) 및 혈관 벽에서 발견되는 세포들은 갈색세포로 변화한다. 이들 세포는 열을 생성함으로써 신장과 같은 중요한 기관들을 추위로부터 보호한다. 어린 설치류에게 지방이 풍부한 음식을 제공하면 더 많은 갈색지방이 생성된다. 잉여 영양에너지는 열의 형태로 다시금 배출된다. 지방 전구세포에서 생성된 갈색지방조직의 뚜렷한 증가는 에너지 관리를 책임지고 있는 시상하부에서 분비된 호르몬 가운데 하나인 오렉신에 의해 작동된다. 오렉신 형성이 차단된 쥐들은 급격히 몸무게가 늘어나는데, 이 경우 체중의 급격한 증가는 과식이나 운동 부족 때문이라기보다는 오히려 열 발생(Thermogenesis)의 감소 및 백색지방에서의 지방분해 감소에 기인한 것이다.

지방 난방, 가능할까?

지방으로 열을 발생시킬 수 있다는 사실은 고래와 다른 동물의 지방을 난방 연료로 사용하는 이누이트 사람들이 잘 보여 준다. 이 같은 원리는 우리 몸 안에서도 일어난다. 지방을 위시한 영양소의 산화과정에서의 열 발생은 특히 갓 태어난 포유동물에게 있어서는 아주 중요한 신진대사 경로다. 왜냐하면 몇몇 동물의 경우 정상적인 체온 조절은 출생 후 1주일 뒤에나 가능하기 때문이다. 그래서 그때까지는 오로지 모체의 체온만을 난방장치로 사용했을 것이다.

갈색지방에서의 체온 조절은 이른바 '떨림 없는' 열 발생에 근거한다. '떨림 없는'이라고 말하는 까닭은, 이 경우에는 근육의 떨림을 통해 열이 발생하는 게 아니기 때문이다. 그 밖에도 이 특별한 지방조직을 갈색이라 부르는 이유는, 이 세포조직이 백색지방조직과는 달리 일종의 세포 발전소인 아주 많고 크고 갈색인 미토콘드리아를 사용하기 때문이다. 갈색지방세포는 추위 내지 음식과 함께 섭취된 지방에 대한 일종의 반응으로서 열 생산을 활성화한다.

갈색지방조직은 인간의 경우 특히 출생 후 1개월 동안에 목이나 신장 주변에서 발견되며, 때에 따라서는 열 발생에 현저하게 기여하는 등에서도 찾아볼 수 있다. 그런데 그간의 견해와는 달리, 성인의 경우에도 갈색지방조직이 존재한다. 이와 관련해서, 칼로리가 아주 높은 음식을 섭취함에도 불구하고 아무 어려움 없이 체중 관리를 할 수 있는 성인들의 경우는 어쩌면 그들이 갖고 있는 갈색지방 덕분이 아닌가 하는 점이 종종 논의되곤 한다. 실제로 성인에게서 나타나는 많은 갈색지방조직은 거의 언제나 마른 몸매와 결부되어 있다. 그들에게서는 잉여분의 에너지는 열로써 간단히 방출되는 것이다. 동물을 통해 이러한 과정을 아주 정확하게 파악하고 있는데, 야생에서 사는 들쥐는 먹이로 가득한 창고를 방문하더라도 바로 이 같은 방식을 통해 몸이 너무 뚱뚱해져 움직일 수 없게 되는 것을 방지한다.

백색지방세포와 갈색지방세포 사이에는 '베이지색지방세포'라고 불리는 중간 단계가 하나 있다. 베이지색지방세포 또한 열 발생에 관여하지만 갈색지방세포만큼 효율적이지는 못하다. 인간의 경우, 이들 베이지색지방세포는 분명 열을 생성하는 지방세포의 대부분을 차지한다. 그리하여 많은 사람들이 하루에 150kcal까지도 열로 방출할 수 있다. 또 다른 과학자들은 50g의 갈색지방조직이 1년에 총 5kg의 체중을 줄여 줄 수 있다고도 주장한다. 결국 이와 관련해 인간에게서 갈색지방조직의 형성을 자극하려는 시도가 줄기차게 이어졌다. 하지만 아직까지는 가시적인 성과를 올리고 있지 못하다.

'이기적인' 아버지 유전자와 '배려하는' 어머니 유전자

신생아에게 적당한 체온은 생존을 위해 아주 중요하다. 이를 위해서는 이미 언급했듯이 갈색지방조직이 존재한다. 갈색지방조직은 태어난 날부터 며칠 사이에 특히 왕성하게 발달한다. 얼마나 왕성하게 발달하는지는 흥미롭게도 그와 관련된 어머니의 유전자가 읽혀지는지 아니면 아버지의 유전자가 읽혀지는지에 달려 있다.

많은 유전자들은 특정한 특성에 대해 '대립형질(Allele)'이라고 불리는 두 가지 변종으로 존재한다. 그중 하나는 어머니로부터 온 것이고, 다른 하나는 아버지에게서 온 것이다. 그리고 아버지의 것이든 어머니의 것이든 어느 하나가 차단되는 몇몇 유전자가 있다. 후성유전에 속하는 이러한 과정은 '유전체 각인(Genomic imprinting)'이라고 불리고, 이 같은 유전자는 '각인 유전자(Imprinting-Gene)'라고 불린다.

인간의 경우 평균 잡아 대략 200개의 각인 유전자가 있는데, 이들 가운데 많은 것들은 신진대사와 성장을 조절한다. 아버지의 유전자가 켜지면 아버지의 메시지 신호가 채용되기 위해 어머니의 유전자는 메틸화를 통해 꺼져야만 한다. 이는 예를 들어 더 많은 성장호르몬이 형성되어 분비된다는 사실을 의미할 수 있다. 강화된 성장에 필요한 에너지의 공급은 어머니의 몫으로 남아 있다. 그에 반해 어머니의 유전자가 활성화되면 성장은 조금 더뎌지고, 그로 인해 어머니의 에너지 비축분은 저장된다. 일반적으로 어머니와 아버지는 아이에게 상이한 우선권을 제공한다. 아버지의 유전자는 필요한 경우에는 심지어 어머니를 희생시켜서라도 단지 아이의 생존 및 아버지의 유전형질의 생존만을 신경 쓴다. 그에 반해 어머니의 유전자는 어머니 자신의 생존과 건강에도 늘 관심을 집중한다.

갈색지방조직의 경우, 이는 다음과 같은 사실을 의미한다. 어머니의 유전자가 활성화되면 태아와 신생아에게서는 더 많은 갈색지방조직을 통해 떨림 없는 열 발생이 증대된다. 이는 아기의 체온이 지나치게 내려가는 것을 막기 위해서이며, 그렇게 해서 갓난아기에게 젖을 먹여 전하게 될 어머니의 에너지 비축분을 아끼기 위해서이다. 아버지의 유전자는 그와는 정반대이다. 신생아기 동안에 감소된 열 형성(갈색지방조직의 감소된 발달)과 감소된 에너지 손실에 기여한다. 그리고 그렇게 해서 절약된 에너지는 성장을 위해 투여될 수 있다.

이제까지 말한 것들을 요약해 보자. 예상되는 영양 부족이 신생아에게 각인되는 과정은 여러 가지 상이한 변화를 통해 일어날 수 있다. 그리고 이러한 변화들은 더 많이 먹고(식욕 증대), 더 많이 저장하고(인슐린 저항성), 더 조금 잃어버리게 한다(갈색지방조직의 감소된 활동). 하지만 신생아가 부족이 아니라 과잉이라는 상황과 만나게 되면, 이로부터 체중과 특히 축적 지방의 급격한 증가가 야기된다. 여기에 임신 기간 동안 어머니가 겪게 되는 스트레스가 더해지면, 이는 또 하나의 피할 수 없는 결과를 초래할 수 있다.

먹이사냥과 그 영향

우리의 조상들은 먹을 것을 찾거나 사냥하기 위해 자신들의 영역을 벗어나야 할 때마다 늘 특별한 스트레스에 노출되어 있었다. 따라서 특히나 배고픔과 배부름을 조절하는 그들의 뇌의 영역에 스트레스와 영양 섭취 사이의 연결 고리가 존재한다는 사실은 그다지 놀랄 만한 일이 아니다.

진화라는 관점에서 보면, 생명체가 자신들의 스트레스 반응을 주변 여건에 맞춰나가는 것은 아주 의미심장한 일이다. 아힘 페터스는 상이한 스트레스 유형과 관련해, 반복되는 스트레스에 적응한 자는 훨씬 약화된 스트레스 반응을 나타내며, 적응하지 못한 자는 그에 비해 상대적으로 높은 스트레스 수준을 나타낸다고 말한다. 부적응자는 높은 에너지 소비로 인해 흔히 마른 체형이면서도 내장지방을 갖게 된다. 그에 반해 외적으로는 과체중의 성향을 나타내는 적응자는 전반적으로 더 많은 지방을 갖고 있음에도 이 지방들은 신체 곳곳에 분산되어 저장된다. 이 같은 현상은 '마른' 부적응자는 스트레스 반응과 활성화된 내장지방으로 인해 과체중인 사람에 비해 대사증후군과 관상동맥경화에 걸릴 위험이 높다고 주장하는 많은 연구 결과들을 뒷받침해 주는 사실일 수 있다. 사람들은 이 같은 현상을 가리켜 '과체중의 패러독스'라고 일컫는데, 이제 이 같은 문제에 대해서도 설명하고자 한다.

뇌가 스트레스 신호를 보내면 우리 몸에서는 어떤 일이 일어날까? 부신에서는 '코르티솔'이 생성되어 혈액 속으로 분비된다. 그로 인해 또 다른 스트레스 호르몬인 아드레날린에 대한 혈관의 민감성이 증대된다. 그 결과 혈압이 상승하고, 도주에 필요한 골격근과 같은 중요한 조직 및 뇌에는 단기적으로 혈액 공급이 개선된다. 하지만 코르티솔은 그 밖에도 뇌에 에너지를 공급하는 또 하나의 아주 중요한 임무를 띠고 있다. 사냥, 전투, 도주 등 스트레스가 발생하는 상황에 적절히 대처하기 위해 뇌는 많은 양의 혈당(글루코오스)을 필요로 하기 때문이다. 그렇기 때문에 코르티솔은 췌장에서의 인슐린 생성을 억제해 혈액 내에 존재하는 포도당이 저장고로 옮겨 가도록 한다. 그리고 그와는 반대로 간에서의 포도당 생성 및 뇌가 필요로 하는 추가 에너지원인 단백질과 지방의 분해는 강화된다.

만성적인 스트레스는 체물질을 소비하게 할 수도 있다. 물론 코르티솔 생성을 억제하는 기제도 있다. 이 기제는 코르티솔과 아드레날린이 넘쳐나는 뇌의 '격렬한' 반응을 방해한다. 스트레스를 받는 사냥꾼이나 사냥물은 올바른 방향을 설정하고 합리적인 판단을 내릴 수 있어야만 한다. 뿐만 아니라, 반복되는 스트레스 속에서도 그에게 무엇보다도 중요한 에너지 저장고를 완전히 비우게 해서는 안 된다. 우리 조상들의 경우를 살펴보면, 더욱 강력히 스트레스를 완화시켜 자신의 에너지 저장고를 좀 더 잘 관리할 수 있었던 유형이 그렇지 못했던 이들에 비해 더 많은 이점을 갖고 있었다는 사실은 분명해 보인다.

코르티솔 수치를 상승시키는 모체의 스트레스 및 영양 섭취는 태아에게 많은 것들을 이미 결정지어 전해 준다. 신생아는 위험이 가득한 세계와 불확실한 영양 공급에 대비하게 되기 때문이다. 빠듯한 일정이나 과잉 자극과 같은 오늘날의 스트레스 요인들을 우리의 이른바 '오래된' 유전자는 아직 알지 못한다. 그들은 늘 스트레스로부터 단지 영양 상태에 복합적인 문제가 발생했다는 사실만을 추론해 낼 뿐이다.

모체의 스트레스라는 문제는 후성유전과도 관련이 있다. 스트레스 반응의 완화를 책임지고 있는 유전자는 모체가 받는 스트레스로 인해 변형되고, 그로 인해 제대로 읽혀지지 않는다. 그 결과, 어린아이의 스트레스 반응은 훗날 그 아이에게서 비정상적으로 작동할 수도 있다. 잘못된 영양 섭취로 인한 일기예보는 그 아기가 추가적으로 강한 스트레스에 노출되었는지 아닌지에 따라 여러 가지 다양한 유형의 결과를 이끌어 낼 수 있다. 스트레스로 인해 코르티솔의 분비를 억제하는 기능이 약화되면 마른 체형(부적응자)을 이끌어 낼 수 있고, 효과적인 인슐린 작용으로 인해 코르티솔 억제 기능이 정상적으로 작동하는 경우에는 상대적으로 뚱뚱한 체형(적응자)이 나타날 확률이 높아진다.

아힘 페터스와 그의 연구진들은 이 같은 두 가지 스트레스 유형과 그들의 스트레스 반응을 실험을 통해 조사했다. 이 실험에서는 20명의 과체중 남성들(체질량지수가 30 이상인 적응자)과 20명의 정상 체중인 남성들(체질량지수가 19.8~25.2 사이인 부적응자)을 대상으로 그들의 스트레스 대처 능력을 검사했다. 이 실험에서는 두 유형이 스트레스에 각기 어떤 반응을 보이는지, 또 스트레스를 받은 후에 식사가 제공되면 어떤 일이 일어나는지 등이 집중적으로 관찰되었다.

실험 참가자들은 표준화된 스트레스 테스트를 치렀는데, 우선 그들은 두 명의 엄격한 인사 책임자와 입사 면접을 했으며, 이어서 많은 사람들이 지켜보는 앞에서 난이도가 있는 빼기 문제를 풀어야만 했다. 이 테스트는 이미 여러 차례에 걸쳐 적용되었던 것으로, 강력하면서도 측정 가능한 스트레스를 생산했다.

실험 참가자들이 스트레스에 대해 보인 반응은 어떠했을까? 그들의 반응은 두 그룹에서 동일한 것으로 나타났다. 다시 말해, 두 그룹 모두에게서 코르티솔은 기대했던 바와 마찬가지로 명백하게 증가했다. 핵심적인 문제는 물론 이처럼 증가한 코르티솔의 결과가 서로 다르게 나타나는가 하는 점이었다. 먼저, 주의력 내지 신경과민이라는 의미에서의 심리적인 반응이 있었다. 이 같은 경계 태세는 정상 체중의 참가자들에게서는 과체중인 참가자들에 비해 눈에 띄게 높은 것으로 나타났다. 즉, 과체중인 참가자들은 정상 체중 참가자들에 비해 상대적으로 조금 떨어지는 주의력을 보였고, 따라서 그들을 불안하게 만들기는 그만큼 더 어려웠다.

　스트레스 테스트 직후, 다시 말해 스트레스로 인해 상승되었던 코르티솔 수치가 두 그룹 모두에게서 서서히 감소하는 동안 실험 참가자들에게 식사가 제공되면 어떤 일이 일어날까? 생리학적으로 이 한 끼의 식사는 혈당과 인슐린의 상승을 초래한다. 이 실험부의 주안점은 그 같은 상황에 정상 체중인 부적응자와 과체중인 적응자의 신진대사는 각기 어떻게 대처하는가 하는 점이었다. 과체중인 경우에는 식사 후 코르티솔 수치가 계속해서 지속적으로 내려갔다. 그에 반해, 정상 체중인 경우 코르티솔 수치가 일시적으로 다시금 상승하는 현상이 나타났다. 이들은 부족한 제동으로 인해 여전히 스트레스에 민감한 것이다. 아니면 식사를 인지한 뇌가 그렇게 해서 더 많은 에너지를 확보하도록 자신의 부관인 코르티솔을 다시금 전쟁터로 보낸 때문일 수도 있다. 그렇게 되면 더 많은 스트레스가 발생할 수 있다.

　이 같은 현상은 무엇을 의미하는 것일까? 코르티솔은 이미 언급했듯이 가능한 한 완벽하고 신속하게 포도당을 뇌로 보낼 수 있게끔 하기 위해 췌장에서의 인슐린 생성을 억압한다. 부적응자는 식사에서 얻은 에너지의 도움을 받아 뇌에 계속해서 에너지를 공급하고, 이를 위해 또한 체물질의 분해라는 대가를 치른다. 적응자의 경우에서 볼 수 있듯이 식사 후 코르티솔의 추가적인 상승이 더 이상 나타나지 않는다면, 두 그룹 사이에 포도당 수치는 차이가 나지 않는다 할지라도 과체중자의 식사 후 혈액 속 인슐린 수치는 정상 체중자보다 더 높게 나타나야 마땅했다. 그리고 결과는 실제로도 그렇게 나타났다. 과체중자에게서 나타나는 더 높은 인슐린 수치는 그러므로 더 높은 포도당 수치를 통해 설명될 수 있는 게 아니라 더 낮은 코르티솔로 인한 결과였다. 결과적으로 인슐린을 위한 자유로운 통로라는 이 시스템은 더 많은 저장을 위한 것이다. 그리고 그 결과 뇌는 더 적은 에너지를 받게 되고, 근육은 더 많은 에너지를 보충 받아 체물질의 분해가 억제되게 된다. 주의력에 있어서의 차이 또한 뇌에 공급되는 포도당의 차이에 따른 것으로 추정될 수 있다. 어쨌거나 뇌가 포도당을 제대로 공급받지 못해 생겨나는 조금 낮은 혈당 수치는 집중력 저하의 원인임은 이미 잘 알려진 사실이다.

이미 명백하게 밝혀졌듯이 과체중자들은 실험 시작 전부터도 이미 혈액 속에 더 높은 인슐린 수치를 갖고 있다. 이들의 신체는 스트레스에 여전히 아주 정상적으로 반응하고, 이들은 영양 섭취를 통해 받아들인 에너지를 꼭 붙잡고는 뇌가 필요로 하는 만큼의 적절한 에너지를 뇌에 공급해 주지 않는다. 진화의 관점에서 보자면, 이는 아주 의미심장한 과정이다. 다시 말해 사냥이라는 스트레스 후에 비로소 긴장의 '스위치를 끄고' 가능한 만큼의 에너지를 저장하는 것이다. 이는 적을 두려워해야 할 필요가 없을 경우, 즉 먹이사슬의 꼭대기에 자리하고 있을 경우 도움이 된다. 하지만 늘 주의하고 조심해야만 한다면, 이는 동물의 세계에서 나타나듯 단점으로 작용하게 된다.

탁 트인 풀밭에서 사는 땅다람쥐는 나이가 먹을수록 숲속의 보호받는 지역에서 사는 동종의 다람쥐들보다 더 겁이 많아진다. 풀밭에서 사는 땅다람쥐와 비교해 숲속에서 사는 다람쥐의 배설물에 더 적은 양의 코르티솔이 들어 있다는 사실은 그들이 더 많은 스트레스에 노출되어 있음을 증명해 준다. 탁 트인 풀밭에서는 더 많은 적을 경계해야 하고, 그만큼 더 신속하게 스트레스에 반응할 수 있어야 하며, 따라서 뇌는 그만큼 더 많은 에너지를 공급받아야만 한다. 높은 주의력으로 인해 코르티솔의 증가 상태는 늘 유지되고, 그로 인해 겨울잠을 자는 데 중요한 지방의 축적에 나쁜 영향을 끼치게 된다. 인슐린 작용의 부분적인 억압은 지방의 축적을 방해하고, 그와 더불어 겨울잠을 자는 데 꼭 필요한 비축물인 갈색지방의 저장을 감소시킨다.

부적응한 사람들 또한 자꾸만 계속해서 뇌에 에너지를 공급하고, 그로 인해 에너지의 저장에는 소홀해지게 된다. 스트레스 후에 다시금 나타나는 코르티솔의 생성은 양분의 수송과 관련해 설명했듯이 부적응한 사람들이 지속적으로 마른 몸매를 유지하게 해 주지만, 그럼에도 불구하고 그들을 병들게 할 수도 있다. 아마도 이는 체질량지수가 25 이하인 사람들이 심근경색과 뇌졸중 및 다른 질병으로 인해 사망하는 비율이 체질량지수가 25~30 사이인 사람들보다 더 높다는 놀라운 관찰 결과의 원인을 설명해 줄 것이다.

이 이론에 따르면 스트레스는 뇌의 에너지 공급이 원활히 유지되도록 하기 위해 '인슐린 브레이크'를 다소 격하게 밟게끔 유도할 수 있다. 느긋한 뚱뚱보는 불안한 말라깽이보다 식사 후 스트레스를 덜 받는다. 그렇다면 에너지를 뇌에 보내야 할 이유가 전혀 없는 것이다. 스트레스가 적어 브레이크를 밟을 필요도 없고, 그에 따라 식사 후 인슐린 분비가 강화되면 그 결과 존재하지 않는 스트레스 반응에 에너지를 소비하기보다 차라리 저장하게 된다.

어떤 경우든, 우리 조상들이 어쩔 수 없이 숲을 떠나야만 했을 때 약화된 스트레스 반응은 득이 되었을 거라는 추측은 합당한 것이다. 아마도 느긋한 동료들은 아무 생각 없이 나무 위에 더 오래 머무르며 자신의 말라깽이 동료들이 사나운 맹수 한 마리가 가까이 다가오고 있다는 이유로 안절부절 못하고 있는 것은 아닌지 살펴보기 전에 나뭇잎 몇 장을 더 집어먹었을 것이다. 주의 깊은 말라깽이들은 물론 조금 더 굼뜨고 뚱뚱한 동료들보다 훨씬 더 재빨리 나무 위로 도망갈 수 있었을 것이다. 하지만 뚱뚱한 이들은 더 많이 비축해 놓은 지방 덕분에 고통스런 배고픔이 느껴지기까지 훨씬 더 오래 나무 위에서 버틸 수 있었다. 진화의 관점에서 보면, 이 같은 사실 속에는 수유하기 위한 지방을 비축하는 성향으로 인해 이미 여성들에게 나타난 것과 같은 유리한 장점이 놓여 있을 것이다. 여성들은 아이들을 데리고 나무 위에 머무를 수 있었고, 한동안은 수유 지방 비축분에 의지해 지내면서 사냥 나간 남자들이 무언가를 잡아 가져오기를 기다릴 수 있었다. 그렇게 해서 더 많이 비축했던 조상들은 에너지를 둘러싼 뇌와 근육 사이의 경쟁에 대처하고 힘든 시기에 대비하는 가운데 기아의 위험을 미연에 방지할 수 있었다.

우리의 조상들은 나무에서 내려와 좀 더 증가된 스트레스 상황하에서 또 다른 먹을 것들의 범주에 적응해야만 했다. 이 같은 사실은 아마도 그들의 뇌 발달에 직접적인 영향을 끼쳤을 것이다. 아직 나무 위에서 생활할 수 있었던 동안에는 그들의 영양 섭취는 사바나에서 살던 동료들에 비해 훨씬 더 채식 위주였다. 다양한 새로운 먹을거리는 맛에 있어서는 익숙하지 않았지만 살아남기 위해서는 적응해야만 했다. '적응한다'는 것은 이 경우 익숙해져 있던, 선호하던 달콤한 음식들을 조금은 멀리하고 질긴 고기와 씹기에 덜 좋은 나뭇잎과 과일들을 먹어야만 했다는 것을 의미했다. 초기 인류가 지속적으로 나무 위에서 살며 소화기와 이빨 및 씹는 근육 등 세부적으로 잡식성 음식 섭취에 적응해야 했던 시기에는, 안전한 나무 위에서 사는 것을 선호하며 그 같은 적응을 게을리 했던 또 다른 인류가 살고 있었다. 그들이 소유하고 있던 강력한 턱 근육으로 인해 '호두까기―인류(Paranthropus boisei)'라고 불렸던 이들은 하지만 멸종하고 말았다.

비스킷과 살라미 소시지,
목적을 위한 수단으로서의 우리 보상체계

우리는 이제껏 배고픔과 배부름에 대해 이야기했다. 많은 사람들은 이와 관련해 별다른 어려움을 겪지 않는다. 배가 부르면 그들은 더 이상 먹으려 하지 않는다. 하지만 어떤 사람들은 배가 부른데도 자책하면서도 쉬지 않고 계속 먹는다. 에너지를 확보하는 것만이 오로지 중요한 그들의 뇌의 보상 시스템이 그렇게 하도록 그들을 몰아붙이는 것이다.

마치 중독된 듯 먹어 대는 사람은 그렇지 않은 사람과 비교해 정확히 무엇이 다른 것일까? 끊임없이 먹어 대는 것은 분명 일종의 중독 현상과 관련이 있고, 이런 경우에는 일반적인 '배고픔-배부름-조정'과는 전혀 다른 무언가가 작동한다. 이러한 이유에서 지방과다증을 독일에서는 '지방중독'이라 부르기도 한다. 식사 태도는 실제로도 중독 행동을 통제하는 뇌 구역과 상당히 관련되어 있다. 뇌의 이기적인 원칙과 음식 중독은 서로 밀접한 관계에 있다.

뇌는 에너지원으로서 포도당을 제일 선호한다. 그래서 많은 통제기관들은 탄수화물의 섭취를 늘리고, 이를 포도당의 형태로 뇌에 보내도록 설비되어 있다. 지방과는 달리 포도당은 단지 단기간 동안만 글리코겐의 형태로 간과 근육에 저장될 수 있다. 포도당이 계속해서 공급되지 않으면 저장된 글리코겐은 24시간이 지나면 이미 다 사라지고 만다. 그런 다음에는 몇몇 아미노산들이 분해되어 포도당으로 바뀌게 된다. 그리고 또 그런 다음에야 비로소 지방 저장물이 분해되게 된다. 물론 더 이상 포도당이 공급되지 않을 때에 한해서이다.

우리는 거의 중독 수준이라 할 만큼 포도당에 의존하고 있다. 맛있으며, 무엇보다도 달콤한 식품을 인지하는 순간 벌써 침이 고이는 등 신체에서는 소화 과정의 전주가 시작된다. 우리의 단맛 수용체는 우리에게 '좋은 느낌'을 전달하고, 그와 동시에 뇌의 보상 센터가 활성화된다. 충분히 먹었다 싶으면 보상 센터는 만족하고, 아직 너무 부족하다 싶을 땐 더 먹을 것을 요구한다. 그 과정에서 강한 단맛이 존재하는지 아닌지는 그리 중요해 보이지 않는 것 같다. 심지어 거의 단맛이 나지 않는 탄수화물의 경우에도 보상 시스템은 활성화된다. 따라서 보다 중요한 것은 오히려 우리가 '맛있는'이라고 표현하는 요소인 것 같다. 그처럼 맛있는 것으로는 생크림 케이크라든지 악명 높은 포테이토칩 등을 들 수 있는데, 이 둘은 탄수화물과 지방의 견딜 수 없는 조합으로 우리의 입맛을 유혹한다.

새끼를 밴 쥐가 지방이 풍부한 음식을 섭취하면, 그 새끼에게서는 보상 행동과 중독 행동을 조종하는 유전자의 활동에 변화가 나타난다. 하지만 그게 전부가 아니다. 지방이 풍부한 음식은 또한 '배고픔 브레이크'를 꺼버린 음식이력서의 등록을 이끌어 낸다. 우리의 먹는 태도가 통제할 수 없는 상태가 되어 과체중으로 발전하게 되는지 아닌지를 결정하는 것은 유전적 내지 후성유전적인 요인들이라는 사실은 많은 것들이 말해 주고 있다. 설치류의 경우, 대체로 지방이 풍부하고 맛이 좋은 다양한 음식을 통한 실험들은 단지 그들 중 일부에서만 과체중을 유도한다는 결과를 보여 주었다. 다른 동물들은 지방이 적고 맛이 덜한 음식에도 주저 없이 만족해했다. 그에 반해 뚱뚱한 동물들은 지방이 많고 맛좋은 음식을 선호했다. 그들에게서는 렙틴과 인슐린 같은 호르몬이 배고픔과 배부름의 조절에 훨씬 약화된 영향을 끼치고 있음이 발견되었다. 그리고 이는 과체중으로의 발달 과정을 한편으로는 보상 센터를 통해서, 그리고 다른 한편으로는 에너지 항상성의 변화를 통해 잘 설명해 준다. 쥐들 또한 음식이력서를 갖고 있는 것이다.

계속해서 이러한 실험에서는 뇌가 보상 시스템을 자꾸만 반복해서 활성화시키는 가운데 맛있고 지방이 풍부한 양식을 마치 일종의 마약처럼 처리한다는 사실이 밝혀졌다. 이 같은 반복적인 활성화는 실제로 마약인 경우 중독되게 만든다. 물론 지방이 많지 않고 주로 단백질이나 탄수화물로 구성되어 있는 양식의 경우에는 이 같은 활성화는 일어나지 않는다. 우리 주변에서 점점 많아지는 지방이 풍부한 음식물, 이른바 정크 푸드나 스낵류의 증가는 어쩌면 영양 섭취와 중독과 관련이 있지 않을까?

우리의 음식 선택은 적어도 우리가 믿고 있듯이 에너지 공급을 확보하려는 '본능의 문제'일 뿐만 아니라 쾌락을 추구하고 의식적이며, 우리 스스로가 조절할 수 있는 결정들에 의해 강하게 영향 받는다. 대부분의 사람들은 쾌락에 대한 '허기' 또한 필요한 경우 차단할 수 있다고 믿지만 사실은 그렇지가 않다. 뇌에 있는 보상 시스템은 결코 만만하게 속아 넘어가는 상대가 아니다. 맛있다고 알려진 먹을거리의 냄새가 나거나 눈에 보이기만 해도 보상 시스템은 곧바로 작동한다. 그러면 뇌 안의 여러 다양한 구역에서는 도파민 호르몬을 생성해 분비하는 뉴런이 활성화된다. 도파민은 다시금 대뇌 측두엽의 해마를 비롯한 다른 센터들과 함께 작용을 해 행복감 등을 생산해 낸다. 보상 시스템은 성공하여 만족하는 동안에는 작동하지 않는다. 이는 오히려 미래를 향해 있는 보상의 기대이다. 이는 하나의 보상을 약속하고, 우리가 특정한 대상을 특히나 즐겨 하도록 만든다. 강요라기보다는 일종의 동기 부여다. 그렇기 때문에 우리는 우리가 다르게도 행동할 수 있다고 믿게 된다. 하지만 기대했던 보상이 나타나지 않으면 그 보상은 다시금 요구된다.

뇌가 황제처럼 아침을 먹으려 하는 이유

뇌는 어떤 대가를 치르더라도 에너지를 원한다. 이미 알다시피 배고픔을 낳게 되는 부정적인 에너지 대차대조표가 뇌에서 보상 활동의 증가를 이끌어 낸다는 것은 그리 놀랄 만한 일도 아니다. 이는 양분의 섭취뿐만 아니라 선택에 있어서도 마찬가지로 적용된다. 누군가가 얼마나 오랫동안 먹지 않았는지, 얼마나 배가 고픈지에 따라 뇌에서의 활동은 상이하게 나타날 수 있다.

어느 대규모 연구에서 영국의 학자들은 어느 정도 배가 부를 때 실험 대상자들의 보상 시스템이 여러 다양한 음식에 어떻게 반응하는가 하는 문제에 집중했다. 자발적으로 실험에 참가한 젊은이들은 아주 엄격한 음식 섭취 플랜을 따라야만 했고, 그들 뇌의 보상 시스템은 시각화 방식을 통해 감시되었다. 그리고 그 결과는 다음과 같았다.

아침식사를 하지 않은 실험 참가자들은 에너지가 풍부한 식품의 사진을 보자 에너지가 부족한 사진을 볼 때보다 훨씬 더 강력하게 반응을 나타냈다. 하지만 이들에게 아침식사를 한 후 똑같은 사진을 보여 주었을 때는 두 사진에 대한 반응에 별다른 차이가 나지 않았다. 배고픔을 통한 보상 시스템의 활성화는, 따라서 더 많은 에너지를 기대하게 하는 음식을 선택하도록 분명하게 작용했다. 이 같은 반응은 각각의 참여자들의 개별적인 음식 선호도보다 훨씬 더 강력하게 작용했다. 배고플 때에는 늘 칼로리가 더 많은 제품이 이기적인 뇌에서 더 강력한 반응을 드러내도록 유도했다.

연구자들은 빈번하게 제기되었던 또 하나의 문제에 대해 다음과 같이 대답할 수 있었다. 현저한 체중 감소에 성공하고 그 체중을 오랫동안 유지할 수 있었던 사람들은 요요 현상, 다시 말해 처음에는 눈에 띄게 몸무게가 줄은 듯했지만 몇 년 후에는 다시금 원래의 몸무게로 돌아가거나 오히려 예전보다 더 무거워지는 대다수의 사람들과는 달리 무엇을 한 것일까? 대답은 '규칙적인 아침식사'였다. 이 같은 대답은 위에서 설명한 연구 결과와도 부합되는 것이다. 아침식사를 건너뛰게 되면 바로 다음 번 식사에서 좀 더 에너지가 풍부한 음식, 예를 들어 케이크 한 조각이나 큼지막한 치즈 한 조각을 저칼로리 빵이나 마가린보다 더 선호하게 된다. 이 같은 결과는 그 사이 여러 모로 입증되었다. 아침식사를 먹지 않는 것은 그러므로 체중 감량을 시도하는 이에게는 아주 치명적인 실수이며, 이는 다시 심하게 체중이 불어나는 결과를 불러올 수 있다.

칼로리가 높은 음식을 선호하는 태도가 이미 이른 시기에 설정되었다면, 단지 에너지가 풍부한 기름진 음식만이 관심 있다는 것과 같은 '학습효과'가 나타날 수 있다. 동물실험의 결과는, 새끼를 밴 쥐의 지방이 풍부한 음식 섭취는 그 후손에게서 지방이 함유된 것을 틀림없이 선호하는 성향으로 나타난다는 사실을 보여 준다. 이는 진화의 과정에서는 분명 아주 중요한 이점으로 작용한다. 왜냐하면 이러한 방식을 통해 특히나 굶주림의 시기가 예상될 때에는 의도적으로 에너지가 풍부한 음식만을 추구하는 게 보장될 수 있기 때문이다. 그에 상응하는 아이의 음식이력서에의 기입은 과체중인 어머니에 관한 연구가 입증하듯, 훗날 과체중으로 발전될 가능성을 크게 해 준다.

모두가 취향 문제?

보상 시스템의 '결함'이, 수많은 심각한 과체중자들이 자책하면서도 여전히 맛있고 에너지가 풍부한 음식을 계속 선호하게끔 만드는 것일까? 아마도 많은 사람들은 단지 기호나 취향의 문제일 뿐이라고 대답할지도 모른다. 의심할 바 없이 주관적으로 느끼는 취향은 하나의 중요한 요소다. 이처럼 주관적으로 느껴진 취향이 이기적인 뇌 및 보상 시스템의 변화에 의해 어느 정도까지 조종되는지에 관해서는 거의 아는 것이 없다.

예로 칩 과자를 보자. 칩 한 봉지나 여러 종류의 칩이 나란히 들어 있는 한 통을 먹는다고 할 때, 기본적으로 모든 감각이 활성화된다는 사실은 분명하다. 감각의 활성화는 우리가 봉지를 쳐다보기만 해도 기분이 좋아지는 느낌을 경험하고 칩을 살 때부터 이미 시작된다. 그런 다음, 먹을 때가 되면 제일 먼저 후각이 발동한다. 칩은 지방이 가득하기 때문에 냄새는 아주 강하게 퍼져 나간다. 그 다음에는 특수한 양념이나 지방 내용물에 의해 생성되는 미각이 작용한다. 그리고 또 칩을 씹을 때 나는 소리가 작동하는데, 이는 아마도 보상 시스템을 아주 강력하게 자극하는 요인일 것이다. 어쨌거나 비스킷 제조업자든 칩 과자 제조업자든 업계를 주도하는 이들은 비스킷이나 칩을 씹을 때 언제든 일정한 소리가 나게끔 만들기 위해 엄청난 액수를 투자한다. 그래서 옆에 있는 사람이 비스킷이나 칩을 씹고 있으면 곧바로 우리의 보상 시스템도 활성화되는 것이다.

여러 종류의 칩들이 가지고 있는 한 가지 특성은 조미료인 글루타메이트를 함유하고 있다는 사실이다. 이는 우리 몸의 우마미−수용체에 단백질이 들어온다고 신호를 보낸다. 우마미(Umami)는 '감칠맛'을 뜻하는 일본어이다. 에너지가 풍부한 매크로 영양소와 관련된 맛의 감지에 관한 상세한 내용은 잠시 후에 다뤄지게 될 것이다.

보상이 좀 충분치 않다

모든 것이 단지 미각과 후각, 그리고 청각을 통해서 이루어진다고 말한다면 이는 너무 단순한 생각일 것이다. 그보다는 오히려 보상 자극이 늘 너무 미약하고 그래서 끊임없이 반복되게 만드는 것은 '보상결핍증후군'이라고 불리는 하나의 변화가 아닐까 하는 점이 논의되고 있다. 이같은 현상은 유전적이고 후성유전적인 원인에 기인하며, 양분 섭취 후 분비되는 도파민의 약화로써 나타난다.

약간의 생화학적 설명을 보태자면, 뇌의 보상 시스템을 가동시키는 화학 전달 물질로는 도파민, 세로토닌, 엔도카나비노이드(Endocannabinoid), 오피오이드(Opioid) 등이 있다. 식욕을 상승시키는 호르몬인 오렉신(Orexin) 또한 여기에 속한다. 그와 달리 렙틴 호르몬은 보상 시스템을 '잠들게' 만든다. 렙틴 저항성이 있는 사람에게 렙틴을 투여하면, 보상 시스템이 음식 사진에 대해 더욱 약하게 반응하는 것을 볼 수 있다. 도파민은 거꾸로 허기를 불러일으킨다. 이는 시상하부를 거쳐 또한 양분 섭취와도 관련되어 있는데, 도파민의 생성은 예상하듯 '배고픔 호르몬'인 그렐린에 의해 자극받는다. 그렐린을 투여한 사람에게 음식 사진을 보여 주면, 그에게서는 보상 시스템이 강력하게 활성화된다. 그 밖에도 그렐린은 보상 시스템 속의 도파민 수용체를 활성화시켜 맛있는 것을 먹게 할 뿐만 아니라 알코올과 같은 중독물질 또한 섭취하게 한다.

보상 시스템은 알코올과 다양한 마약에 대해서도 아주 맛있게 느껴지는 음식물에 대해 반응하는 것과 똑같이 반응한다. 도파민 자극이 너무 미약하면 또다시 보상이 요구된다. 음식물의 경우 이 같은 중독 행동은 과체중이나 비만증을 이끌어 낸다. 실제로 과체중자에게서는 도파민 수용체의 결핍, 그리고 '도파민 내성'이라고 불리는, 식사 후 도파민 반응의 약화가 발견되었다. 이로 인해 보상 시스템의 자극이 약화된 사람은 결과적으로 계속해서 맛있는 것, 다시 말해 지방이 많고 단 음식을 찾게 된다. "됐어요. 충분히 먹었어요." 같은 말은 심한 과체중자들에게서는 결코 듣기가 쉽지 않다.

심한 과체중자의 경우, 맛있는 음식에 대한 기대감은 뇌에 있는 센터들을 활성화시키고, 이 같은 활성화는 미각과 후각 같은 감각적 인지뿐만 아니라 보상 시스템 또한 긍정적으로 자극하게 된다는 사실을 연구 결과들은 보여 준다. 쉽게 말해, 심지어 '카카오 밀크셰이크'와 같은 음식물의 이름만 들려 줘도 반응은 충분히 알 수 있다. 또, 이들에게는 음식을 먹은 뒤에도 만족감이 전혀 나타나지 않는다는 징후가 감지되었다. 바로 이 같은 현상이 '보상결핍증후군'을 형성하게 된다.

자신의 몸무게와 싸우는 많은 사람들은 이른바 '살라미전술―현상'에 대해 잘 알고 있을 것이다. 허리나 뱃살에 잔뜩 신경을 쓰고 있기에 처음에는 단지 아주 작은 케이크 한 조각을 떼어 먹었을 뿐이다. 하지만 케이크 앞을 지나칠 때마다 떼어 먹는 조각은 점점 더 커지고, 결국에는 쾌락 내지 보상 스트레스가 승리해 마지막 케이크 조각마저 먹어치우고 만다. 보상을 기대하는 가운데 자제심은 잠시 동안 슬그머니 사라지고 마는 것이다. 참고로 '살라미전술(Salami tactics)'이란, 얇게 썰어 먹는 소시지 '살라미(Salami)'에서 따온 말로, 하나의 과제를 두고 이를 부분별로 세분화해 쟁점화함으로써 하나씩 해결해 나가는 협상 전술을 말한다.

보상 시스템에 관한 다양한 연구에 따르면, 과체중은 식욕과 허기 사이의 불균형으로 인해 야기된 "맛있는 보상 식품의 과소비" 정도로 묘사할 수 있다. 공복감은 먼저 신체 전체의 에너지 수요를 보전해 주는 데 기여한다. 그와 달리 쾌락주의적인 식욕 신호는 순전히 이기적인 뇌의 행동쯤으로 해석될 수 있다. 과체중이 혹자를 기록한 에너지 대차대조 표에 근거해 발생한다는 사실에는 의심의 여지가 전혀 없다. 아주 맛있는 음식의 다양한 제공으로 인해 시상하부의 에너지 항상성은 현혹당한다. 배부르다는 신호를 보냄으로써 에너지 섭취를 억제해야 하는 메커니즘이 보상 시스템에 의해 꺼지게 된다. 이 같은 현상은 도파민 방출이 약화되고, 그렇게 해서 이미 오래전에 하루를 위한 충분한 에너지가 제공되었음에도 불구하고 계속해서 맛있는 음식을 확보해야 한다는 어느 정도 만성적인 자극이 생겨날 때 특히 적용된다.

그 사이, 후성유전적인 메커니즘이 더욱 교활한 방식으로 도파민 살림살이에 간섭하고 있다는 연구 결과들이 소개되었다. 시상하부에서는 필요 이상으로 더 많은 도파민이 형성되고, 이는 양분 섭취를 자극하며, 그리고 보상 시스템에는 너무 적은 도파민이 존재한다. 보상 시스템은 그에 따라 영양 섭취를 직접적으로 상승시키는 것이 아니라, 시상하부를 거쳐 도파민에 의해 조종되는 허기가 이제 의도적으로 맛이 있고 보상해 주는 음식만을 찾아 나서도록 만든다.

도파민이 공복감을 강화시키고, 보상 시스템은 최대치의 에너지를 받아들이기 위해 맛있고 에너지가 풍부한 음식을 찾도록 만드는 것은 '일기예보'를 배경으로 해서 예고된 영양 부족 상태의 경우 아주 의미 있는 일이다. 이는 우리의 보상 시스템에 영향을 끼치기 위해서는 단지 충분한 자극이 주어져야 한다는 것을 의미한다. 하지만 또한 이는, 우리가 보상 시스템을 재교육하는 게 가능할 수도 있다는 사실을 뜻하기도 한다. 적어도 동물실험에 있어서는 상응하는 뇌의 부위가 높은 가소성(Plasticity)을 갖고 있다는 사실이 입증되었다.

맛이 어때?

어떤 사람은 케이크나 초콜릿 등 단것, 즉 탄수화물에 늘 약점을 보이고, 또 어떤 사람은 오히려 소시지나 치즈를 보면 자제력을 잃곤 한다. 우리의 보상 시스템은 완전히 매크로 영양소에 초점이 맞춰져 있는 것처럼 보이는데, 사실 우리는 단지 그것들만을 맛볼 수 있는 미각을 가지고 있다. 그리고 이 맛은 음식 한 입을 기쁜 마음으로 삼켜도 되는지, 아니면 거부해야 하는지를 보고 냄새 맡는 것보다 훨씬 더 강력하게 결정한다.

개별적으로나 함께 조합되어서 우리가 먹는 것을 결정하는 다섯 가지 맛은 '단맛', '신맛', '짠맛', '쓴맛' 그리고 '감칠맛'이다. 쓴맛과 신맛 수용체는 음식의 거부에 기여하고, 다른 세 가지 맛들은 우리에게 특정한 음식을 노려 기꺼이 먹도록 자극한다. 대부분의 육지 동물들에서는 세 등급의 단맛과 감칠맛 수용체, 그리고 그보다 훨씬 더 폭넓은 등급의 쓴맛 수용체가 발견된다. 이는 독성이 있거나 먹어서는 안 되는 많은 물질들은 쓴맛이 나기 때문이며, 그에 대해 미각을 갖추고 있는 것은 생존을 위해 아주 중요한 일이기 때문이다.

열매를 먹고 사는 동물을 위한 단맛

맛의 성질 가운데 단맛은 많은 포유동물의 경우 혀와 구강에 있는 두 가지 수용체에 의해 전달된다. 이 수용체들은 포도당과 같은 탄수화물뿐만 아니라 몇몇 단백질이나 아미노산 및 단맛의 인상을 남기는 물질에도 반응한다. 이제 뇌와 근육은 단맛이 나는 포도당과 과당에 의해서뿐만 아니라 포도당을 여러 다양한 양으로 나누어 쓰기 쉽게 보관하고 있는 탄수화물에 의해서도 에너지를 공급받는다. 대부분의 사람들은 당분을 가미하지 않은 빵 한 조각을 평상시보다 조금 더 오래 씹으면 입 안에서 이내 달콤한 맛이 점점 퍼져 나가는 효과를 잘 알고 있다. 이는 전분이 침으로 인해 당의 개별 구성 요소로 분해되기 때문이다.

미식가를 위한 감칠맛

감칠맛으로 묘사되는 지각능력은 특히 아시아 지역에서 전통적으로 소비되는 일련의 음식물들의 맛을 가리킨다. 그런 이유로 해서 이 감칠맛은 유럽 지역에서는 아시아계 음식점들과 함께 다섯 번째 맛으로 비교적 뒤늦게 소개되었다. '우마미'는 이미 설명했듯이 '감칠맛'을 뜻하는 일본어이며, '맛있는'이나 '입맛을 자극하는' 등으로도 번역할 수 있다.

감칠맛이 나는 음식물은 천연적으로 글루타메이트를 함유하고 있는데, 우리는 이 물질을 공장에서 생산된 조미료로 처음 알게 되었다. 자연에서 글루타메이트를 함유하고 있는 것은 일련의 물고기 종류 및 준비한 생선소스, 그리고 무엇보다도 육류이다. 또한 버섯, 토마토와 양파 같은 채소, 그리고 포도와 사과 같은 과일들도 감칠맛 수용체를 자극한다.

이 다섯 번째 맛 뒤에는 무엇이 숨어 있을까? 육류는 예외적인 경우를 제외하고는 단맛이 나지 않는다. 하지만 단맛과 감칠맛을 담당하는 수용체는 아주 밀접한 관계를 맺고 있는데, 이는 또한 진화에 그 원인이 있다. 곤충은 단맛이 나는 과일들 가까이에 머무른다. 그리고 이는 그들이 의식적이든 무의식적이든 과일을 먹고 살게 만든다. 바로 이 곤충들은 우리가 감칠맛 수용체로 맛볼 수 있는 많은 단백질을 함유하고 있을 뿐만 아니라 많은 다양한 마이크로 영양소 또한 품고 있다. 인간이 좋아하는 맛인 단맛과 입맛을 당기는 글루타메이트 작용의 조합은 모유에서도 발견되는데, 단맛이 나는 모유에는 많은 양의 글루타메이트가 함유되어 있다. 100ml의 모유에는 약 20mg의 글루타민산이 들어 있고, 아울러 일본의 전통적인 '감칠맛 요리'와 같은 양의 글루타민이 함유되어 있다. 이들은 분명 아주 이른 시기부터 이미 이 감칠맛을 감지하는 데 익숙해져 있었던 것으로 보인다.

조산아의 경우에서 확인되듯, 태어나기 전부터 이미 발달되어가는 신생아의 단맛 선호 경향은 '단맛이 나는' 모유를 특히 맛있게 받아들이도록 하는 데 주안점이 있다. 단맛은 안전하게 보호받고 있다는 느낌과 행복감을 전해 준다. 이 같은 사실은 신생아가 단맛 자극에 대해 보여 주는 일련의 놀랄 만한 반응에서 잘 드러난다. 자극을 받은 아기는 무언가 단 것이 자신의 혀에 와 닿을 때면 곧바로 반응한다. 심장 박동은 느려지고 흥분은 가라앉는다. 단맛의 안정시키는 작용은 단맛 자극을 통해 고통을 누그러뜨리는 데에서도 나타난다. 실제로 이 같은 효능은 통각을 억제하거나 약화시키는 데에도 활용된다.

쓴맛은 독성으로부터 보호해 준다

약 25개의 유전자가 존재하는 쓴맛 수용체는 어떤 음식이 어쩌면 먹을 수 없는 것이라는 사실을 알려 준다. 이 같은 사실은 유아에게서 가장 잘 나타나는데, 대부분은 방울양배추나 치커리처럼 쓴맛이 나는 채소를 좀처럼 먹으려 하지 않는다. 그리고 이 같은 거부감은 몇 년이 지나서야 비로소 수그러든다. 여기서 주목할 만한 사실은 임신 기간 동안에 쓴맛을 거부하는 민감성은 점점 증가, 심지어 어떤 여성들은 쓴맛이 나는 음식에 대해 종종 구역질로 반응한다는 점이다. 이 같은 반응은 아직 태어나지 않은 아기를 모종의 피해나 불이익으로부터 지키려는 일종의 보호 작용으로 설명된다.

비교 연구는 인간의 후각 수용체의 숫자가 다른 많은 영장류의 후각 수용체 숫자와 비교해 현저하게 감소해 있다는 사실을 보여 준다. 하지만 쓴맛 수용체의 숫자 및 쓴맛에 대한 민감도는 거의 동일한 수준인데, 이 같은 사실은 아마도 쓴맛을 감지하는 게 얼마나 중요한지를 시사하는 것일 수 있다.

그 밖에도 특정한 변이를 띠고 있는 개체들은 여러 다양한 열매나 닥

풀의 뿌리 등에 함유되어 있는, 이른바 '티오시아네이트(Thiocyanate)'를 견딜 수 없이 쓴맛으로 감지하기도 한다. 티오시아네이트라는 물질은 갑상선에서의 요오드 섭취를 억제하고, 그로 인해 갑상선종의 형성을 촉진시킨다. 약 400~500년 전에 이미 존재했던 돌연변이는 요오드 공급에 문제를 일으킬 수도 있을 티오시아네이트 함유 물질을 음식으로 섭취하기를 거부하게 했는데, 그 같은 예로는 다양한 종류의 양배추가 속해 있는 십자화과채소가 있다. 이 변이는 오늘날에도 여전히 피그미족 등을 비롯한 몇몇 아프리카인들에게 남아 있는데, 이들은 특히 너무 부족한 요오드 공급량으로 인해 어려움을 겪고 있다.

짠맛과 신맛

짠맛은 우리에게 혈압의 조절을 위해 소금이 필요하며, 아무 이유 없이 우리가 늘 짠맛을 찾고 있는 게 아니라는 사실을 상기시켜 준다. 신맛의 의미에 관해서는 다양한 견해들이 퍼져 있다. 많은 과학자들은 신맛이 단맛과 함께 특정한 과일에 대한 식욕을 자극한다고 주장하며, 또 다른 과학자들은 특히 비타민 C를 함유하고 있는 영양소를 찾게끔 만들기 위해 신맛이 존재한다고 주장한다. 하지만 쓴맛의 경우와 마찬가지로 신맛은 설익은 과일을 먹지 못하게 하는 등 일종의 경고 기능을 갖고 있는 것으로 추정되기도 한다. 왜냐하면 늘 영양 부족과 맹수로부터의 위협에 시달리던 우리 조상들에게는 위통이나 구역질, 또는 설사가 오늘날의 우리들과는 달리 심각한 해를 끼칠 수 있는 위험 요소였기 때문이다.

나는 채소가 싫어!

특정한 맛의 특징은 태어나기 전에 이미 결정된다. 태아는 마늘과 양파 등 모체의 영양 섭취의 맛을 담고 있는 양수를 마신다. 임신부가 마지막 3개월 동안에 당근주스를 마신다면, 그 아이는 그렇지 않았던 아이와 비교해 훗날 당근주스와 함께 먹는 시리얼을 훨씬 더 잘 받아들인다. 태아에게서 특정한 후성유전적인 미각의 변화를 이끌어 내는 알코올의 경우에도 마찬가지 상황이 적용되는데, 이 같은 변화는 훗날 알코올에 대해 긍정적인 맛의 감지를 만들어 낼 수 있다. 알코올의 맛은 단맛 수용체를 통해 편안한 것으로, 그리고 쓴맛 수용체를 통해 거부할 만한 것으로 전달된다. 쓴맛의 감지가 후성유전적으로 약화되면 이제 단맛의 편안한 느낌이 우세해지게 된다.

젖먹이와 유아는 단맛과 짠맛을 선호하는 반면, 이미 언급했듯이 대부분 쓴맛을 거부한다. 단지 '6-n-프로필다이오유러실(6-n-Propylthiouracil)'이라는 어려운 이름을 가진 물질의 쓴맛을 담당하는 유전자가 작동하지 않아 맛볼 수 없는 어린이의 경우에는 예외가 적용된다. 유럽인의 경우 약 30%에 해당되는데, 이러한 어린이들에게서 나타나는 특수한 점은 이들이 채소를 아주 즐겨 먹는다는 사실이다. 물론 6-n-프로필다이오유러실 자체는 음식물에 존재하지 않는다. 하지만 이는 방울양배추, 상추, 순무,

브로콜리 그리고 일련의 다른 채소들에 존재하는, 맛을 내는 물질들과 상당한 유사성을 갖고 있다.

다양한 출신의 아이들을 대상으로 실험한 결과, 쓴맛의 유전에 대한 평가 기준은 나이나 인종에 의해 영향 받지 않는 것으로 나타났다. 6-n-프로필다이오유러실을 맛볼 수 없는 아이들은 채소뿐만 아니라 당을 함유한 음식 또한 즐겨 먹는다. 그에 따라 이들은 과체중인 비율이 좀 더 높게 나타나고, 쓴맛을 알고 거부하는 아이들에 비해 허리둘레도 훨씬 큰 것으로 밝혀졌다.

사냥꾼, 채집자 그리고 채소

이제 왜 많은 사람들이 굳이 채식주의자가 아님에도 불구하고 고기보다는 채소를 유난히 더 좋아하는지에 대해 설명할 필요가 있다.

다양한 식물에 풍부하게 존재, 드물게는 동물성 식품에서도 발견되는 전분이나 섬유소 같은 복합탄수화물은 화학적으로 보면 나란히 늘어서 있는 포도당 분자에 불과하다. 포도당이나 과당처럼 보다 더 간단한 분자로 가수분해되지 않는 탄수화물인 단당류, 유당과 결정당 같은 이당류, 그리고 라피노즈 같은 삼당류는 한 가지 공통점을 갖고 있다. 이들 모두는 수용성이며, 그래서 우리는 이들이 침에 녹을 때 그 단맛을 감지할 수 있는 것이다. 이는 길면서도 부분적으로는 서로 겹쳐져 연결된 당 사슬 구조로 이루어져 있는 복합탄수화물의 경우에는 전혀 생각할 수 없는 상황이다. 왜냐하면, 예를 들어 감자를 강하게 가열하거나 영하 이하로 얼리는 등 물리적인 과정을 통해 전분이 분리되는 경우를 제외하고는 복합탄수화물의 단맛을 내는 소단위(Subunit)는 맛의 수용체와 교류될 수 없기 때문이다. 이 두 경우에 있어서 우리는 보다 강한 단맛을 감지한다. 하지만 이처럼 가공된 전분은 물론 우리의 조상들에게는 거의 없었다. 우리 조상들이 소화했던 뿌리와 덩이줄기는 가열되거나 그 밖의 다른 어떤 방식으로도 가공되지 않았기 때문이다.

하지만 이 경우에도 진화는 하나의 해결책을 찾아냈다. 맨 먼저 우리는 다른 영장류들과 마찬가지로 침에 존재하며 소량의 전분을 포도당으로 가수분해하는 아밀라아제라는 하나의 효소를 사용했다. 그 밖에도 이 효소가 해독되는 유전자는 여러 다양한 복사체로 존재한다. 여기에서 자연은 '다다익선'이라는 모토를 따른다. 복사체가 많이 존재하면 할수록 그만큼 더 많은 효소가 생성되고, 전분은 포도당-소단위로 분해되어 그만큼 더 잘 제맛을 전달하게 되는 것이다. 그리고 더 많은 전분을 함유하고 있는 음식물이 식단에 포함되어 있을수록 우리의 몸은 그만큼 더 많은 포도당을 획득할 수 있는 것이다.

유럽인과 미국인들은 3~5개에 이르는 아밀라아제ー유전자의 복사체를 사용한다. 이 같은 유전자 복사체를 가진 유전자 타입의 전파는 8,000년 전 농사의 도입 및 그와 더불어 나타난 탄수화물이 풍부한 음식의 증가와 연결된다. 구석기시대 스페인 지역의 수렵 채집가(기원전 8000년경)와 시베리아 지역 및 독일과 룩셈부르크(기원전 7000년경)의 수렵 채집가의 유전자 비교 연구에 관한 최근 결과는 이 같은 예외 상황을 입증해 준다.

전분을 함유한 농산물을 주로 섭취했던 슈투트가르트 지역의 어느 농부는 16개라는 가장 많은 유전자 복사체를 갖고 있었다. 그에 반해 주로 육류 섭취에 의존했던 스페인 지역의 수렵 채집가는 단지 5개의 유전자 복사체를 갖고 있었고, 스웨덴 지역의 인물은 6개의 유전자 복사체를 소유하고 있었다. 오늘날 아프리카 지역에 살며 주로 식물성 음식에 의존했던 하드자(Hadza)족에게서는 15개가량의 유전자 복사체가 발견되는데, 이처럼 많은 복사체는 그들에게 소화하기 힘든 뿌리를 효과적으로 이용하는 것을 가능하게 해 주었을 것이다.

식물성 음식에서 나오는 에너지 공급에 의존했던 집단은 자신들보다 동물성 음식을 더 자주 소비하는 집단에 비해 더 많은 포도당을 획득할 수 있어야만 했다. 따라서 우리의 조상들이 뿌리를 이용해야만 했던 시기에는 더 많은 유전자 복사체를 갖고 있어 자양분에서 더 많은 포도당을 얻어낼 수 있었던 사람들이 유리했다. 진화는 메마른 지역에서 살며 상당 부분 전분을 함유한 뿌리와 덩이줄기에 의존해 살아야만 했던 많은 유전자 복사체를 지닌 수렵가와 채집자들에게 개체 선택을 통해 유리한 이점을 제공했다. 그에 반해 열대우림에서 생활하며 동물성 음식을 더 많이 섭취할 수 있었던 유목민이나 수렵 채집가들은 이 같은 유전자 복사체를 필요로 하지 않았다. 그들의 음식은 에너지가 풍부했고, 과일들은 쉽게 소화할 수 있는 포도당을 풍부하게 함유하고 있었기 때문이다. 섬유질이 풍부한 음식은 따라서 육류 애호가에게는 오히려 맛없는 것으로 여겨질 수 있었고, 그에 반해 많은 유전자 복사체를 지니고 있던 사람들은 단맛을 느낄 수 있었기에 그 같은 음식을 더 좋아했다.

지방이 맛있어!

지방은 단지 맛만 좋은 게 아니다. 지방은 대부분 지용성 향미제의 운반자일 뿐만 아니라, 이른바 다섯 가지 기본 맛(단맛, 신맛, 쓴맛, 짠맛, 감칠맛)과 비슷한 느낌이 없음에도 불구하고 그 자체로도 아주 편안한 맛을 느끼게 해 줄 수 있기 때문이다. 에스테르화한 지방산이 입 안에서 불러일으키는 느낌은 ('에스테르화'한다는 것은 화학적으로 보아 알코올과 결합되었다는 것을 의미한다.) 편안한 것으로 묘사된다. 그와 달리, 에스테르화하지 않은 지방산은 오히려 혐오감을 자극한다. 지방산에 대한 다양한 미각적 평가 뒤에 숨어 있는 의미는 단지 에스테르화한 지방산만이 비타민 A나 비타민 B 같은 또 다른 중요한 결합물들의 운반자라는 사실이다. 따라서 지방의 소비는 마이크로 영양소의 공급과 관련해 여러 가지 장점을 제공한다.

앞에서 언급했던 6-n-프로필다이오유러실–어린이, 다시 말해 쓴맛에 전혀 구애받지 않는 아이들의 경우로 다시 한 번 돌아가 보자. 그 아이들의 미각은 그들이 섭취하는 음식물의 훌륭한 조합을 도와준다. 채소는 지방이 풍부한 음식과 마찬가지로 비타민과 다른 마이크로 영양소들을 함유하고 있다. 지방은 지용성 비타민의 운반자이고, 달콤한 과일은 에너지와 다른 중요한 마이크로 영양소들을 가져다준다. 그리고 보상 시스템, 그리고 배고픔과 배부름의 조절은 그것들이 가능한 한 많이 흡수될 수 있도록 마무리 작업을 한다. 부모님이나 의사들이 보기에는 안타깝게도 과체중은 불가피한 상황이다.

그 뒤편에는 물론 우리가 이제껏 아직은 살펴보지 않았던 일기예보의 일부가 놓여 있다. 우리의 모든 유전적 영양 섭취기관은 어떻게 해서 우리가 충분한 양의 마이크로 영양소를 공급받도록 조치하는 걸까? 혹시 독특한 미각이 존재하고 있는 것은 아닐까? 하지만 그 같은 미각은 존재하지 않는다. 그리고 그렇다 해도 역시 아무 문제가 없다. 우리가 하나 나 두 개의 마이크로 영양소에서 특정한 맛을 발견하게 된다면, 이는 아마도 다른 중요한 마이크로 영양소의 공급에는 단점으로 작용하게 될 것이다. 맛을 구성하고 그로써 폭넓은 범주의 필수 마이크로 영양소를 공급하는 것은 오히려 매크로 영양소의 조합과 양이다.

우리의 미각이 보내는 메시지는 다음과 같다. 충분히, 그리고 다양하게 모든 매크로 영양소를 먹어라. 그러면 필요로 하는 모든 마이크로 영양소 또한 저절로 얻게 될 것이다.

맛있게 드세요!

이미 설명했듯이 우리에게는 물론 마이크로 영양소를 감지할 수 있는 장치가 없다. 하지만 그 대신 보상 센터든 아니면 배고픔과 배부름의 조정이든 식욕의 도움을 받아 생명 유지에 필수적인 물질이 결핍되었음을 알려 주는 신호는 존재한다.

날마다 멀티 비타민이나 무기질 영양제를 복용하는 젊은 성인들은 체중이 적게 나가고 기름덩어리도 거의 없다. 그리고 다이어트 동안 비타민을 복용했던 과체중 여성들은 마이크로 영양소를 섭취하지 않았던 집단과 비교해 식욕을 훨씬 적게 느꼈다. 특히 마이크로 영양소 공급이 부족했던 과체중자의 경우에는 보충 공급이 식욕을 억제시킴으로써 체중 감소를 지원해 줄 수 있었다. 비타민과 무기질을 복용하며 다이어트를 하는 여성들이 다이어트를 시작하기 전보다도 오히려 더 적은 식욕을 느꼈다는 사실은 진정 놀랄 만한 결과이다. 뇌가 단지 일종의 문제로만 인지하는 체물질의 분해는 본래 심한 배고픔과 강한 식욕을 불러일으켜 야 마땅하기 때문이다. 이 경우 우리의 음식이력서가 개입해 부분적으로는 모순이 되는 결과를 그렇게 설명하도록 한다는 사실을 배제할 수 없다.

결핍은 배고프게 만든다

아연, 마그네슘, 칼슘 그리고 셀레늄과 같은 다양한 마이크로 영양소는 많은 호르몬의 합성과 작용에 있어서 아주 중요한 기능을 맡고 있다. 따라서 이들이 인슐린 민감성과 포도당 신진대사, 그리고 에너지 항상성에 영향력을 행사하는 가운데, 체중과 식욕의 조절에 있어서도 나름 역할을 수행한다는 사실은 어찌 보면 너무나 당연한 것이라 할 수 있다.

아연
아연이 식욕의 조절과 모종의 관계가 있다는 관찰 결과는 오래전부터 있어 왔다. 아연 부족은 동물실험에서 전반적인 결핍 상황으로 이어졌다. 이 같은 사실은 무엇보다도 아연이 렙틴·그렐린·인슐린·아디포넥틴 등 많은 호르몬의 생성에 필요하며, 그래서 에너지 항상성과 식욕에 영향을 끼친다는 사실을 통해 설명될 수 있다. 또한 병든 지방조직에 의해 야기된 만성염증은 대사증후군이 있는 과체중 어린이들을 대상으로 한 실험 결과에서 밝혀졌듯이 아연 결핍으로 인해 심화되기도 하고, 아연 보충으로 인해 약화될 수도 있다. '1000일의 창' 동안 공급 부족을 겪었던 아이들의 경우에는 아연 보충이 지방이 없는 신체 구성의 개선, 그리고 지방조직 및 체질량지수의 감소를 이끌어 낸다.

과체중의 위험 요소가 있는 젖먹이에게 아연을 공급하는 것은 과체중이 될지 아닐지, 될 것이라면 언제, 그리고 실제로 얼마나 심하게 과체중이 발달될 것인지에 대해 영향을 끼친다. 이 과정에서 모유는 젖먹이에게 아연을 공급할 수 있는 자연적이면서도 아주 중요한 원천 기능을 한다. 생후 첫 몇 주 동안 모유에는 엄청난 양의 아연이 함유되어 있다. 따라서 모유 수유 후에는 유아식을 통해, 그리고 그 뒤에는 정상적인 영양 섭취를 통해 아연의 공급이 원만히 이루어지도록 그 만큼 더 유의해야

생체이용률

생체이용률(Bioavailability)은 약제 연구에서 파생된 개념으로, 생물학적 가용능(生物學的可用能), 생물학적 이용도, 생물학적 이용 가능성이라고도 한다. 이는 혈액 속 약제의 작용물질이 복용 후 일정한 시간이 지나 어느 정도의 농도로 나타나는지를 설명해 준다. 이 개념은 음식물 구성 성분에도 사용되는데, 예를 들어 섭취한 마이크로 영양소가 얼마나 오랫동안, 얼마나 많이 혈액 속에 남아 있는지를 알려 준다. 결국 높은 생체이용률은 우리의 신체기관이 식품에 포함되어 있는 물질을 장을 통해 지나가는 동안 아주 잘 흡수해 이용함을 의미한다.

한다. 아연을 가장 확실하게 공급받을 수 있는 원천은 육류이다. 아연의 생체이용률은 식물성 음식보다 현저하게 양호하기 때문이다.

칼슘

부족한 칼슘 공급은 언제나 계속해서 과체중과 연관되어 설명된다. 많은 연구 결과는 칼슘이 지방의 저장을 조절할 수 있으며, 칼슘이 부족하면 더 많은 지방이 축적된다고 밝힌다. 그에 반해, 하루 800mg에 해당하는 충분한 양의 칼슘 공급은 지방의 산화를 11%가량 증가시킨다. 물론 지방 산화에 있어서 칼슘이 담당하는 작용은 비타민 D와의 관련성을 고려하지 않고는 결코 설명할 수 없다.

비타민 D

비타민 D의 공급 부족과 과체중 사이의 연관성을 입증하는 연구 결과들이 최근 들어 급증하고 있다. 이들 연구를 통해 충분한 양의 비타민 D의 공급은 단지 우리의 에너지 신진대사에만 중요한 것이 아니라는 사실이 점점 더 밝혀지고 있다. 이 같은 사실을 설명하기 위해 다시 한 번 우리의 진화를 살펴보자.

3만 년 전, 햇빛이 넉넉한 아프리카에서 북유럽으로 이주한 인간들은 커다란 문제에 봉착했다. 그들은 피부에서 비타민 D를 생성하기 위해 햇빛을 필요로 했다. 그리고 이를 위해서는 피부가 덜 착색된 사람들이 유리했으며, 그 같은 과정은 오늘날 밝은 피부색의 유럽인들에게서 볼 수 있듯 완벽하게 진행되었다. 가을과 겨울에는 물론 날이 더 짧아지고 더 추워졌다. 그리고 햇빛에 의해 진행되는 비타민 D의 합성은 감소되었다. 이는 추위와 높은 에너지 소비에 적응해야 하는 유기적 신체에 아주 중요한 신호가 되었다. 그리고 그 같은 상황 변화에 추가적인 피하지방 조직의 구축으로 반응했던 사람들은 의심할 바 없는 이점을 누렸다. 그들은 온도 저하에 훨씬 더 잘 대처했고, 겨울에 대비해 지방을 비축했다. 하지만 언제 어디서나 따뜻하고 먹을 것이 풍족해진 오늘날, 그 같은 이로움은 사라지고 말았다. 그리고 그 대신 남은 것은 비타민 D의 결핍과 그로 인한 식욕 촉진 작용이다.

특히나 심하게 과체중인 사람들의 경우에서는 비타민 D가 부족한 상태가 발견된다. 그리고 비타민 D의 결핍은 또한 백색지방의 비중이 현저히 높아지는 것으로도 나타난다. 실험용 쥐에게 지방이 아주 많은 사료를 주고, 그와 동시에 어느 정도의 비타민 D 공급 부족이 나타나도록 하면, 그 쥐는 지방이 풍부한 음식의 섭취로 인해 과체중이 되고 심하게 중독성 물질을 찾게 된다. 그 쥐에게 비타민 D를 보충해 주면 체중은 줄고, 또 중독성 물질의 섭취는 감소한다.

비타민 A, 비타민 B_{12}, 철분과 같은 다른 많은 마이크로 영양소는 에너지 항상성이나 배고픔과 배부름에 대해 아주 복합적인 관계를 보여 준다. 이러한 작용들은 종종 상호 의존관계에 있다. 우리는 우리 몸이 결핍을 보상할 수 있을 것이라는 기대 속에 배고픔과 식욕의 증가를 통해 더 많은 매크로 영양소를 공급함으로써 마이크로 영양소의 부족에 반응한다는 사실에서 출발할 수 있다. 그 같은 반응이 체중의 증가를 불러온다는 사실은 진화의 관점에서는 결코 불리함이나 단점이 아니다. '식욕 작전'의 성공을 위한 전제 조건은 물론 매크로 영양소가 필요한 것들을 공급해 주느냐 하는 점이다. 만일 상황이 그렇지 못하다면, 우리의 음식이력서는 배후에서 묵묵히 자신의 프로그램을 완수할 것이고, 지방의 축적은 계속해서 진행될 것이며, 아직까지는 건강했던 과체중이 건강하지 못한 비만증으로 급속히 바뀌게 될 것이다.

Chapter 5

과체중?
그게 어때서?

20세기에 들어서도 약간의 뱃살이나 피하지방은 대부분 긍정적인 것으로 인정받았다. 그 같은 여유분을 비축할 수 있었던 사람은 어느 정도 풍요를 누렸음이 분명했기 때문이다. 하지만 선진산업국가에서 복지가 점점 확대되면서 비로소 피하지방은 문제시되기 시작했다. 그리고 오늘날에는 어느 신문을 보든 어느 텔레비전 프로그램을 선택하든, 또는 어느 인터넷 사이트에서 서핑을 하든지 간에 사람들은 늘 무조건 살을 빼야만 한다는 이야기들을 접하곤 한다. 왜일까? 기름지지 않은 담백한 음식들이 널려 있고, 전문가라 자처하는 사람들은 너도나도 칼로리를 줄이라고 조언하며, 가루 형태의 대체식품과 피트니스 센터는 넘쳐나는데도 불구하고 과체중자의 숫자가 전 세계적으로 늘어나고 있기 때문이다. 실제로도 아주 많은 사람들이 건강이나 몸매 관리를 위해 살을 빼겠다는 목표를 세우고 있다.

살과의 전쟁에서 사람들은 어렵사리 작은 승리를 쟁취하기도 한다. 하지만 본질적으로는 더 큰 패배를 맛봐야만 한다. 이런저런 건강 전문가들과 영양상담사들이 설정한 목표를 달성하는 건 왜 그리도 어려운 걸까? 우리의 의지가 약해서일까? 우리의 음식이력서에 문제가 있는 걸까? 움직이는 걸 싫어하는 우리들의 생활방식 때문일까? 도처에서 우리를 유혹하는 칼로리가 풍부한 음식들이 넘쳐나기 때문일까? 하지만 이제는 기존의 것들과는 전혀 다른 관점의 질문 또한 제기되어야만 한다. 과연 그들이 제시하는 목표는 진정 의미 있는 것일까?

우리의 유기적인 신체조직은 어떤 대가를 치르고서라도 결국 에너지를 확보하는 데 초점이 맞춰져 있다. 에너지 확보는 곧 생존을 공고히 하는 기초이기 때문이다. 우리의 부모와 조부모, 그리고 간접적으로는 우리의 주변 환경이 우리의 음식이력서에 적어 넣은 것들은 모두 이 같은 목적에 도움이 되었다. 그것들 모두는 오직 하나, 우리로 하여금 가능한 미래를 대비하게끔 한다는 목적을 갖고 있었다.

이러한 에너지 확보 메커니즘은 오늘날 악명 높은 존재로 치부되고 있다. 과-체중, 지방-중독, 지방신진대사-장애, 인슐린-저항성, 포도당-과민증, 당뇨-병, X 증후군(대사증후군) 등 그 이름부터도 그다지 우호적이지 않게 들린다. 한편에서는 인간의 평균수명이 점점 더 늘어나고 있다는 소식이 전해지고 있음에도 불구하고, 이들 모두는 수명을 단축시킨다는 의심을 받고도 있다. 정말 기이한 일이다. 그렇지 않은가. 이처럼 상이한 관점의 주장들은 누군가에게는 영웅이었고, 다른 누군가에게는 악당에 불과했던 로빈 후드의 이야기를 떠올리게 한다. 그렇다면 이 같은 상황은 나의 음식이력서의 주인공인 나에게는 어떤 의미를 갖는가? 이 드라마는 나의 의지와는 관계없이 흘러가는 것일까? 악당의 역할들은 이미 부여되었다. 어쩌면 그 악당들은 심근경색을 통해 나를 일찌감치 저세상으로 보내버리는 건 아닐까?

아주 잘 짜여진 이야기에서와 마찬가지로 겉으로 드러나 보였던 게 전부는 아니었다는 사실이 밝혀지는 순간, 이제 비로소 이야기는 점점 더 흥미진진해진다. 배우들은 처음 우리에게 비쳐졌던 것보다 훨씬 더 다층적이다. 경우에 따라서 그들은 자신들이 갖고 있던 악명을 상쇄시켜줄 수 있는 좋은 점들을 갖고 있기도 하다. 그러니 앞으로 이어지게 될 우리의 음식이력서에서 나름의 역할을 맡게 될 몇몇 캐릭터들을 이제 좀 더 면밀하게 살펴보자.

측정할 수 있는 것은 측정하라,
그리고 측정될 수 없는 것은 측정할 수 있게 만들어라.
— 갈릴레오 갈릴레이

과체중, 진실과 허구

　미디어에서 과체중이나 비만증(지방중독), 그리고 이들이 건강에 끼치게 되는 중차대한 결과에 관한 기사나 보도가 나오지 않는 날은 거의 없다. 이들을 경고하는 숫자는 특히나 크리스마스 후에 현저히 늘어나고, 우리는 시도 때도 없이 과체중과의 싸움에 매달리게 된다. 그리고 이 싸움의 대상은 무거운 체중과 질병의 운명적인 결합인 것처럼 여겨진다. "몸무게를 줄인다면, 또한 병에 걸리지도 않으리라!"는 주문이 늘 우리의 귓전을 맴돈다.

　광범위한 조사 결과는 독일 남성의 64.3%와 여성 49%가 과체중이며, 그 가운데 각기 21.9%와 22.5%가 비만증이라는 사실을 보여 준다. 이 조사는 또한 어린이와 청소년의 경우, 남자아이는 20.5%가 과체중이고(그중 5.5%가 비만증), 여자아이는 19.4%가 과체중이라고(그중 5.3%가 비만증) 밝히고 있다.

　아이들의 과체중과 비만증은 어른들의 경우와는 달리 이해할 수 있다. 과체중이거나 비만증인 아이들과 청소년들은 훗날 성인이 되어서도 종종 그 상태를 유지하며, 어린이들에게 있어서는 성장기 동안 그들의 활동성 및 또래 아이들과의 어울림과 관련해 특별한 문제들이 발생

한다. 그런데 무엇보다도 주목할 사실은, 가난한 환경의 가정에서 나타
나는 과체중이거나 비만증인 아이들의 숫자가 여유 있는 환경의 가정
에 비해 세 배 가량 높다는 점이다. 어린아이들에게 있어서 40년이나 50
년이 지나 과체중 및 비만증으로 인해 병에 걸릴 위험성에 노출되어 있
다는 사실보다는 오히려 이른 시기에 하루라도 빨리 건강한 생활방식을
익히도록 하는 것이 더 중요하다. 그런 건강한 생활방식에는 음식물의
차이에 관한 지식 외에도 특히 규칙적인 운동이 중요시된다. 운동은 체
질량지수와는 전혀 관계없이 일찍 시작하면 시작할수록 그만큼 좋다.

어린이의 경우에도 이미 제2형 당뇨병(성인개시당뇨병)이 발생한다는
사실은 (이는 비만증인 아이의 약 1%에 해당하며, 독일의 경우 약 4,000명 정도
로 추정된다.) 진정 받아들이기 어려운 일이다. 그렇기 때문에 더더욱 집
중해 접근하고 연구해야만 할 주제다. 어린이에게 나타나는 제2형 당뇨
병의 초기 진단이야말로 무엇보다도 중요하다. 왜냐하면 제2형 당뇨병
은 제1형 당뇨병(약 2만 명의 청소년)과는 달리 갈증과 병적인 식욕, 그리
고 체중 감소 등의 전형적인 증상을 통해 진단해낼 수 없기 때문이다. 따
라서 다음에 소개하는 과체중의 폐해에 관한 설명은 어린이가 아니라
단지 성인의 경우에 국한되는 이야기이다.

또 다른 신호도 중요하다. 즉, 너무 무거운 몸을 이끌고 걸어 다니는
것은 관절에 좋지 않다는 사실은 이제 더는 의심할 필요가 없다. 이번 챕
터에서는 우리의 신체기관의 건강이 과체중으로 인해 위험에 노출될 수
밖에 없는가 하는 문제에 관해 다루게 될 것이다.

앞에서 언급했던 수치에 따르면, 독일에서는 남성은 단지 세 명 중의

한 명, 그리고 여성은 두 명 중의 한 명만이 정상 체중이다. 만일 모든 남성들의 3분의 2와 모든 여성들의 절반이 정상적인 몸매를 갖고 있지 않다면, 그 같은 사실은 길거리나 대중교통을 이용할 때, 그리고 직장 등에서도 곧바로 눈에 띄어야 한다. 하지만 실제로는 그처럼 많은 과체중자들이 존재하지는 않는 것처럼 보인다. 물론 비만증 환자나 지방중독증 환자처럼 아주 심각한 상황이라면 금세 우리 눈에 띌 것이다. 그러나 이 경우에도 그런 사람들이 정말로 다섯 명 중에 한 명 꼴로 존재하는지는 여전히 의문으로 남는다.

결국 '과체중'이나 '비만증'이라는 용어가 본래 어떻게 규정되는가 하는 점이 궁금해진다. 이를 위해서는 이른바 '체-질량-지수(BMI)'가 사용되는데, 이로 인해 건강 상태의 평가, 다시 말해 과체중과 비만증의 결과로서 당뇨병이나 심혈관계 질병에 걸릴 위험의 평가와 관련해 다시금 문제가 제기되기 시작한다.

어쨌거나 누가 특정한 원칙을 칭찬하며 제시하고, 누가 어떤 위험 요인을 경고하는지 눈여겨보는 것은 분명 가치 있는 일이다. 물론 그 같은 원칙이나 경고 뒤에는 종종 거대 기업이 숨어 있는 경우가 있다. 이들 기업은 자신들이 생산하는 특정 다이어트 제품을 팔려고 할 뿐만 아니라, 다이어트 코스와 온갖 특효약 또한 제시한다. 그리고 그들 기업의 꾸준히 상승하는 매출액은 체중 감량이 단지 아주 드문 경우에만 지속적인 성공을 거둔다는 사실로 인해 보장된다. 누군가에게는 자꾸만 빠져들어 벗어날 수 없는 덫이 다른 누군가에게는 진정한 금광인 셈인 것이다.

체질량지수(BMI)는 무엇인가?

BMI는 원래 어떻게 해서 나온 것일까? 이는 1830년, 인체를 다양하게 비교 측정하는 인체측정학과 관련이 있는 통계학자인 아돌페 크베텔레트(Adolphe Quetelet)에 의해 처음으로 언급되었다.

1930년대에 들어서면서 미국의 생명보험사들은 충분히 이해가 가는 이유에서 보험가입자들의 때 이른 죽음을 설명해 줄 수 있는 지표들이 있는지 찾아내고자 했다. 이들은 총 500만 명에 이르는 자신들의 보험증서에 주목했고, 사망률을 가장 잘 예측하게 해 주는 요소가 바로 체질량지수임을 밝혀냈다. 보험가입자의 사망률은 BMI 20과 30 사이의 집단에서 가장 낮은 걸로 나타났다. 그리고 BMI가 올라갈수록 사망률도 덩달아 높아졌다. 아울러 BMI가 20 이하인 경우에도 사망률은 상승했다. 보험사는 이에 근거해 정상 체중을 필요한 것보다 조금 낮춰 설정했고, 그렇게 해서 정상 집단보다 더 많은 보험료를 지불해야 하는 위험집단 피보험자의 범위를 확대시켰다. 이는 그럴듯해 보이는 이야기이다. 하지만 실제로 그런 일이 벌어졌는지는 아무도 알지 못한다. 어쨌거나 오늘날에 이르기까지도 BMI와 그에 근거하는 과체중과 비만증의 정의는 많은 사람들에 의해서 수긍할 만한 것으로 받아들여지고 있다.

체질량지수는 몸무게(kg 단위)를 신장(m 단위)의 제곱으로 나누어 계산해 낸다. 예를 들어 몸무게가 65kg에 키가 1.65m인 여성은 BMI가 대략 24에 해당하며, 몸무게 100kg에 키가 1.80m인 남성은 BMI가 거의 31에 이른다. 현재 적용되고 있는 BMI 구분에 따르면 이 여성은 정상 체중

	BMI 구간	예 신장이 1.70m인 여성	예 신장이 1.80m인 남성
저체중	18.5 이하	54kg 이하	60kg 이하
정상 체중	18.5-24.9	54-71kg	60-80kg
과체중	25-29.9	72-86kg	81-95kg
비만증 1등급	30-34.9	87-101kg	96-113kg
비만증 2등급	35-39.9	102-115kg	114-129kg
비만증 3등급	40 이상	116kg 이상	130kg 이상

(BMI 18.5~25)에 속하고, 남성은 심한 과체중 내지 '비만증' 및 '지방중독' (BMI 30 이상)에 속한다. BMI 25~30 구간은 과체중 집단에 속한다.

BMI, 의심스러운 기준?

BMI는 (과)체중의 척도로서 비판의 대상이다. BMI가 성별과 연령을 충분히 고려하지 않은 채 체질량을 단순 조합하고 있기 때문이다. 예를 들어 지방조직과 근육의 비율은 상이하게 나타날 수 있고, 여성의 체질량은 당연히 남성보다 더 많은 지방조직을 포함하고 있다. 그리고 BMI

전자계산기를 이용해 알 수 있는 BMI 공식

당신의 BMI를 계산하고자 한다면, 먼저 당신의 몸무게를 kg 단위로 입력한 뒤, 이를 두 번 연달아 m 단위의 당신 키로 나눈다.
예 95(kg) ÷ 1.89 (m) ÷ 1.89 (m) = 26.6(BMI)

는 체중에 변화가 없다 할지라도 나이가 듦에 따라 변화할 수 있다.

어떻게 해서 그런 것일까? 대답은 비교적 간단하다. 나이가 들면서 우리 키는 작아진다. 척추 사이의 연골이 현저하게 마모되고, 젊을 때에 비해 심하게는 키가 몇 센티미터쯤 줄어드는 것이다. 이로 인해 잘못된 평가가 나올 수 있는 여지가 생긴다. 나이 든 사람들은 자연적으로 사망률이 더 높아지고, 동시에 BMI는 동일한 체중의 젊은이와 비교해 높게 나온다. 따라서 BMI가 높을수록 그만큼 사망률이 높아진다는 잘못된 결론이 추출될 수 있는 것이다. 이는 마치 흰머리가 많은 것을 높은 사망률의 원인으로 간주하는 것과 똑같은 오류다. 둘 사이에는 단지 동시성이 나타나고 있을 뿐, 원인과 결과라는 연관성은 존재하지 않기 때문이다.

체중은 그렇다면 어떤 의미일까? 예전에는 종종 "나는 원래 뼈가 굵어서 그래."라고 말하는 사람들이 있었다. 하지만 단지 뼈가 굵고 무겁다 해서 과체중을 유발하지는 않는다는 사실은 이미 오래전에 밝혀졌다. 몸무게의 차이는 근본적으로 지방과 근육이라는 두 가지 신체 구조에 의해 야기된다. 근육은 높은 밀도로 인해 동일한 양의 피하지방조직에 비해 15%가량 무게가 더 나간다. 이는 동일한 몸무게에 동일한 BMI를 가진 두 사람이 한쪽은 말라보이고 다른 한쪽은 뚱뚱해보일 수도 있다는 것을 의미한다. 또 달리 말하면, 저울에 올려놨을 때 근육이 좀 더 무게가 나가기 때문에 단련된 보디빌더는 체중이 더 나갈 수 있고, 그래서 주로 소파에서 뒹구는 동일한 신장과 몸무게의 약골보다 BMI가 더 높게 나올 수도 있다. 그렇다면 이 경우 BMI에 따른 '과체중자' 가운데 결코 적지 않은 일부는 어쩌면 오히려 '(과하게) 단련된' 사람들일 뿐 과체중이 아니며, 건강상 별다른 문제가 없을 수도 있는 것이다. 실제로도 보디빌더 가운데 많은 이들이 30이 넘는 BMI를 보이는데, 단순히 BMI 통계에만 의지한다면 이들은 심지어 비만증인 그룹으로 분류되어야만 할 것이다. 실제로 영화배우 아놀드 슈왈제네거는 전성기에 BMI가 31에 달했었는데, 이는 근본적으로 그의 근육량에 따른 결과였다. (전해 들은 이야기에 따르면, 그는 요즘 들어 다시 이에 근접한 BMI를 보이고 있다고 한다. 단, 차이는 근육량이 아닌 지방으로 바뀌었다는 점이다.)

BMI와 위험도 평가의 범주 적용을 의심스럽게 만드는 또 다른 집단이 있다. 지방이 주로 허리와 엉덩이에 몰려 있는 여성들이다. 사람들은 이들을 몸매의 윤곽선에 비유해 종종 '전구형 타입'이라고 부른다. 반면에 주로 남성에게서 나타나는 배가 불룩한 사람들은 '사과형 타입'이라고 한다. 주로 여성에게서 찾아볼 수 있는 엉덩이 지방은 무엇 때문에 아주 건강한 지방인 것인지는 잠시 후에 설명하게 될 것이다. 여기에서는 단지 엉덩이 지방으로 인해 BMI가 25를 훌쩍 넘어설 수도 있으며, 이런 사람들 또한 과체중 그룹에서 제외되어야 한다는 사실을 강조하고자 한다.

이제 우리는 모든 사람을 무작정 하나의 범주 속에 집어넣는 방식이 얼마나 불확실하고, 나아가 이른바 '과체중 전염병'이 얼마나 무의미한 것인지 그 실체를 들여다봐야 한다. 물론 BMI가 30을 넘어서는 경우라면, 이를 단지 엉덩이 지방이나 근육량만으로 설명할 수는 없을 것이다. 그러므로 일반적으로 너무 많이 나가는 몸무게에 대해서만큼은 분명 이야기해 볼 필요가 있다.

최근에는 '허리둘레'가 BMI보다 위험 요소를 알려 주는 지표로 훨씬 더 적합하다는 사실이 잘 알려져 있다. 그 이유는 허리둘레는 복부 주변의 지방량을 알려 주고, 이 지방조직은 잠시 후 살펴보게 되듯 신진대사에 피하지방조직보다 훨씬 더 나쁜 영향을 끼치기 때문이다. 물론 허리둘레는 BMI처럼 간단하게 측정할 수 있는 것이 아니다. 첫째는 줄자를 잘못 갖다 대는 경우도 빈번하고, 둘째는 배 속의 가스 내지 음식물로 가득 찬 위, 또는 몸매가 상대적으로 뚱뚱한 종족의 일원이라는 이유로 인한 특수한 성향 등이 허리둘레가 갖는 의미를 변화시킬 수 있기 때문이다. 그래서 허리둘레는 전문적인 영양 섭취 상담이나 의사의 진료, 그리고 학술적인 연구의 경우에 주로 사용된다. 따라서 이 책에서는 어쩔 수 없이 BMI에만 초점을 맞추게 될 것이다. 하지만 우리는 BMI가 종종 의심스럽거나 잘못된 결론을 끌어낼 수도 있다는 사실을 늘 명심하고 있어야 한다.

나를 살찌게 만드는 것은?

나는 나로서는 어찌할 수 없었던 나의 음식이력서의 희생자인 것일까? 그래서 언제나 회자되곤 하는 당뇨병이나 고혈압, 그리고 심근경색 같은 재앙을 어쩔 수 없이 나의 현실로 받아들여야만 하는 걸까?

나의 보상 시스템, 나의 후성유전, 나의 개인적인 생활환경 그리고 나의 거주지. 이 모든 것과 영양 섭취방식의 선호도나 특수성과 같은 또 다른 변수들은 나의 체중이 어떻게 발달하는지에 근본적으로 영향을 끼친다. 최근 들어 과체중의 발현뿐만 아니라 모든 종류의 체중 감량 방식에 맞서는 우리 몸의 저항 능력에 있어서 아주 중요한 요인으로, 이른바 '오비소게닉 환경', 즉 다시 말해 '비만을 유발시키는 주변 여건'이 발견되었다. 여기서 비만을 유발시키는 주변 여건에는 당과 지방이 풍부하지만 질적으로는 음식물로 적절치 않은 식품들과 같은 이른바 '지방 생산자' 뿐만 아니라 진수성찬을 차려놓고 자꾸만 초대하거나 서로의 체형에 대해 무턱대고 긍정적으로 평가해 주는 이웃들 또한 포함된다.

과체중을 단지 후성유전이나 주변의 유혹 탓으로 돌리는 건 의심할 바 없이 너무 단순한 생각일 것이다. 과체중의 원인은 이 책에서 다루기에는 불가능할 만큼 아주 다양하고 복합적이며, 또한 체중을 규정하는 다양한 요인들 사이의 상호작용 또한 규명하기가 결코 쉽지 않다. 다양한 음식과 마찬가지로 여러 가지 호르몬 또한 우리를 조종하며, 이 음식들은 다시금 여러 호르몬 및 그와 관련된 맛에 대한 욕구에 영향을 끼친다는 사실은 이미 설명한 바 있다. 그와 동시에 다소간의 지방과 근육으로 이루어지는 우리 신체의 구성은 생활방식에 따라 변화할 뿐만 아니라 진화에도 그 근원을 갖고 있다.

이로써 지금 여기에서 전개되고 있는 것들 모두가 잘못된 것은 아닌지, 그리고 그처럼 아주 오래된 메커니즘에 대항하는 것이 얼마나 효과가 있을는지 하는 문제들이 제기된다. 아니면 21세기에 살고 있는 우리들은 다양하고도 풍부한 음식물로 인해 신체 에너지의 분배라는 관점에서 진화를 교묘하게 조작하고 있는 것은 아닐까? 그리고 여전히 석기시대의 상태에 머물고 있는 우리의 신진대사 또한 마찬가지로 조작하고 있는 것은 아닐까?

지방이 몸을 건강하게 만들어 줄까?
체중과 진화상 최적의 컨디션에 관하여

한 번 더 200만~300만 년 전으로 돌아가 보자. 결국 일기예보라는 문제는 잉여 식량과 마찬가지로 결코 새로운 것이 아니다. 이미 언급했듯이 그 당시 인간들은 기후변화 및 그로 인해 점점 줄어드는 숲으로 인해 어쩔 수 없이 사바나에서의 삶에 적응해야만 했다. 아울러 인간들은 자신들의 주식을 바꿔야만 했고, 그로 인해 갑자기 단백질과 지방 형태의 아주 많은 에너지를 공급받을 수 있었다. 그렇게 해서 궁핍한 상황에서 벗어나 대단히 좋은 기회를 누리게 되었고, 이 같은 기회는 궁극적으로 인간을 '창조의 꼭대기'를 만드는 도약적인 발전을 이끌어 냈다. 물론 새롭고 에너지가 풍부한 음식을 늘 누릴 수 있는 것은 아니었다. 따라서 성공적인 사냥 뒤의 풍족한 식사 뒤에는 여전히 굶주림의 시기가 찾아왔고(또한 그 반대의 경우도 마찬가지이다), 그래서 잘못된 '일기예보'라는 문제는 그 당시에도 이미 존재했다는 사실은 능히 미루어 짐작할 수 있다. 그리고 그 같은 상황에 대해 우리 조상들은 오늘날의 우리와 똑같이 반응했다. 즉 최선을 다해 지방을 저장했고, 어려운 상황이 지나갔을 때조차 가능한 한 많은 지방을 비축했다. 그리고 그러한 '저장형 타입'은 우리 조상들이 살아가야만 했던 자연 도태의 상황에서는 분명 유리한 장점으로 통했을 것이다.

침팬지와 비비원숭이, 그리고 다른 영장류를 비교해 관찰해 보면 동물원에서조차 여전히 우리가 책정한 신체치수의 '적정 등급', 다시 말해 BMI 25를 넘어서는 각각의 표본들을 찾아볼 수 있다. 이는 무엇보다도 그들에게 활동량이 부족하기 때문이다. 이 같은 상황은 특히 야생의 상태에서라면 집중적인 움직임을 요구하는 사냥을 책임져야 했을 수컷들에게 주로 적용된다.

그와 달리 자연 상태의 영장류에서는 비록 우리 인간처럼 상황에 따르거나 단순한 무료함에서 무언가를 먹으려는 성향을 보였지만, 비만형이나 그로 인한 결과인 활동 불능 상태를 찾아볼 수 없었다. 하지만 과체중과 비만증이 나타나는 빈도는 아주 높은 에너지 밀도를 지닌 식량을 어디에서나 구할 수 있다는 사실뿐만 아니라, 감소한 육체적 활동량과도 밀접한 관계가 있다. 따라서 넘쳐나는 식량과 부족한 활동량이 함께 나타나는 경우, 이는 야생에서 살고 있는 영장류에게서도 과체중의 강한 경향을 보여 주었다. 예를 들어 쓰레기하치장 인근에서 살고 있는 영장류 암컷의 경우, 사람들이 먹다 버린 잔여물에 좀처럼 접근할 수 없었던 다른 동료들에 비해 약 50% 정도 더 높은 체질량을 나타냈다. 손쉽게 먹을 것을 구할 수 있는 쓰레기하치장 인근에서 살고 있지 않은 동료들의 체지방 비율은 2%에 불과했던 반면, 영양을 과잉 섭취한 원숭이 암컷의 체지방 비율은 23%에 달했다. 그렇다면 이 같은 현상은 왜 수컷에게서는 나타나지 않는 것일까? 수컷들은 먹을 것이 넘쳐남에도 불구하고 암컷들에 의해 공격당해 식량원에서 쫓겨나기 때문이었다. 태곳적부터 이어져 온 본능이 암컷들로 하여금 사냥을 해 먹을 것을 구하지 않는 자는 어머니와 새끼들에게도 아무것도 갖다 주지 못한다는 모토에 따라 행동하게 만드는 것 같아 보인다.

100만~200만 년 전 우리의 조상들 중에도 과체중이거나 비만증에 시달리는 경우가 있었는지 아닌지 우리는 알지 못한다. 하지만 비만증에 걸렸을 개연성은 아무래도 거의 없어 보이는 것이 사실이다. 식량 확보의 불확실성부터 식량을 구하기 위해 치러야 했던 고달픈 활동량에 이르기까지, 그들의 생활방식은 우리와는 근본적으로 달랐기 때문이다. 하지만 초기 인류에게도 두 가지 타입이 있었을 거라는 생각은 충분히 해 볼 수 있다. 한 유형은 느긋한 생활방식을 좋아해 조금은 더 뚱뚱한 체형을 가졌을 것이고, 다른 유형은 좀 더 홀쭉한 체형이라 사냥에서 좀 더 민첩하게 움직였을 것이다. 홀쭉하거나 뚱뚱하거나 두 유형 모두 진화에서 살아남았고, 따라서 둘 다에게는 저마다의 유리한 점이 있었음이 분명하다. 하지만 현대의 문명이 제공하는 지속적인 식량의 과잉 공급 속에서 느긋한 뚱보의 장점은 비로소 일종의 단점으로 변모했을 수도 있다.

뚱뚱하고 병들고, 숙명적인 조합?

과체중에 대한 꾸준한 경고는 언제 어디서나 과체중이 우리를 병들게 하고, 그로 인해 우리가 속한 유대집단 또한 힘들게 만든다는 사실에 근거하고 있다. 아울러 체중을 감량하는 사람은 건강하게 살며, 유대집단의 불필요한 비용 지출 또한 아낄 수 있게 해 준다고 주장되곤 한다. 따라서 과체중인 사람들을 살을 빼게끔 어느 정도는 압박해야 한다는 주장이 늘 있어 왔다. 그리고 그 같은 수단으로는 과체중자에 대한 상대적으로 높은 건강보험료와 더 많은 세금 징수로부터 체중 감량에 대한 보험사의 인센티브 지급이나 살을 찌우게 만드는 식료품에 대한 더 많은 세금 부과에 이르기까지 다양한 제안들이 제시되었다. 그렇다면 과체중은 구체적으로 어떤 병들을 유발한다는 것일까? 그리고 과체중과 비만을 구분해 주는 명확한 근거는 대체 무엇일까?

X 증후군이란?

'X 증후군', 이름부터 위협적으로 들린다. 실제로 미디어에서도 대부분 위협적인 존재로 소개된다. 또 동시에 'X'는 다음과 같은 당혹스러움을 상징한다.

어떤 사람은 건강한 생활방식을 유지하기 위해 애를 쓰는데도 왜 이 병에 걸리고, 어떤 사람은 그와 달리 온갖 건강하지 않은 것들을 아무 생각 없이 즐기는데도 왜 이 병에 걸리지 않는 것일까? 공식적인 의학 용어로는 강한 느낌을 주는 'X 증후군'이란 명칭보다 '대사증후군'이라는 이름을 즐겨 사용하는데, 이 둘은 제각기 수명을 단축시키는 여러 신진대사장애의 결합이라는 동일한 증상을 지칭한다.

이들 신진대사증후 가운데 세 가지 이상의 위험 요소가 함께 결합되어 나타나는 경우 비로소 'X 증후군'으로 진단한다. 그런데 많은 전문가

증후	경계값
과체중	허리둘레 : 남성 102cm 이상, 여성 88cm 이상 (한국 남성 : 90cm 이상, 한국 여성 : 80cm 이상)
고혈압	수축 혈압 : 135mmHg 이상, 팽창 혈압 : 85mmHg 이상
혈중지방(트리글리세리드)	150mg/dl 이상
고밀도 지단백질(HDL)- 콜레스테롤	남성 : 40mg/dl 이상 여성 : 50mg/dl 이상
혈당(아침식사 전)	100mg/dl 이상

들과 전문가 집단은 이 증후군 진단에 있어서 좀 더 엄격하다. 즉, X 증후군으로 진단하기 위해서는 반드시 과체중이 전제된 상태에서 두 가지 다른 증후가 더불어 나타나야만 한다. 이와 관련해서는 종종 암탉과 달걀의 논리, 다시 말해 과체중이 필연적으로 다른 증후들을 초래하는 것인지, 아니면 이들 장애들은 서로 아무런 관련이 없는 것인지 하는 문제가 제기된다. 아울러 이른바 정상 체중을 초과하는 정도에는 이제까지 밝혀지지 않았던 어떤 차이가 있으며, 그래서 앞으로는 '과체중' 대신에 차라리 '비만증'을 정의에 사용해야 하는가 하는 문제도 제기된다.

대사증후군을 생기게 할 수 있는 세 가지 위험 요소, 즉 과체중·인슐린 저항성·당뇨병 그리고 고혈압은 나의 음식이력서에 이미 그 성향이 자리하고 있다고 전제해 보자. 그것들이 이제까지의 챕터들에서 간략하게 설명한 것처럼 진행되어야만 한다고 누가 말할 수 있는가? 나는 과연 그것들을 다시 한 번 전환시켜 다른 방향으로 돌려놓을 수 있을까? 다른 악당들과의 달갑지 않은 만남을 피할 수 있는 것일까? 아니면 미래의 이야기 전개는 이미 정해져서 바꿀 수 없는 것일까?

과체중은 무엇을 어떻게 병들게 하는 걸까?

윤곽선이 사라진 허리를 쳐다보며 의사들은 대부분의 경우 비교적 단순 명료하게 알려 준다.

"몸무게를 줄이셔야 하겠습니다!"

"왜요?"

이렇게 묻자마자 곧바로 대답이 돌아온다.

"그렇지 않으면 병에 걸릴지도 모르기 때문입니다."

체중과 위협적인 병 사이의 관련성은 이미 오래전부터 끊임없이 제기되어 왔고, 그래서 우리는 약간의 과체중인 경우조차 거창하게 생활상의 변화를 시도하려는 경향이 있다.

"왜요? 나는 건강하기만 한데?" 하고 의사에게 되묻는 사람은 거의 없다. 그보다는 많은 사람들이 사실 자신의 가족들 모두가 약간은 과체중이고, 그럼에도 불구하고 할아버지는 벌써 93세이시며, 고령의 유명한 정치가들 또한 꽤나 몸무게가 나가 보인다고 말하곤 한다. 이 같은 항변은, 물론 일반적으로 그 같은 예외 상황은 인정되지만 누구나 그 같은 예외 상황에 속한다는 보장은 없다는 설명과 더불어 무시된다. 또 다른 이론의 제기는 자신만만하면서도 연민 어린 미소로 대꾸된다. "예, 저도 알고 있습니다." 내지는 "아! 그건 유전자 때문이지요." (이와 관련해서는 그 사이 과체중에 기여하는 135개의, 이른바 후보유전자가 발견되었다는 사실을 덧붙여 말할 수 있을 것이다. 남성의 Y-염색체를 제외한 인간의 염색체 모두는 이 같은 후보유전자를 지니고 있다.) 결국 우리 모두에게는 우리가 근본적으로 뭔가 잘못하고 있으며, 과감하고 신속한 체중 감량만이 우리를 위협적인 질병들로부터 구해낼 수 있을 거라는 불안한 느낌이 자리 잡게 된다.

이 경우, 의사들은 현재 정상 체중이라고 규정된 수치를 넘어서는 체중 보유자, 다시 말해 BMI 25를 넘어서는 사람들 모두를 환자라고 인정하는 근본적인 오류를 범하고 있다. 앞에서 설명했던 다양한 과체중 유형을 고려할 때, 이들은 말 그대로 '사과'를 '전구'와 비교하고 있기 때문이다. 이 같은 잘못된 평가는 물론 의사 개개인의 잘못은 아니다. 오히려 20세기 전반에 걸쳐 어느 누구도 부정할 수 없을 만큼 널리 퍼져 있던 의학계의 진리였다. 명예 속에 나이를 먹은 많은 의사들과 영양학자들은 심지어 오늘날까지도 '과체중=질병'이라는 관점을 고수하고 있기도 하다. 관찰 결과에 따르면, 그들은 자신들의 체형이 말라 있을수록 그만큼 더 과체중을 부정적으로 인식하고 있다.

이처럼 개개인의 과체중이 대사증후군과 같은 모든 후속 병증의 원인이라고 주장하는 일반적인 관찰방식은 이제 오늘날의 의학계에서는 더 이상 지지받지 못한다. 그럼에도 불구하고 2017년 2월에 발표된《제13차 독일영양학회 영양보고서》와 같은 간행물에서는 여전히 과체중과 비만증의 개념이 혼용되고 있었다. 이 영양보고서에서는 예를 들어 독일에서의 '비만증 유행 현상'이 언급되고 있었는데, 예시되는 수치는 하나같이 BMI 25 이상부터였다.

물론 고혈압과 당뇨가 있는 환자는 심근경색과 뇌졸중에 걸릴 위험성이 훨씬 높다. 하지만 정말 중요한 문제는 과체중이 심근경색과 뇌졸중이라는 이 두 가지 병에 걸리게 할 위험성을 자동적으로 더 높여 수명을 단축시키는가 하는 점이다. 이와 관련해 수행된 연구나 분석 결과들은 그 어떤 명확한 근거나 설명도 제시하지 못한 채 다양한 해석과 추론만 무성하게 만들 뿐이다. 많은 연구들은 과체중과 비만증 보유자에게서 더 높은 사망률을 측정해 내고, 심지어 다른 많은 연구들은 오히려 그와 정반대되는 결과를 제시하기도 한다. 그 같은 연구들은 유감스럽게도 종종 고립된 현상들만을 관찰할 뿐이다. 어쨌거나 이들 연구의 공통점은 이제 비로소 점점 더 의식하게 된 내장지방조직의 의미를 상당 부분 과소평가하고 있다는 사실이다.

지방조직, 과소평가된 내장기관

이미 언급한 피하지방은 피부 아래에 자리하며, 우리 몸을 완충막이나 보호 장비처럼 감싸고 있다. 뿐만 아니라 힘든 시기를 대비한 비축분의 역할도 한다. 내장지방은 복부 주변에 저장되고, 요즘 들어서는 신장이나 간처럼 하나의 독자적인 내장기관으로 간주되고 있지만 그 기능만큼은 완전히 과소평가되고 있다. 복부지방은 원칙적으로 에너지의 저장이나 공급과 관련된 메시지를 내보내고 받아들이는 분비선처럼 작용한다. 이러한 방식을 통해 복부지방은 다른 기관들과 호르몬을 생성하는 분비선에게서 지방조직과는 한참 떨어져서 일어나는 반응을 유도해 낸다.

지방 저장고가 채워진 정도를 뇌에 알려 주는 렙틴 호르몬에 대해서는 4장에서 이미 설명한 적이 있다. 렙틴은 지방조직에서 생성되며, 다른 호르몬들과 함께 공복감과 포만감을 통해 에너지를 관리하고 조절하는 데 관여하는 중요한 호르몬이다. 그 밖에도 인슐린 작용과 포도당 신진대사에 영향을 끼치는 일련의 또 다른 호르몬들도 있다. 하지만 이들의 경우 대부분은 아직 충분히 연구되어 있지 않아 이들이 작용하는 원리는 정확히 알려져 있지 않다.

어쨌거나 에너지를 저장하거나 방출하는 데에는 다양한 전달 물질들로 구성된 모종의 네트워크가 작용하는 것처럼 보이는데, 이 작용은 무엇보다도 인슐린 감수성에 영향을 줌으로써 일어나게 된다. 이러한 네트워크 내에서 발생하는 장애들은 그것이 후성유전적인 영향에 의해서건 다른 호르몬들과의 상호작용에 의해서건, 에너지 항상성의 균형을 일시적으로나 장기적으로 무너뜨리게 된다는 사실을 능히 짐작할 수 있다.

지방조직이 병들면, '비만 장애'

일부 학자들은 내장지방조직 자체가 병들 수도 있다는 견해를 주장한다. 이러한 현상은 또한 '비만 장애'로 지칭되기도 한다. 즉, 신경 장애가 신경에 나타나는 질환이고 신장 장애가 신장에 나타나는 질환이며 간 장애가 간에 나타나는 질환인 것과 마찬가지로, 비만 장애라는 개념은 병이 든 지방조직이 있어서 '장애'라고 불리는 다른 증상들처럼 다른 기관 전체에 병증을 일으킬 수 있다는 사실을 분명하게 드러낸다. 다른 병증의 경우 단지 증상만이 아니라 그 원인을 찾아내 치료하는 것과 마찬가지로, 비만 장애도 똑같이 증상 치료에만 국한되어서는 안 된다.

이러한 이유에서 병든 지방조직을 주요 고찰 대상으로 삼아 대사증후군의 다양한 증상들을 병든 지방조직의 후유증으로 인식하려는 변화가 일어나고 있다. 이러한 인식의 변화는 예를 들면 기도 협착이 중심에 서 있을 뿐, 호흡에 있어서의 어려움이나 더 많은 에너지 소모 및 높아진 감염 위험성 등의 부수 현상들은 독자적인 병증으로 인식되지 않는 폐색성 호흡기 질환과 같은 다른 기관에서의 질병들과 비교될 수 있다. 아니면 천식이나 극심한 체중 감소 등과 결합되어 나타날 수 있는 후천성 내지 선천성 심장기능저하의 경우와도 비견될 수 있다. 병든 지방조직이 진짜 범인이라는 인식은 그 사이 많은 전문가 집단에 의해 인정받게 되었고, 그 결과 치료뿐만 아니라 과체중 및 그 후유증에 관한 전반적인 이해에도 영향을 끼치게 되었다. 그에 따라 적절한 치료의 목표는 병든 지방조직의 양을 감소시킬 뿐만 아니라, 지방조직의 병을 치료하는 것이어야만 한다. 즉, 혈당이나 혈중지방과 같은 이 질환의 제반 증상들은 병든 지방조직의 치료 성과를 보여 주는 일종의 지표로서 인식되고 관찰되어야만 하는 것이다.

비만 장애는 병든 지방조직이 염증 매개체(시토신), 호르몬(아디포넥틴), 지방분해산물(유리지방산)을 혈액 속에 방출한다는 사실을 통해 식별할 수 있다. 지속적으로 높아진 혈중 유리지방산 수치는 그 원인이 '병든' 지방세포로 인한 것이든 아니면 섭취 장애로 인한 것이든 근육과 간에서의 인슐린 저항성의 발현으로 이어진다. 아울러 이들은 고혈압과 같은 대사증후군을 알려 주는 또 다른 신호이기도 하다. 그 밖에도 지방조직이 교감신경계와 혈압의 조절에 관여하는 호르몬의 활성화를 유도하는 물질들을 방출한다는 사실을 통해서도 설명된다.

지방조직이 병이 들 수 있다는 단초를 따른다면, 예를 들어 병든 지방조직의 양이 감소될 경우 '치유 과정'이 시작되었다는 사실을 알아볼 수 있다. 지방조직의 양과 병증의 발현 사이에는 '개선' 내지 '악화'라는 두 가지 방향에서의 직접적인 연관성이 놓여 있는 듯하다.

건강한 지방조직과 병든 지방조직

지방조직은 어떻게 해서 병이 날까? 그에 대한 원인으로는 전반적인 영양 섭취, 그리고 유전적인 요인 및 우리의 음식이력서에서 비롯되는 후성유전적인 영향들이 거론된다. 후성유전적인 요인들 및 운동 부족은 지방조직을 특히 병에 걸리기 쉽게 만든다. 점점 늘어나는 복부지방 저장은 이러한 질병의 전개를 강화시키는 것처럼 여겨진다.

염증이 생긴 기관

지방은 어떻게 해서 추위로부터 보호해 주고, 또 그 외에 아무런 문제도 일으키지 않는 피부 아래뿐만 아니라 복부에도 쌓이게 되는 걸까?

지방조직은 두 가지 방식으로 증가할 수 있다. 먼저, 이미 존재하는 지방세포는 점점 더 많은 지방을 저장할 수 있고, 그로 인해 점점 더 커질 수 있다. 이를 일컬어 사람들은 '비대(Hypertrophy)'라고 부른다. 또 한 가지는, 지방전구세포에서는 점점 더 많은 지방세포가 생성되는데, 이를 '과다 형성(Hyperplasia)' 내지 '증식'이라고 부른다. 이 과정은 좀 더 번거로운 편이다. 이는 빵을 구우려는 사람이 기본 요리법의 결과가 충분하지 않을 거라는 사실을 알고 있는 경우를 예로 들어 이 두 가지 가능성에 비유할 수 있다. 이럴 경우, 그는 반죽의 양을 두 배로 늘린다. 그러면 이제 두 가지 선택 가능성을 갖게 된다. 하나는 원래 크기보다 두 배큰 한 덩어리 빵(비대)을 빚는 것이고, 다른 하나는 빵 굽는 틀을 하나 더 마련해 원래 크기의 빵 두 덩어리(증식)를 굽는 것이다. 내장 복부지방은 먼저 비대, 곧 기존의 지방세포의 확대를 통해 커지고, 피하지방은 그에 반해 증식 곧 새로운 지방세포의 생성을 통해서 성장한다. 비대(더 커다란 지방세포)는 주로 남성에게서 발견되고, 증식(더 많은 지방세포)은 주로 여성에게서 발견된다.

우리가 필요로 하는 것보다 더 많은 에너지를 받아들인다면 우리 몸은 거의 대부분 비대를 통해 반응한다. '잉여' 지방은 우선적으로 더욱 커질 수 있는 세포에 저장된다. 이 같은 원칙은 내장지방조직의 수용 용량이 허용하는 한도만큼 진행된다. 그러다가 잉여분이 문제가 될 때면 비로소 우리 몸은 증식으로 전환된다. 비대에서 나타나는 문제점은 이 과정이 종종 만성 '염증'과 더불어 나타난다는 사실이다. 예를 들어 몸에 침투한 박테리아로 인한 급성염증의 경우, 우리 몸은 조직에서 일어나는 여러 가지 다양한 중간 단계를 거쳐 침입자를 잡아먹거나 다른 방식으로 파괴하는 '대식세포(Macrophage)'를 형성함으로써 반응을 보인다. 그리고 이러한 과정은 모든 과정을 조정하는 '염증 매개체'의 생성을 거쳐 조절되는데, 이에는 고도 불포화지방산 또한 포함된다. 이러한 시스템에 장애가 발생하면 만성염증이 생겨날 수 있다. 정확히 어떻게 해서 지방조직에서 염증이 발생하는지에 대해서는 아직까지 자세하게 밝혀지지 않았다. 단지, 아마도 영양 섭취 요인(지방이 풍부한 영양 섭취)이나 생활습관(예를 들어 운동 부족)이 특정한 역할을 할 것이라고 추정되고 있을 뿐이다.

만성염증은 특히나 인슐린 저항성과 같은 대사증후군에 속하는 여러 가지 다양한 질병의 원인이 된다. 인슐린 저항성은 지방에서 나타나 지방간을 유발할 수 있으며, 또한 근육에서도 나타나 포도당 신진대사

장애의 원인이 되기도 한다. 마찬가지로 지방조직의 호르몬 생성은 만성염증을 일으킬 수도 있다. 그렇게 해서 여러 내장지방조직에서 또한 많은 렙틴이 생성되면, 이는 재차 염증을 유발하는 조건을 형성할 수 있다. 렙틴 저항성 항목에서 이미 설명했듯이 이러한 과정에도 후성유전은 다시 어느 정도 관여할 수 있다.

살이 찐, 하지만 건강한?

병이 든 지방조직이 있다면 건강한 지방조직 또한 존재함은 분명한 사실이다. 건강한 지방조직은 위에서 언급한 증상들의 원인과는 전혀 관계가 없다. 이처럼 건강한 지방조직을 갖고 있는 사람을 가리켜 신진대사가 건강하다고 일컫는다. 신진대사가 건강한 비만인 사람들은 대사증후군을 드러내는 비만인 사람들에 비해 복부지방이 훨씬 적다. 또한 인슐린 저항성이나 지방 신진대사장애 등의 대사증후군을 갖고 있는 정상 체중인은 신진대사가 건강한 정상 체중인보다 복부지방이 훨씬 많다.

다음의 도표에 기술된 병든 지방조직의 특질(미미한, 다시 말해 인슐린에 대한 반응에 장애가 있는 높은 체지방비율) 가운데 몇몇은 '1000일의 창' 동안에 이미 결정되어 우리의 음식이력서에 기입된 것일 수 있다. 증대된 지방 저장은 낮은 인슐린 민감성(인슐린 저항성)과 함께 다른 변화들을 일으킬 수 있다. 근육량에 부정적으로 작용하는 운동 부족, 필요한 양의 칼로리를 지속적으로 초과하는 영양 섭취, 그리고 마이크로 영양소의 공급 부족이 추가되면(이는 우리가 잠시 후 살펴보게 되듯이 안타깝게도 드물게 나타나는 경우의 조합이 아니다.) 이 같은 상황은 지방조직에서의 발

건강한 신진대사의 과체중인 사람	신진대사에 장애가 있는 과체중인 사람	건강한 신진대사의 정상 체중인 사람	신진대사에 장애가 있는 정상 체중인 사람
적은 복부지방	많은 복부지방	적은 복부지방	많은 복부지방
높은 BMI	높은 BMI	낮은 BMI	낮은 BMI
–	–	많은 근육량	적은 근육량
인슐린에 대한 현저한 반응	인슐린에 대한 미미한 반응	인슐린에 대한 현저한 반응	인슐린에 대한 미미한 반응
높은 HDL- 콜레스테롤	낮은 HDL- 콜레스테롤	적은 간의 지방	많은 간의 지방
낮은 트리글리세리드* 수치	높은 트리글리세리드 수치	낮은 트리글리세리드 수치	높은 트리글리세리드 수치
낮은 심근경색 위험성	높은 심근경색 위험성	낮은 심근경색 위험성	높은 심근경색 위험성
* 트리글리세리드 : 콜레스테롤과 함께 동맥경화를 일으키는 혈중지방성분			

병 과정을 강화시키고 신진대사에 영향을 끼친다. 그와 동시에 이 같은 단초에서 우리는 또 하나의 메시지를 읽어낼 수 있다.

"당신의 근육량을 키워라! 움직여라!"

이는 인슐린 저항성에 긍정적인 영향을 끼치며, 더불어 건강에도 긍정적으로 작용한다. 어쨌거나 골격근은 우리 몸에서 가장 커다란 포도당 저장고이며, 혈당 수치가 너무 높아지지 않도록 하는 데 기여한다.

정상 체중의 사람에게서는 병이 든 지방조직의 증상은 대부분 지나치게 된다. 지금까지는 이 같은 조합이 있을 거라고는 전혀 생각하지 못했기 때문이다. 인슐린 저항성과 대사증후군의 또 다른 징후들은 늘 과체중의 후유증으로 간주되었다. 그리고 그로부터 비만증만 아니면 대사증후군에 걸릴 위험도 없다는 잘못된 결론이 도출되었다.

21세기에 접어들면서 '건강한 비만'이라는 주제는, 정확하게 말해 '신

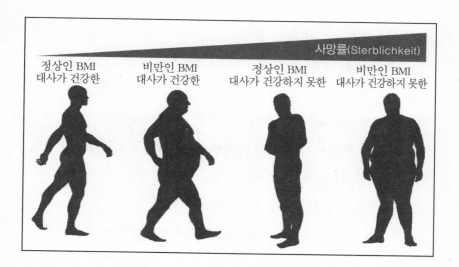

정상인 BMI
대사가 건강한

비만인 BMI
대사가 건강한

정상인 BMI
대사가 건강하지 못한

비만인 BMI
대사가 건강하지 못한

진대사가 건강한' 비만 내지 학계의 전문 용어를 빌어 말하자면 '대사적
으로 건강한 비만(Metabolically Healthy Obesity, MHO)'은 학계에서 점점 더
자주 언급되고 있다. 어떤 기준에 근거하고 있느냐에 따라 다르기는 하
지만, 비만인 사람(BMI 30 이상)의 10~34%가 이 범주에 속한다. 핀란드
에서 진행된 연구에서는 대사적으로 건강한 비만의 9~16%, 그리고 또
다른 연구에서는 10~25%가 보고되고 있다. 미국인을 대상으로 20년
간에 걸쳐 진행된 연구 결과에 따르면 정상 체중의 23.5%가 신진대사가
건강하지 못하며, 그 반면 과체중의 51.3%와 비만증의 31.7%가 여전히
신진대사가 건강한 것으로 기술되었다. 다른 분석 결과에 따르면 '대사
적으로 병든 정상 체중자'의 비율은 미국 전체 인구의 13~18%에 달하
는 것으로 나타났다. 눈에 띄는 점은 건강한 비만의 경우가 남성보다 여
성에게서 훨씬 더 많이 찾아볼 수 있었다는 사실이다. 그 까닭은 아마도
이 여성들의 경우 높아진 BMI가 복부지방이 아니라 피하지방조직에 원

인이 있으며, 그로 인해 대사 장애와 관련된 부수 질병에 걸릴 위험이 훨씬 적기 때문일 것이다.

실제로 신진대사가 건강한 비만과 신진대사가 건강하지 않은 비만이 있는 것과 마찬가지로, 신진대사가 건강한 과체중과 신진대사가 건강하지 않은 정상 체중이 있다. 중요한 것은 내장지방조직의 양과 건강 상태이다. 당연히 사람들은 의문이 들 것이다.

"왜 아무도 그 같은 사실을 말해 주지 않은 거지?"

일반적으로 정상 체중은 건강함을, 그리고 과체중과 비만은 병이 듦을 의미한다는 생각은 대부분의 의사들 머릿속에도 확고하게 자리 잡고 있다. 그래서 의사들은 이어지는 다른 검사들을 불필요하다고 생각한 채, 주문 외우기에만 의지하는 것이다.

"살을 빼세요. 그렇지 않으면 큰일납니다."

물론, 그 반대의 경우에도 칭찬 일색이기는 마찬가지이다.

"정상 체중이십니다. 그만큼 건강하신 편이고요."

누가 대사적으로 건강한지 건강하지 않은지는 체중과는 전혀 관계없다. 높은 BMI는 '1000일의 창' 동안에 미리 프로그래밍된 에너지의 대차대조표가 흑자인 데 기인한다. 이 경우에는 모든 것이 저장에만 초점이 맞춰지고, 그렇게 해서 저장된 지방은 여러 다양한 조직으로 배분된다. 에너지 결산의 지속적인 흑자 상태는 언제가 됐든 우리 몸에 문제를 가져오게 된다.

지방을 어떻게 처리할까? 앞에서 설명했듯이 우리 몸에게는 두 가지 가능성이 있다. 기존에 존재하고 있던 지방세포들은 점점 더 크기가 커지게 되는데, '비대'라는 이 같은 해결책은 전형적으로 내장지방조직에서 발견된다. 아니면 새로운 지방세포를 만들기도 하는데, '증식'이라 불리는 이 전략은 주로 피하지방조직이 선택하는 방식이다. 이 같은 사실은 지방 저장고가 피하보다 복부에 자리하고 있는 경우, 무엇 때문에 BMI 25 이하인 몸이 마른 사람들이나 BMI가 25~30 사이인 약간의 과체중자들에게서도 신진대사에 부정적인 영향을 끼치는 부수 현상들이 나타날 수 있는 것인지 그 이유를 설명해 준다. 전체적으로는 마른 체형이면서도 배가 불룩한 사람의 경우에는 아힘 페터스가 밝혀냈듯이 아마도 심근경색의 위험과 심한 스트레스가 문제일 것이다. (4장 참조)

병든 지방조직의 치료를 위해서는 다음에 소개될 예가 보여 주듯 적당한 체중 감량만으로도 충분하다. 연구를 위해 1,106명의 일본인 남성들은 3년이라는 기간에 걸쳐 계속해서 영상 이미지기법(CT)을 통해 검사받았다. 이 같은 검사를 통해 사람들은 체중 감소가 허리둘레와 복부지방 및 피하지방조직에 어떤 영향을 끼치는지를 알아내고자 했다. 그리고 그 연구 결과에 따르면, 체중의 변화는 물론 다른 무엇보다도 피하지방조직의 감소에 그 원인이 있었다. 아울러 복부지방이 약 50cm³만 줄어도(이는 50ml에 해당하며, 테이블스푼 4~6개 정도의 양에 해당한다.) 높아졌던 혈중지방과 혈당의 수치가 낮아진다는 사실도 보여 주었다.

결론 : 복부지방이라는 기관은 다른 모든 내장기관을 병들게 만들 수 있다. '비만 장애'라고도 불리는 지방조직의 병은 다른 많은 질환들과 마찬가지로 당뇨병과 지방 신진대사장애 같은 측정 가능한 증상들을 통해 나타난다. 이 경우 단순히 나타나는 증상들만 치료한다면, 지방조직은

여전히 병든 채 남아 있을 것이고, 증상들은 계속해서 자꾸만 나타나게 될 것이다.

지방의 작은 차이는 어디에서 오는 걸까?

과체중이거나 특히 심각한 비만인 경우 가장 빈번하게 나타나는 사망 원인은 심근경색을 비롯한 심혈관계 질환들이다. 점점 더 늘어가는 체중과 더불어 그 같은 질환에 걸리는 빈도는 증가한다. 하지만 여성과 남성을 비교해 본다면, 체중과 심혈관계 질환 사이에는 놀랍게도 하나의 역설적인 관계가 존재한다. 다시 말해 동일한 BMI 등급인 경우, 여성이 남성보다 관상동맥 심장 질환에 훨씬 덜 걸리는 것이다. 그렇다면 그 까닭은 여성의 경우 지방이 복부보다는 주로 엉덩이 부위에 쌓이기 때문인 것일까?

정상적인 경우, 젊은 여성의 몸은 20∼30% 정도가 지방으로 이루어져 있다. 그에 반해 젊은 남성의 경우 지방의 비율은 10∼20%에 불과하다. 남자들은 자신의 체지방 가운데 약 20%를 복부 주변에 저장한다. 그에 반해 여자들은 단지 6%만을 복부 주변에 저장한다. 여성들은 지방 비축분 또한 경제적으로 이용하는 셈이다. 그렇게 해서 혈액을 타고 다른 조직으로 이송되는 지방의 방출은 여성의 경우 남성에 비해 훨씬 적고, 그 대신 지방산을 수유지방 저장고에 비축하는 비율은 훨씬 더 높다.

이 같은 상황을 종합해 정리해 보면, 여성은 폐경기 전까지 자신의 피하지방 저장고를 가능한 한 가득 채운다. 그와 달리 남성은 지방을 복부 주변에 저장하는데, 그곳에 있는 지방은 피하지방과는 달리 호르몬의 삶을 전개하게 된다.

늘 그렇듯, 여기에서도 진화는 여전히 관여하고 있다. 250만 년 전, 먹을 것을 찾거나 사냥하기 위해 숲을 떠나야만 했던 인간들은 자신을 돌보기 위해 이제 전보다 더 많은 에너지를 필요로 했다. 남성의 복부지방은 에너지가 더 많이 필요하지만 좀처럼 먹을 것을 구하기 어려운 시기에 대비한 식량 창고로서 일종의 살아남기 위한 전략이었다. 4장에서 설명했듯이 필요할 때는 언제든 에너지를 사용할 수 있기 위해 내장지방의 형성과 분해는 엄격하게 통제되었다. 그리고 이 같은 기능은 의심할 바 없이 자연 도태에서 선택받은 장점이었다. 물론 영양 섭취뿐만 아니라 번식 또한 확보되어야만 했다. 그리고 바로 이 기능을 위해서는 여성의 지방 저장방식이 유리했다. 피하지방은 임신과 수유 기간 동안 유용하게 사용되며, 내장지방과는 다른 조절 과정의 지배를 받았다. 비록 오랑우탄과 고릴라 또한 그 같은 지방 배분에 있어서의 차이를 보이지만, 이들은 지방보다는 근육이 훨씬 더 많다. 인간은 영장류 가운데에서도 지방을 가장 많이 갖고 있으며, 또한 갖고 있는 지방에 비해 근육량이 가장 적은 편에 속한다. 지방이 좀 더 많은 표현형은 에너지의 수요와 공급이 여전히 균형을 이루고 있던 시기에는 진화 과정에서 유리하게 작용했다.

지방 배분에 있어서의 남성과 여성의 전형적인 차이는 성호르몬이 특정한 역할을 맡고 있다는 사실을 추측하게 해 준다. 실제로 에스트로겐과 테스토스테론의 생성이 감소하면 남성과 여성 모두에게서 복부지방이 증가한다. 호르몬 대체 요법으로 치료받는 여성들은 허리둘레가 줄어든다. 에스트로겐은 그러므로 여성에게서 지방조직이 피하에 좀 더 많이 저장되도록 해 준다. 그와 달리 남성에게서는, 테스토스테론 요법은(절대 추천하는 방식은 아님!!!) 복부지방의 감소와 지방이 없는 체질량, 다시 말해 근육의 증가를 이끌어 낸다. (근육의 증가는 물론 신체적인 활동을 통해 성장의 자극이 주어진다는 전제하에서 이루어진다.)

(사과) 배와 쌍을 이루는 널찍한 (전구) 엉덩이는 단지 무의식적이거나 의식적으로 인지된 '출산의 기쁨'과 '아기를 품기' 위한 에너지 공급이 적절히 준비되어 있다는 사실을 알려 주는 시그널일 뿐만 아니라, 수유기가 끝나기까지 '1000일의 창' 동안 아기를 키우기 위해 아주 중요한 저장고이기도 하다. 이 같은 기능 때문에 엉덩이 주변의 지방은 '수유지방'이라고도 불린다. 임신 기간 동안에 모체의 영양 섭취 상태에 따라 한편으로는 엉덩이 주위에 계속해서 지방이 축적되고, 다른 한편으로는 그렇게 비축되어 있던 지방이 소비된다. 지방 저장소에서는 활발해진 지방 분해를 책임지고 있는 호르몬들의 활동이 활발해지는 현상을 관찰할 수 있다. 모유 수유 기간 동안에는 지방은 계속해서 분해되는데, 이렇게 분해된 지방은 젖먹이의 육아에 기여한다. 특히 흥미로운 점은 이와 관련해 수행된 많은 연구가 임신을 전후해 많은 복부지방을 비축했던 어머니에게서는 각종 신진대사질환과 임신 당뇨에 걸릴 위험성이 높아진다는 사실을 보여 주고 있다는 점이다.

진화생물학적인 관점에서 보면, 여성이 임신과 모유 수유에 대비해 언제든 손쉽게 동원할 수 있는 충분한 지방을 비축하며, 이 지방은 임신 기간이 지나면 다시금 피하 수유지방의 형태로 엉덩이 부근에 새로이 저장된다는 사실은 아주 중요한 의미를 갖는다. 한 번의 임신을 위해서는 약 9kg의 지방에 해당하는 8만 kcal의 에너지가 필요하다. 모유 수유 기간 동안에는 거기에다 하루당 500∼1,000kcal가 추가로 필요하다. 아울러 우리 조상들의 아기들은 오늘날의 오랑우탄 새끼와 마찬가지로 수년 동안이나 모유를 먹었다는 사실을 상기할 필요가 있다.

지방이라고 해서 모두가 똑같은 것은 아니다. BMI도 마찬가지이다. 엉덩이의 지방은 임신 기간과 수유 기간 동안의 어머니와 아이를 위한 일종의 생명보험이고, 그래서 이는 'X 증후군'에서 그토록 암울하게 그려지는 증상들과는 아무 상관도 없다. 오히려 유익한 것으로 인정받는 엉덩이 지방은 여성의 경우 단지 폐경기 전까지만 유효하다. 폐경기가 지나면 너무 많은 에너지가 섭취될 경우 내장지방의 비율이 상승하고, 체중의 상승은 남성의 경우와 똑같아진다. 이 같은 사실은 비만증의 발현이 여성의 경우 왜 50세 이후에 집중되어 나타나는지 그 이유를 분명하게 설명해 준다.

과체중의 패러독스

그리스어 '파라독소스(Paradoxos)'에 어원을 갖고 있는 패러독스는 일반적인 논리적 사고나 가정과 모순되는 무언가를 일컫는데, 이는 '과체중 패러독스'라는 개념이 표현하는 바와 딱 맞아떨어진다. 과체중은 질환을 유발하고 수명을 단축시킨다는 견해는 전문 학자들 사이에서나 일반적으로 널리 퍼져 있다. 하지만 그와는 달리, 많은 임상연구에서는 과체중이 때로는 생존에 유리한 이점들을 제공한다는 명백한 사실이 밝혀졌다.

이 같은 현상은 예를 들어 과체중자나 심지어는 비만인 사람이 이식 및 중증의 신장질환을 포함해 혈관과 내장기관의 수술을 받았을 때, 정상 체중자 내지 BMI 20 이하인 저체중자보다 훨씬 더 잘 견뎌 낸다는 사실에서 분명하게 드러난다. 과체중자의 경우 수술 동안이나 수술 후 합병증이 훨씬 드물게 나타나고, 회복도 빨라 입원 기간 또한 상대적으로 짧다. 이러한 연관성은 중환자실 환자에게서 특히 분명하게 드러나며, 심지어는 BMI 등급 30 이상의 경우에도 적용된다. 이들 환자들은 또한 일련의 연구들이 보여 주듯, 중병에 걸려 중환자실에서 집중 치료를 받아야 하는 경우 BMI 25 이하인 정상 체중자보다 생존 가능성이 더 높다.

과체중이거나 비만인 사람들의 생존 가능성이 더 높다는 관찰 결과는 모든 의학 전문 분야에서 나타난다. 하지만 왜 그런 일이 일어나는지에 대해서는 아직까지 명확하게 밝혀진 바가 없다. 물론 환자의 영양 상태가 아주 중요한 역할을 담당하고 있는 것만큼은 분명해 보인다. 여기에서 '영양 상태'란 과체중자가 영양을 잘 섭취했는지, 아니면 그저 지나치게 많은 에너지를 섭취했을 뿐인지 하는 문제를 의미한다. 과체중자는 양적으로뿐만 아니라 질적으로도 과잉 영양을 섭취할 수 있다. 그렇다면 이 같은 상황은 그에게 도움이 되기보다는 오히려 위험한 상황을 가중시키게 된다. 필요한 양보다 훨씬 더 많은 칼로리를 섭취하지만 그럼에도 불구하고 마이크로 영양소가 너무 적게 들어 있는 탓에 과체중임에도 불구하고 영양 부족 상태인 사람은 경우에 따라서는 아주 위태로운 삶을 살고 있는 것이나 마찬가지이다.

과체중자와 비만인 사람의 사망률에 관한 연구는 놀랍고도 전혀 새로운 사실을 보여 준다. 즉, BMI가 25와 35 사이에 있는 사람이라고 해서 과체중과 비만증인 사람들의 가장 중요한 사망 원인으로 늘 언급되곤 하는 심혈관계 질환에 반드시 걸릴 이유는 없다는 것이다. 심지어는 이미 심장기능 약화로 인해 고생하고 있는 사람들의 경우에서조차 과체중과 비만증이 반드시 사망률을 높이는 것은 아니었다.

이 같은 사실은 건강하지 못한 말라깽이에 비해 생존하기에 더 나은 조건을 갖고 있는 것 같아 보이는 건강한 뚱보에게 특히나 분명하게 적용된다. (6장 참조) 과체중의 패러독스는 스트레스를 덜 받는 뚱보가 수백만 년 전에는 훨씬 더 유리했을 것이고, 그래서 더 건강한 덕분에 힘든 시기를 견뎌 내고 살아남았을 거라는 가정을 입증해 주는 것 같다.

이중의 부담과 논란의 여지가 있는 장, 수술

과체중 및 비만증과 동시에 나타나는 영양 부족은 흔히 '이중의 부담'으로 묘사된다. 여기에서 (높은) 에너지 유입과 (낮은) 마이크로 영양소 섭취 사이의 관계는 극히 상황이 좋지 않다. 그리고 이 같은 조합은 경제적으로 너무 여유가 없거나 균형 잡힌 영양 섭취에 관한 지식이 결여되어 있을 때 특히 자주 나타난다. 이 같은 상황과 관련되는 사람은 주로 학력이 낮은 가난한 사람들로서, 독일에서는 아주 드문 예외 상황을 제외하고는 이 같은 경우는 아직까지 조사되지 않았다.

이중의 부담이 나타나고, 그로 인해 상당한 어려움을 겪을 수도 있는 집단은 비만이거나 심한 비만 증상을 보이는 사람들이다. 이들 집단이 각각의 마이크로 영양소 결핍에 걸리는 빈도는 연구에 따라 20~70% 사이에서 심하게 요동친다. 폴산이나 비타민 B_{12}와 같은 지용성 비타민, 그리고 철분이나 아연과 같은 무기질 또한 유난히 자주 결핍되는 것들이다. 이 같은 현상은 어떻게 설명될 수 있을까?

한편, 심한 비만증을 보이는 사람들은 적어도 한두 번쯤은 이미 다이어트를 시도해 본 적이 있을 것이고, 그로 인해 에너지 공급이 줄어들면서 아울러 마이크로 영양소도 부족해졌을 것이다. 또 한편으로는 현저하게 늘어난 조직량으로 인해 그만큼 증가된 신진대사를 가동하는 데 필요한 비타민 또한 더 많이 필요해졌을 것이다. 여러 차례 이어진 다이어트 뒤, 별다른 성과가 없다면 언젠가는 많은 사람들이 이제 의사의 조언을 받아들여 위와 장의 일부를 제거하는 외과수술을 받기로 결심한다. 이는 포만감을 불러오는 양을 줄이기 위한 것이고, 또 장이 공급된 에너지 전부를 흡수하는 것을 방해하기 위해서이다.

독일에서는 2013년 기준으로 10만 명 중 단 12명만이 이 수술을 받은 걸로 나와 있다. 하지만 이는 2006년 대비 다섯 배 늘어난 양이다. 다른 나라들과 비교해 보자면, 전체 인구 대비 극단적인 비만증 환자의 수가 독일에 비해 결코 7~9배에 달하지 않는 나라들임에도 불구하고 벨기에에서는 10만 명 중 104명이 수술을 받았고, 스웨덴에서는 80명이 이 수술을 받았다.

위와 장 절제 수술은 의학 관련 규정에 따르면 단지 BMI 45 이상의 극단적인 비만증 환자 중에서도 동반 질환이 나타나고 기존의 일반 치료법이 효과를 보이지 않는 경우에 한해서만 허용된다. 이 같은 경우에 해당되는 환자의 수는 단지 15% 정도 늘어났을 뿐, 2006~2013년 사이 다섯 배로 늘어난 것은 절대 아니다. 이 수술은 물론 몸무게와 당뇨 그리고 고혈압 치료에 효과적이다. 처음 4년 동안의 사망률은 (극단적으로 높은) 동일한 몸무게를 지니고 있으면서도 수술을 받지 않은 사람들과 마찬가지로 거의 8배나 높았다. 거기에 잦은 소화기 질환과 이른바 탈장도 나타났고, 종종 마이크로 영양소의 흡수에 아주 중요한 소장의 일부가 제거돼 기존의 결핍은 더더욱 심각해지기도 했다.

지난 수년간 수백 차례의 수술을 통해 얻어낸 경험은 수술 전에도 이미 결핍증을 보였던 바로 그 마이크로 영양소가 수술 후 더더욱 부족해지게 되었다는 사실이다. 수술 후 보충제를 복용하도록 권하기도 했지만, 그 상태는 1년 후 현저하게 악화되었다. 수술을 받은 환자가 비타민 공급에 주의를 기울이지 않는 경우, 이는 지속적으로 건강을 해치는 아주 심각한 결핍 상황을 초래할 수도 있다. 그동안 심각한 비타민 A의 결핍, 그리고 다른 지용성 및 수용성 비타민과 무기질의 결핍을 언급하는 여러 건의 보고서가 제출되었다. 그리고 그 같은 상황들을 통해, 건강을 회복하고자 했던 애초의 수술 목적은 의문시되게 되었다.

이 장을 마무리하기 전, 누군가가 나이 든 사람에게 어서 살을 빼야만 한다고 권한다면, 이에 어찌 응해야 하는가에 관해 간단히 언급하고 지나가고자 한다.

노년의 살 빼기?

우리는 누구든 점점 나이를 먹는다. 그리고 일단 한 번 병이 들면 더 이상 사는 게 그리 편하지만은 않다.

당뇨이든 골다공증이든, 아니면 심혈관계 질환이든 많은 노인성 질환들은 대부분 우리가 활동적이면서 건강하다고 느끼던 시절에 시작된 것들이다. 이러한 질환들이 무조건 과체중 때문에 발병하는 것은 아니라는 사실은 이미 살펴보았다. 그리고 과체중, 경우에 따라서는 비만증 또한 보다 오랜 수명과 관련되어 있다는 사실 역시 학계에서는 이미 어느 정도 수긍할 만한 것으로 받아들여지고 있다. 하지만 나이가 들어서도 현재의 체중을 계속해서 유지하는 경우, 체중 감소로 인한 질환의 경우를 제외하면 대부분의 경우 그 같은 상황이 그대로 적용되는 것일까? 노화에 따른 '왜소화' 현상으로 인해 노인의 BMI는 점점 높아진다. 그렇다면 좀 더 건강하게 살기 위해서는 몸무게를 줄여야만 하는 것일까?

이미 언급했던 2017년도 2월의 독일 영양학회 '제13차 영양 보고서 보도 자료'는 다음과 같은 사실을 비난조로 주장하고 있다. "직장생활이 끝나갈 무렵, 남성들의 74.2%는 과체중에 속한다. 동일한 나이대의 여성들의 경우, 그 비율은 56.3%이다." 그리고 바로 얼마 전, 독일의 노년층에서 나타나는 과체중의 성향을 조사한 독일 특별조사위원회의 책이 출간되었다. 이 책에서는 BMI 25-29.9 사이의 집단에 대해 처음으로 새로운 개념이 소개되었다. 즉, 이 그룹은 더 이상 과체중이 아니라 '지방과다중 전단계(Pre-Obesity)' 내지 '비만 전 단계'로 분류되었다. 이 같은 새로운 분류가 의미하는 신호는 분명하다. '전 단계'라는 술어는 지금은 비록 '전 단계'이지만, 그에 대해 아무 조치도 취하지 않는다면 언젠가는 어쩔 수 없이 실제로 병에 걸리게 될 것이라는 위험성을 여전히 내포하고 있다는 것이다. 이 같은 상황은 '당뇨 전 단계(Pre-Diabetes)', '암 전 단계(Pre-Canceroses)' 그리고 '치매 전 단계(Pre-Dementia)'에도 똑같이 적용된다. 이 책은 무엇을 말하고 있을까? 2009년에는 50대 이상의 독일인 가운데 48.2%가 비만 전단계였고, 18.7%는 비만이었다. 비만 전 단계의 수는 2030년까지 약간 줄어들 것으로 전망되는 반면, 비만의 수는 비만 전 단계가 실제로 비만이될 위험성을 고려한다면 약 30%가량 증가할 것이라고 한다. 이 책의 저자들은 이 같은 상황이 장차 건강 체계에 상당한 부담을 가져다주게 될 것이며, 따라서 과체중 패러독스에 관한 연구들의 도움을 받아 이 같은 상황을 다시금 바로잡아야 한다고 결론짓는다. 그러나 최근에 발표된 연구결과들이 밝혀냈듯이 심혈관계 질환을 안고 살아가는 사람들이 비만일경우, 똑같은 병을 앓고 있는 정상 체중인보다 더 오래 산다.

노년이 되면 무엇을 해야 하나?

"나이가 70이라면, 살이 쪘다고 해서 무조건 안 좋은 것은 아니다!"
《타임 매거진》은 과체중인 노인들에 관한 연구에서 도출한 이 같은 결론을 타이틀로 뽑아 쓰고 있다.

오스트레일리아의 과학자들은 70~75세 사이의 연령대의 과체중이거나 비만인 노인들을 10년에 걸쳐 관찰했다. 과체중 집단의 사망률은 비만중 집단에 비해 훨씬 낮았고, 정상 체중 집단과 거의 비슷했다. 연구가 시작될 당시 50세에서 60세 사이의 연령대에 있던 1만 2,523명의 참가자와 함께 아주 신중하게 수행된 연구에서는 20년이라는 기간에 걸친 참가자들의 건강 상태만이 파악된 것이 아니다. 이 연구에서는 그들의 영양 상태, 식사 습관, 수입, 교육 정도, 운동 행태 및 체중의 변화 등이 모두 검토되고 기록되었다. 그리고 그 결과는 연구 시작 단계에 BMI 35 이상이었던 심한 비만 집단의 사망률은 두 배를 기록했다. 그에 반해 BMI 25~34.9의 과체중과 비만 집단은 정상 체중 집단과 비교해 사망률 증가에 있어서 별다른 차이를 보이지 않았다. 하지만 검사 기간 동안의 BMI 추이를 살펴본 결과 놀랄 만한 사실이 관찰되었다. 검사 기간 동안의 체중 감소는 그 기간 체중이 감소되지 않은 사람들과 비교해 사망률이 상승했던 것이다. 이 같은 사실은 다른 많은 연구들에 의해서도 검증되었으며, 50~70세 사이의 BMI 32 이상인 노인들을 20년 이상 관찰한 결과, 그들에게서의 체중 감소는 같은 기간 동안 별다른 변화 없이 몸무게를 일정하게 유지했던 사람들과 비교해 사망률을 높였다는 사실을 확인했다.

나이가 들수록 근육량은 감소한다. 이는 무엇보다도 근육을 생성하는 데 필요한 운동이 부족하기 때문이다. 하지만 노화로 인한 근육량의 감소는 또한 의학계에서 '근육 감소증'이라 부르는 과정을 진행시키고, 이는 다시금 정신적이고 육체적인 능력의 점진적인 감소의 원인으로 작용한다. 노인의학자들은 이 같은 상황을 표현하기 위해 '노쇠(Frailty)'라는 술어를 사용하는데, 이는 약하고 무기력함을 의미하기도 한다. 정상적인 BMI에서도 포도당 저장고인 체질량의 감소는 인슐린 저항성을 유발할 수도 있다.

이 같은 상황에서, 이제 우리는 어쩌면 노쇠와 무기력을 촉진하는지도 모르는 노인들의 다이어트 요법이 얼마나 의미 있는 것인지 다시 한번 생각해 보아야만 한다. 정형외과적인 소견이나 다른 질병으로 인해 체중 감량을 권해야 하는 경우라면, 이는 특히 고령의 노인들인 경우 의사의 전문적인 판단과 관찰 아래 행해져야만 한다.

노인들의 경우 드물지 않게 일어나는 에너지 수용의 생리학적인 감소가 마이크로 영양소 결핍의 위험성을 증대시킨다는 사실도 고려해야 한다. 노인의 적정 체중을 규정한다는 것은 결코 쉬운 일이 아니다. 하지만 적절한 영양 섭취(6장 참조)를 하고, 가능하다면 날마다 적당량의 운동을 할 것 등은 능히 추천할 수 있을 것이다.

무엇을 해야 하고,
무엇을 할 수 있을까?

이 챕터에서는 과체중이 우리를 어쩔 수 없이 병들게 만들며, '정상 체중'으로 몸무게를 줄임으로써만 이 같은 운명적인 상황에서 벗어날 수 있다는 일반적인 견해는 잘못된 주장이라는 사실을 설명했다.

신진대사와 관련된 질환들에 있어서 중요한 점은, 이른바 비만 장애를 유발하는 요인은 몸무게가 아니라 내장지방인 것처럼 보인다는 사실이다. 비록 정상 체중일지라도 혹시나 비만 장애를 앓고 있는 것은 아닌지는 의사의 검진을 통해서만 확인할 수 있다.

과체중은 그 자체로는 아직 병이 아니고, 따라서 자동적으로 질병에 걸릴 위험성을 의미하지는 않는다는 사실은, 그렇다고 해서 과체중이 반갑게 맞아들일 만한 상황이라는 걸 말하는 것은 아니다. (물론 노인들의 경우에는 그마저도 예외적으로 인정해야 할 때가 있다.) 물론 병의 유발과 관련해서는 신체 구성, 신진대사의 건강한 정도, 흡연과 음주와 활동성 같은 생활방식, 성별 그리고 특히 유전적 요인 등이 중요한 역할을 담당한다. 하지만 신진대사가 건강한 사람이라면 정기적으로 운동을 하고, 균형 잡힌 영양 섭취를 하고, 몸무게와 허리둘레 그리고 필요한 경우 혈압과 당 등 건강검사 수치에 신경을 쓰는 것만으로도 충분히 건강을 유지할 수 있을 것이다.

음식이력서의 덫?

살 빼기를 원하는 사람들의 단지 5~10%만이 장기적으로 다이어트에 성공한다는 사실은 우리의 음식이력서에 원인이 있다. 음식이력서는 에너지 신진대사의 조절과 관련한 우리의 개인적인 변화 가능성을 확정지어 놓고 있는 것이다.

50명의 과체중 내지 비만인 실험 참가자들은 연구를 위해 10주 동안의 체중 감량 프로그램에 참여했다. 처음에는 에너지 항상성과 식욕을 조정하는 호르몬들이 모두 분석되었다(그에 관해서는 4장에서 자세하게 설명한 바 있다.). 체중 감소는 에너지 저장과 관련된 역할을 수행하는 호르몬인 렙틴과 인슐린을 현저히 감소시키고 또한 식욕을 자극하는 호르몬인 그렐린과 에너지 저장을 지원하는 호르몬인 GIP의 분비를 상승시킨다. 렙틴의 분비가 감소되면 그로 인해 배부름을 느끼게 하는 신경 연결망이 억제된다. 그에 따라서 실험 참가자들은 프로그램이 시작되기 전과 비교해 훨씬 큰 허기와 식욕을 보고했다.

이 연구의 결과 가운데 가장 주목할 만한 사실은 체중 감소가 시작된 후 62주가 되어서야 호르몬 변화를 입증할 수 있었다는 점이다. 그리고 우리는 다음과 같은 결과를 어느 정도 예상하고 있었다. 10주가 지나면서 프로그램 시작 당시의 몸무게에 비해 약 14%가량 현저하게 낮아졌던 체중은 12개월이 지나자 다시금 원상태로 되돌아가기 시작했다. 이 같은 사실은 우리의 음식이력서에 관해 무엇을 말해 주는가? 만일 우리가 '결핍'으로 프로그래밍되어 있다면, 우리의 시스템은 모든 수단을 동원해 우리의 체중 감량을 위한 노력을 방해하는 쪽으로 맞추어진다. 더욱이 그런 상황은 단지 일시적인 것이 아니다. 하지만 에너지를 수용하고 저장하는 메커니즘은 계략을 써서 극복될 수 있다. 어떻게 하면 그럴 수 있는지 이제 6장에서 살펴보자.

Chapter 6
할 수 있는 것은?

이제 우리는 우리의 음식이력서와 함께한다. 다시 말해 이제까지 살아오면서 우리가 취했던 것들, 그리고 그것들이 우리에게서 만들어 낸 것과 함께하는 것이다. 하지만 이러한 운명은 결코 바꿀 수 없는 게 아니다. 모든 것은 유전 때문이고, 그래서 건강이나 몸무게 따위에 신경 쓸 필요가 없다는 핑계는 통하지 않는다. 그렇다면 우리는 어떻게 해서 '1000일의 창' 동안에 우리의 음식이력서에 기재된 것들을, 그리고 많은 유전자의 속성과 체중 조절에 영향을 끼치는 환경 여건을 조금이나마 바꿀 수 있을까?

수긍할 만하며, 늘 추천되는 전략은 '식사량 절반으로 줄이기'이다. 이 전략을 지속적으로 실천할 수만 있다면, 누구든 뛰어난 효과에 기뻐하게 될 것이다. 하지만 잘 알려져 있다시피 이 전략을 시도하는 이들 가운데 90~95%가량은 현명한 조언들과 온갖 기적의 신약들의 도움을 받는 가운데 지속적으로 굶어서 살을 뺀다는 목표가 제시하는 요구들 앞에서 좌절하고 만다. 우리의 뇌는 그렇게 만만하게 속여 넘길 수 있는 상대가 아니다.

우리의 신진대사도 마찬가지다. 우리가 이미 살펴보았듯이 우리의 몸은 자신의 에너지 관리, 즉 에너지의 공급과 저장과 분배를 정확하게 컨트롤하려고 노력한다. 이 같은 노력은 에너지 공급이 하루에 필요로 하는 양보다 적을 때 특히 효과적이다. 물론 이 같은 하루 필요량은 우리 몸이 결정하는 것이지, 영양 상담사가 결정하는 것이 아니다. 그 밖에도 우리 몸은 '단식'이라는 단어를 알지 못한다. 우리 몸은 단지 '배고픔'만을 알고 있을 뿐이다. 그리고 우리 몸은 비키니 수영복을 입었을 때 어떤 모습일지는 전혀 개의치 않는다. 그저 배고픈 것을 좋아하지 않을 뿐이다.

우리가 공급받는 에너지가 필요로 하는 양보다 부족할 때, 교감신경계가 작동하기 시작한다. 교감신경계는 주변 세계를 예의 주시하던 주의가 문제시될 때면 언제든 가동되며, 또한 우리 몸이 '싸움 또는 도주 반응'에 대비하도록 한다. 즉, 충분한 영양이 공급되지 않으면 어떤 영양을 구해야 하는지 신경 써야 한다. 이를 위해서는 한편으로는 주의가 필요하고, 다른 한편으로는 행위가 필수적이다.

교감신경계의 활성화는 간에 저장된 당이 분해되도록 만들고, 그 결과 혈액 속의 포도당 농도는 높아진다. 이는 영양분 사냥을 계획하기 위해 에너지를 필요로 하는 뇌에 에너지를 공급하기 위해서이다. 이로 인한 부작용으로, 글리코겐이 결합되어 있던 체수분이 몸 밖으로 배설된다. 그런 이유로 인해 단식을 시작하고 24~48시간이 지나면 체중은 현저하게 감소한다. 하지만 음식이 다시금 섭취되면 당 저장소는 다시 채워지고, 당의 저장에 필수적인 물 2~3ℓ도 더불어 섭취되어 저장된다. 그리고 몸무게는 이내 단식 전의 원상태로 돌아가고 만다.

단식은 몸이 에너지 소비를 줄이게끔 만든다. 여러 다양한 신진대사 과정에 들어가는 에너지는 정상적인 양보다 줄어들고, 그로 인해 단식 초기의 일시적인 수분 손실 후 체중은 종종 변화가 없는 교착 상태에 놓이게 된다. 그 밖에도 지방조직에서의 렙틴 호르몬의 생성은 현저하게 감소된다. 그로 인해 뇌에서 배고픔을 관장하는 호르몬들은 더 이상 렙틴을 통해 억제되지 않는다. 그 결과, 우리 몸은 이제 완전히 먹잇감 사냥에만 초점을 맞추게 된다. 이 같은 메커니즘 덕분에 마른 사람은 에너지 부족으로부터 보호받는 반면, 살이 찐 사람들은 체중을 감량하려고 하는 경우 그들의 신진대사에 의해 자꾸만 현혹되는 문제를 갖게 되어 실제로는 지나칠 정도로 먹었음에도 불구하고 계속해서 배가 고프다는 신호를 받게 된다.

에너지 항상성의 조정은 한편으로는 렙틴과 인슐린이라는 두 가지 호르몬과 밀접하게 관련되어 있으며, 이들 호르몬의 생성은 현존하는 체지방 양과 직접적인 관계가 있다. 그리고 다른 한편으로는 감지장치 연결망과 관계가 있는데, 이들은 이른바 통행량 조사자로서 (간으로 흘러들어가는 정맥이나 소장 등에 있는) 다양한 조직에 공급된 에너지(포도당)와 배고픔과 배부름을 관장하는 뇌의 신경세포(뉴런)를 파악한다. 이처럼 복합적인 시스템이 장애를 일으키지 않는 한, 체중은 우리가 정상 체중인지 과체중인지와 관계없이 늘 일정하게 유지된다. 그리고 이 같은 '항상성', 즉 안정성은 우리의 음식이력서와 많은 관계가 있다.

따라서 이제 우리는 본격적인 질문을 제기하게 되는 것이다. 우리의 음식이력서에 자신만의 건강한 내용을 기재하기 위해서, 그리고 우리 음식이력서 가운데 불리한 점으로 입증된 부분들을 수정하기 위해서 우리는 무엇을 할 수 있을까?

출발점은 우리의 음식이력서에 무언가가 기재되도록 해 주는 다양한 후성유전적 메커니즘일 수 있다. 후성유전자는 유전자와는 달리 현재의 주변 여건에 역동적으로 반응하며, 다양한 유전자의 해독을 억제하거나 촉진함으로써 기후나 자양분과 같은 주변 여건에 신진대사가 적응하도록 한다. 단지 그렇게 함으로써 우리는 일시적인 변화를 극복하고 살아남을 수 있다. 반면에, 좀 더 정적인 유전자는 생존과 복제에 관한 장기적인 관점을 확고하게 한다. 하지만 운명적으로 우리의 신진대사와 체중을 확정시키는 유전자들 또한 후성유전적인 반응을 일으킬 수 있고, 그렇게 해서 우리의 운명에 일련의 변화를 가져올 수 있다. 예를 들어 근육세포와 지방세포는 우리의 행동방식을 통해 '길러 낼' 수도 있는 것이다. 이제 다음에서는 우리의 음식이력서를 그처럼 재설정하는 몇몇 예들에 대해 살펴보고자 한다.

'설정'이 있다면,
'재설정'도 있는 법

　우리가 우리의 부모님에게서 물려받는 음식이력서와 유전자는 물론 몇몇 부분에서는 확고하게 결정되어 있다. 하지만 이처럼 확정된 것들에서 실제로 병이 나도록 기여하는 것은 정작 우리의 생활방식이다. 다른 것들과 마찬가지로 그 같은 경우, 문을 열고 닫는 열쇠는 우리 손에 쥐어져 있다. 이처럼 문을 열고 닫는 과정에서는 지식, 우리의 영양 섭취나 건강과 관련해 중요하거나 덜 중요한 것들에 관한 비판적인 논의, 그리고 특히 그 같은 인식의 전환이 우리에게 큰 도움이 된다. 물론 우리를 둘러싸고 있는 수많은 조언이나 권고들의 숲에서 올바른 길을 찾는다는 게 늘 그리 쉬운 것만은 아니다. 더구나 수많은 전문가들의 조언 뒤에는 유감스럽게도 저마다의 이해관계가 숨어 있는 경우도 드물지 않다.

　우리 앞에는 커다란 문제가 놓여 있다. 우리의 음식이력서에는 일종의 '재설정 버튼'이 설치되어 있을까? 우리는 어떻게 해서 우리의 음식이력서의 특수성을 인식할까? 그리고 이러한 특수성을 수정하고자 한다면, 우리는 어디에서 시작해야 할까? 물론 우리는 언제고 모종의 변화가 정말로 필요한 것인지, 그리고 누가 우리에게 그 같은 변화를 권하는 것인지, 먼저 우리 자신에게 물어봐야만 한다. 건강하지 못한 마른 몸매를 입에 침이 마르도록 읊어대는 의심스러운 아름다움의 이상은, 결코 의학적으로 검증된 원칙이 아니다. 하지만 의사가 전문가적인 입장에서 무언가를 바꾸도록 권고한다면, 우리는 좀 더 적극적으로 그 요구에 응해야만 한다.

젊을수록 특히 활동과 영양 섭취를 포함한 우리의 생활방식은 그만큼 더 강하게 우리의 음식이력서에 영향을 줄 수가 있다. 이러한 가능성은 나이가 들면서 점점 줄어든다. 좋지 않은 생활방식과 적절하지 못한 영양 섭취의 결과는 잘못된 일기예보 때문에 점점 더 오랫동안 작용하게 되고, 그로 인해 제거하기가 그만큼 더 어려운 피해를 남기게 된다. 이 같은 사실은 우리가 왜 어린 시절의 과체중에 특히나 더 주의를 기울여야 하는지를 설명해 준다. 하지만 그렇다고 해서 어린 시절이 지나고 나서는 규칙적인 운동을 시작하거나 영양 섭취 방식을 경우에 따라 다르게 짜보는 것이 너무 늦어 아무 소용이 없다고 말하려는 것은 아니다.

하필이면 왜 영양 섭취나 운동을 꼭 집어 말하는 것일까? 그것은 이 둘이 우리의 조상들에게 주어졌던 유일한 변수였기 때문이다. 우리 조상들은 온도, 굶주림의 시기, 맹수들로 인한 위험, 또는 임신과 같은 다른 모든 것들을 어떠한 형태로든 영향을 끼치지 못한 채 그저 어쩔 수 없는 것으로 받아들이고 감수해야만 했다. 그들에게는 안전하고 따뜻한 집도 없었고, 슈퍼마켓이나 피임약도 없었다.

21세기의 '호모 사피엔스'와 200만 년 전에 살았던 우리의 조상들 사이의 본질적인 차이점은 뇌나 허리둘레의 크기뿐만 아니라, 우리는 이제 먹을 것을 구하기 위해 더 이상은 이리저리 돌아다니거나 힘들게 싸울 필요가 없다는 사실이다. 거대한 동물을 사냥하는 데 성공했을 경우라면, 우리의 조상들에게도 당연히 배가 부르도록 마음껏 먹을 수 있는 날들이 있었을 것이다. 그럴 때면 에너지는 분명 필요량보다 더 많이 공급되었을 것이고, 한동안은 더 이상 사냥을 나가지 않아도 되었을 것이다. 주변에서 손쉽게 열매와 나뭇잎을 구할 수 있을 때면 편히 쉴 수도 있었을 것이고, 오늘날 '균형 잡힌 건강식'이라고 불릴 만한 음식을 확보하기도 했을 것이다. 하지만 이 같은 상황은 오늘날과는 달리 그리 오래 지속되지 않았다. 움직이지 않고서는 먹을 것을 구할 수가 없었고, 이는 영양 섭취와 운동이라는 두 가지 요인이 우리의 후성유전에 영향을 끼쳤을 것이라는 사실을 의미한다.

우리의 조상들에게 생존을 확보하게 해 주었던 '싸움 또는 도주 반응'은 우리의 신진대사에 자리 잡고 있지만, 우리는 이제 이를 더 이상은 본래의 의미로 이용하지 않을 뿐이다. 일에서 받는 스트레스나 과잉 자극으로 인해 이 같은 반응이 작동하게 되면, 이는 오늘날 많은 경우 비우거나 채우도록 하는 신진대사 메커니즘을 작동시키게 된다. 배고픔과 스트레스와 활동 사이에 존재하는 불가분의 결합관계는 우리가 너무 많은 스트레스를 받고 너무 적은 운동량을 나타낼 때 늘 불리한 요소로 작용한다. 생존을 보장해 주는 '싸움 또는 도주 원칙'에도 장차 예상되는 환경에 대비하기 위해 '1000일의 창' 동안 각각의 개체에게서 시작된 후성유전적인 궤도 수정이 일어난다. 하지만 이처럼 후성유전적으로 음식이력서에 기재되는 것들은 설사 그것들이 잘못된 일기예보에 기인한다는 이유로 인해 해가 된다 할지라도 무조건 비만증이나 질환으로 이어지는 것은 결코 아니다. 더 나아가 교육 정도, 수입, 사회적 환경, 전통, 음식에의 접근성 등 다른 많은 요인들은 음식이력서와 관련해 나름 의미 있는 역할을 수행한다.

음식이력서는 우리의 신진대사에 '(유전자) 표지'를 설정하는데, 이 표지가 얼마나 강력하게 수행되는지는 결국 우리의 생활방식에 달려 있다. 우리는 이 같은 음식이력서에 기재된 것들을 아주 초기의 것들까지 모두 포함해 우리에게 유리한 것으로 바꿀 수 있으며, 그렇게 해서 높은 위험 부담을 지닌 성장이라는 빨간불은 우리의 건강에 위험 부담이 적은 초록불로 변화될 수 있다. 내가 영향을 끼칠 수 있는 것은 증후이고, 이미 존재하는 신진대사 질환이나 심혈관계 질환의 결과들은, 즉 병이든 지방조직이다. 바로 이 지점에서 나는 아마도 역습을 시도해 후성유전의 허점을 공략할 수 있을 것이다. 그 같은 일이 언제 어떻게 가능한지는 잠시 후에 살펴보게 된다. 단지 한 가지 미리 말해 두자면, 그 같은 역습은 건강한 생활방식과 함께할 때 성공 가능성이 가장 높다는 사실이다.

어떻게 하면 나의 음식이력서에 영향을 끼칠 수 있을지 알고 싶다면, 먼저 다음의 두 가지 질문에 답해야만 한다.

어떤 종류의 영양 섭취를 통해 어떤 결과를 얻어낼 수 있는가?
운동은 어떤 효과가 있으며, 얼마만큼의 움직임이 필요한가?

건강한 영양 섭취란?

먼저, 우리의 먹을거리는 일찍이 오늘날처럼 건강했던 적이 없었다는 사실부터 짚고 넘어가자. 이 점에 있어서만큼은 예외적으로 거의 모든 영양학자들과 식품공학자들이 의견의 일치를 보이고 있다. 이는 우리의 먹을거리가 안전하며, 다시 말해 각종 질환을 직접적으로 야기할 수도 있는 오염(상한 음식, 독)으로부터 자유롭다는 사실을 의미한다. 100년 전이나 200년 전의 '자연의 인공적이지 않은' 음식은 늘 비난받고 있는 오늘날의 '농화학 음식'보다 훨씬 더 위험하고 비위생적이었다. '유기농'은 건강상의 이유 때문이 아니라 환경이라는 차원에서 반드시 필요한 것이다.

'유기농'은 오늘날 우리들에 의해서 선택된 분류로서, 우리의 음식이 건강한지 덜 건강한지를 결정짓는다. 대부분의 사람들은 어떤 것이 좋고 어떤 것이 나쁜지 잘 알고 있거나 적어도 어렴풋이 눈치채고 있다. 하지만 왜 좀 더 건강한 음식을 먹지 않느냐고 물으면, 사람들이 답하곤 하는 일련의 장애물이 있다. 이는 부족한 시간과 휴식(50%), 부족한 끈기와 나약한 의지(약 40%), 부족한 경제적 여유(22%), 부족한 요리지식(21%), 그리고 부족한 정보(19%) 등이다. TKK 보험회사가 실시한 설문조사에서 밝혀낸 이 같은 문제들은 우리의 조상들과는 분명 전혀 관계가 없는 것들이었다.

인류는 수백만 년 동안 발전해 왔다. 그리고 가장 건강한 사람들의 선택은 언제나 구해 먹을 수 있는 음식에 따라 이루어졌다. 그렇다면 '호모 에렉투스'가 출현해 계속해서 '호모 사피엔스'로 진화해 나갔던 250만 년 전의 건강한 음식은 어떤 것이었을까? 그들 음식의 특성은 여러분도 아마 익히 알고 있을 바로 '계절적인', '지역적인' 그리고 '유기적인' 것이었다. 뿐만이 아니다. 호모 에렉투스는 독일영양학회의 황금률 또한 고려했다. "가능한 한 많은 과일과 채소를 섭취한다. 고기와 지방은 날마다 먹지 않고, 단지 (사냥의 성과가 좋았던) 특별한 날에만 먹는다. 그리고 물고기는 다시 늘 먹는다."

다량의 육류를 확보하는 것은 위험하고도 아주 힘들었다. 반면에, 강가나 호숫가에 살고 있던 경우에는 상황에 따라 진흙 속에서 사는 민물 장어와 같은 물고기를 맨손으로 잡을 수도 있었다. 그리고 설치류나 숲 속에서 사는 다른 작은 동물들을 잡는 것은 영양이나 누(Gnu)를 잡는 것보다 훨씬 쉬웠다. 식이질 섬유소는 그들이 땅에서 캐내었던 뿌리에서 취했고, 운 좋은 날이면 날달걀도 구할 수 있었다. 그 같은 먹을 것을 구하기 위해서는 필수적인 격한 움직임이 더해졌고, 이로써 건강한 생활방식을 위한 모든 것은 충족되었다. 이 같은 상황은 앞에서 농담 삼아 이야기했던 것을 그대로 뒤집어놓은 것이다. 즉, 독일영양학회는 우리 인간들의 본연적이고 유전적인 특질로부터 그들이 추천하는 황금률을 이끌어 낸 것이다. 그렇다고 해서 일명 '구석기 다이어트'라고 불리는 팔레오 다이어트의 추종자들이 환호하기에는 아직은 너무 이르다. 이하에서는 이 같은 영양 섭취방식의 현대적인 변형에 관해 논의하게 될 것이기 때문이다.

확보 가능한 다양한 음식물의 범주는 아주 높은 질을 보장해 준다. 그리고 바로 이 같은 질은 인류의 발전을 촉진시켰다. 때로는 무화과 열매가 있었고, 때로는 먹을 게 아무것도 없었다. 때로는 사자 떼가 야생 지역을 휩쓸고 지나갔고, 때로는 먹을 고기가 넘쳐나기도 했다. 하지만 무엇보다도 늘 그렇게 먹을 것이 풍족했던 것은 아니었다. 우리의 조상들이 필요로 했던 모든 것들, 즉 에너지와 마이크로 영양소를 공급해 주었던 것은 바로 이 같은 다양한 먹을거리와 '팔레오-건강식'의 훌륭한 질이었다.

오늘날에는 이제 무엇이 건강하고 무엇이 건강하지 않은지가 무척이나 불확실하다. 이 같은 불안은 충분히 이해할 수 있는 일이다. 늦어도 1950년대 이후, 일련의 연구들과 그들이 주장하는 강력한 권고 사항이 미디어를 통해 일반 대중에게 널리 퍼져 나갔기 때문이다. 하지만 안타깝게도 그 과정에서 때로는 엉뚱한 결론들이 도출되기도 했다.

미국의 영양학자인 앤설 키즈(Ancel Keys)는 1960년대에 들어 이탈리아와 스페인 그리고 그리스의 이른바 '지중해식 식단(때로는 '크레타 다이어트'라고도 불린다.)'이 상당히 건강한 음식이라고 주장했다. 그는 그같은 주장의 근거로 비교 국가들인 핀란드, 네덜란드 그리고 미국에서의 심근경색 발병 빈도가 지중해 연안 국가들에 비해 상당히 높다는 사실을 제시했다. 키즈는 자신의 연구를 위해 그 당시 지중해 연안의 농민 집단을 대상으로 조사를 벌였는데, 그들의 식단은 전통적으로 주로 많은 양의 올리브유와 양 치즈, 그리고 약간의 육류(닭고기, 염소고기, 양고기)로 이루어져 있었다. 대부분 가난했던 농부들은 자신들이 생산한 육류의 대부분을 시장에 내다 팔아야 했기 때문이다. 그리고 그 같은 상황으로 인해 지중해식 식단이라는 개념이 발생하게 되었다. 그들은 에너지의 45%가량을 지방을 통해 보충했는데, 그중 단 12%가량이 포화(동물성)지방이었을 뿐 나머지는 대부분 올리브유를 통해 섭취했다. 그 밖에도 그들은 많은 양의 채소와 육류, 생선, 면, 빵 그리고 우유와 유제품을 먹었다. 그리고 그렇게 해서 올리브유는 식품계의 새로운 스타로 떠올랐다.

전통적인 지중해식 요리가 일반적으로 건강한 음식이라는 데에는 이론의 여지가 없다. 지중해식 요리는 충분한 양의 과일과 채소 그리고 탄수화물뿐만 아니라 지방과 육류 또한 포함하고 있고, 그로 인해 오늘날 '건강식'이라고 불리는 개념하고도 딱 맞아떨어진다.

시간이 흐르고, 당시 키즈가 주장했던 결론은 어느덧 진부한 것으로 인정받게 되었다. 그의 주장에 따르면 심근경색의 원인을 제공한 서구식 음식의 주범은 포화지방, 즉 동물성 지방이었다. 엄밀하게 말하면 이는 원래 결론이 아니라 그가 단지 입증하고자 했던 그의 가설이었다. 하지만 그 후 수행된 대형 메타분석 결과, 포화지방의 섭취와 뇌졸중이나 심근경색에 걸릴 위험도 사이에는 아무런 관계도 없다는 사실이 밝혀졌다. 참고로, 메타분석이란 동일하거나 유사한 주제로 연구된 많은 연구물들의 결과를 객관적이고 계량적으로 종합하여 고찰하는 연구 방법을 말한다. 물론 식물성 지방이 경화될 때, 다시 말해 불포화지방산에서 생겨나는 '트랜스지방'이 우리에게 해를 끼칠 수 있는 주범이라는 사실은 점점 더 확실해지고 있다. 전통적인 지중해식 요리에는 이 같은 트랜스지방은 거의 존재하지 않는다. 그에 반해 감자튀김과 칩스 등 각종 튀김 요리, 그리고 트랜스지방을 가미해 지속적으로 바삭거리게 만든 가공식품들이 넘쳐나는 이른바 서구식 영양 섭취 방식에서는 상황이 다르다. 하지만 서유럽에서도 이제는 많은 이들이 트랜스지방이 든 음식을 가능한 한 멀리하려고 노력하고 있다.

이번에는 지방은 적고 그 대신 생선과 탄수화물이 주를 차지하며, 경우에 따라서는 아주 짜기까지 한 일본식 요리를 살펴보자. 일본인들이 지구상에서 평균수명이 가장 높다는 사실은 잘 알려져 있다. 그래서 우리들 가운데 일부는 그 원인이 그들이 먹는 음식에 있을 거라고 생각하고는, 영양전문가들의 조언에 따라 식단을 일본식 요리로 바꿔 봐야겠다고 마음먹을 수도 있을 것이다. 하지만 그 같은 결심은 내가 이제까지 경험한 바로는 그리 오래 지속되지 못한다. 그 이유는, 그 같은 식단을 꾸리기에 필요한 음식들을 마련하는 게 쉽지 않을 뿐더러, 전통적인 일본 요리의 맛이 서양인들이 적응하기에는 그다지 적합하지 않기 때문이기도 하다. 무엇보다도 일본사람들 또한 당연히 지중해 연안이나 서유럽 사람들과 마찬가지로 음식의 조달 가능성과 어머니가 가졌던 독특한 영양 섭취 방식에 의해 작성된 자신만의 음식이력서를 저마다 갖고 있다. 서유럽적인 특성에 일본이나 크레타에서 온 요리를 덜렁 얹어놓는 것만으로는 별다른 효과를 보지 못할 것이다. 다양한 민족들의 고유한 영양 섭취

방식을 무작정 다른 민족에게로 건네주는 것은 설사 그 방식이 건강한 것이라 할지라도 결코 권할 만한 일이 아니다. '1000일의 창'에서 비롯된 유전적 기본 값과 전통적인 음식들이 전혀 다르기 때문이다.

그 밖에도 이른바 건강한 '식단 교체'에 반대하는 또 다른 관점이 점점 더 힘을 얻고 있다. 그 가운데 한 가지 예를 들자면 '미소생물상 (Microbiota)'이라고도 불리는 우리의 '장내 세균'이다. 장내 세균은 사람마다 다 다를 뿐만 아니라 인종 간에도 전적으로 차이가 난다. 장내 세균과 장내 세균이 섭취한 음식을 처리하는 방식을 결정하는 것은 바로 저마다의 전통적인 음식 섭취 패턴이기 때문이다. 새로이 밝혀진 연구 결과에 따르면 장내 세균은 우리가 섭취한 음식의 신진대사 과정 및 체중에 아주 중요한 영향을 끼친다. 그리고 이와 반대로 우리가 섭취한 다량의 당과 지방과 단백질 및 식이질 섬유소는 수렵 부족과 채집 부족, 그리고 미국인과 이탈리아인의 비교 연구에서 밝혀냈듯이 저마다 독특한 장내 세균을 만들어 낸다. 지역마다 고유한 어떤 양분들을 합성하느냐에 따라 장내 세균은 우리의 신진대사와 '배고픔—배부름 시스템'을 작동시키는 물질을 생성하며, 이는 우리의 건강과 체중에 직접적인 영향을 끼칠 수 있다. 식물성 영양의 섭취 또한 장내 세균에 영향을 끼칠 수 있다. 식물성 양분에 포함된 플라보노이드 같은 생리활성 물질은 아시아인의 경우 유럽인과는 전혀 다르게 대사화되고, 심지어 유럽인 내에서도 서로 차이를 나타낸다.

장내 세균과 제공되는 음식(단, 이 음식이 장내 세균의 집이나 마찬가지인 대장까지 다다른다는 전제하에서), 그리고 신진대사 사이의 상호작용에 관해서 아직은 알려진 게 거의 없다는 사실을 인정해야만 한다. 하지만 최소한 동물실험에서는 영양 부족 상태인 동물의 배설물을 영양 상태가 정상인 동물의 장에 이식하면, 정상인 동물이 결핍증후를 보이게 된다는 사실은 밝혀졌다. 이와는 반대로 과체중인 동물의 배설물을 정상적으로 영양을 섭취한 동물에게 이식하면, 정상인 동물이 과체중을 보이게 된다. 인간의 배설물을 가지고 진행된 첫 번째 실험은 동물실험과 거의 유사한 결과를 보여 준다. 물론 더 나아가 항생물질이 장내 세균의 합성에 끼치는 영향 또한 고려되어야 한다. 음식은 어떻게 활용되고, 음식의 성분은 어떻게 저장될까?

이처럼 장내 세균 또한 다른 이들의 영양 섭취 방식을 받아들임으로써 우리도 일본인이나 이탈리아인처럼 건강해질 수 있을 거라는 단순한 생각을 회의적으로 바라보게 하는 중요한 요인 가운데 하나이다. 설사 그 같은 생각이 타당하다 할지라도, 그 같은 효과가 나타나기까지는 하와이로 이주한 일본인들의 사례 연구에서 밝혀졌듯이 적어도 몇 세대에 걸친 적응 과정이 필요할 것이다. 참고로 이 사례 연구에서는 3세대나 4세대가 지나서야 비로소 이주민들은 그곳에서 이미 오래전부터 살아왔던 미국인들과 비견될 만한 질병 패턴을 나타냈다.

우리에게 제공되는 음식과 우리의 전통에 상응하는 건강한 음식 섭취란 문제로 이제 다시 돌아가 보자. 건강한 음식 섭취란 어떻게 정의할 수 있을까? 건강한 음식 섭취란 지속적으로 우리를 건강한 상태로 유지시켜 주는 것이 아니다. 아주 건강한 사람 또한 감염이나 만성질환으로부터 자유롭지는 않기 때문이다. 그렇다고 해서 우리를 좀 더 건강하게 해 주는 것도 아니다. 건강한 것보다 더 건강한 상태는 존재하지 않기 때문이다. 그렇다면 결국, 건강한 영양 섭취란 '우리를 병에 걸리게 하지 않는 영양 섭취'를 의미한다. 그리고 이 같은 상태는 우리가 이미 어떤 병을 앓고 있는지, 우리가 유전적으로 이미 특정한 성향을 띠고 있는지, 그리고 우리 몸이 특정한 음식을 제대로 받아들이지 못하는지 따위와는 전혀 관계가 없다. 아울러, 병에 걸리게 만들거나 병에 걸릴 위험을 증가시키는 음식 섭취는 결코 건강한 것일 수 없다.

이 같은 인식으로부터 우리는 두 가지 결론을 이끌어낼 수 있다.

1. 내가 섭취하는 음식에는 락토오스, 글루텐, 당, 동물성 산물처럼 나를 병들게 하는 성분들이 들어 있다. 그러므로 나는 그 같은 것들을 끊어버려야 한다. 그러면 나의 상태는 좋아질 것이다.
2. 내가 섭취하는 음식에는 필요한 성분들이 결핍되어 있다. 그래서 나는 병에 걸릴 수 있다. 그러므로 내가 섭취하는 음식에 필요한 성분이 가능한 한 모두 들어 있는지 신경 써야 한다.

끊어야 건강하다?

전통적인 의미에서의 다이어트는 특정 영양소를 버리거나 보충함으로써 특정 질환에 대해 긍정적인 효과를 얻으려는 영양 섭취 방식이다. 선천적인 신진대사장애의 경우에는 이 같은 다이어트가 나름 의미가 있고, 심지어는 생존을 보장해 주는 아주 중요한 조처이기도 하다. 하지만 다른 많은 신체기관과 관련해서는 상황이 전혀 달라 보이기도 한다. 1970년대까지만 해도 예를 들어, 당뇨병 환자를 위한 치료법으로서 시도된 간 다이어트, 신장 다이어트, 위 다이어트, 또는 신진대사 다이어트 등 특별한 다이어트들이 다수 존재했다. 이러한 다이어트들의 경우에는 병이 난 기관의 부담을 덜어주기 위해 주로 단백질과 지방과 탄수화물의 비중이 조절되었다. 하지만 시간이 지나며 이 같은 방식이 무조건 옳은 것은 아니라는 사실을 깨닫게 되었고, 그 결과 과학적으로 의미 있는 것으로 인정받는 다이어트들의 숫자는 점점 더 줄어들었다.

하지만 수년 전부터 영양 섭취와 관련해 그 동안 비난받던 예전의 다이어트들을 새로운 모습으로 치장해 사람들에게 적극 추천하는 경향들이 유행하고 있다. 건강한 음식 섭취는 그 어느 때보다도 많은 관심을 끌고 있고, 건강하게 장수할 수 있는 비결로서 주목받고 있다. 건강한 영양 섭취는 이제 더는 개개인의 사적인 영역이거나 취향과 관계된 문제가 아니다. 이는 오히려 사회의 전반적인 흐름이자 요구로 자리 잡아가고 있다. 물론 이 같은 상황 뒤에는 그 같은 요구에 상응하는 제품을 생산해서 공급하고, 그렇게 해서 건강한 영양 섭취에 관해 사회적으로 각인된 소비자들의 구미에 영합하려는 거대 산업이 숨어 있다.

우리가 매스미디어에 의해 주도되는 대중사회에서 살게 된 이후로, 어느 정도 건강한 것으로 치부되는 제품들은 늘 있어 왔다. 1960년대에 화제를 모았던 "우유는 지친 사람들에게 활기를 준다."는 슬로건은 그 좋은 예일 것이다. 이 같은 주장은 오늘날 아주 신속하게 사회 전체로 퍼져 나가고, 사람들은 그러한 주장이 우리의 건강에 끼치는 실제적인 효과에 대해서는 더 이상 옳고 그름을 따지려 하지 않는다. 그래서 사회적인 통념이나 광고는 더더욱 기승을 부린다.

"건강하게 영양을 섭취한다면, 나는 건강하다고 느낄 것이다. 만약 건강하지 않다고 느낀다면, 그렇다면 내가 섭취하는 영양의 특성에 분명 그 원인이 있을 것이다. 그 안에는 내게 맞지 않는 무언가가 분명 들어 있는 것이다."

락토오스

1만 2,000년 전 농경이 시작되면서 밀뿐만 아니라 우유 또한 인간들의 식단에 새로운 음식으로서 모습을 나타냈다. 보통의 경우에는 우유에 들어 있는 락토오스(유당)를 소화하는 능력은 유아기가 끝나갈 무렵 사라지게 된다. 락토오스의 소화를 담당하는 효소의 양이 대폭 감소되기 때문이다. 이 같은 변화에는 나름 대단히 중요한 의미가 담겨 있는데, 그래야지만 모유를 먹던 아기는 어쩔 수 없이 다른 음식을 섭취하게 되기 때문이다. 그럼에도 불구하고 계속해서 젖을 먹는다면, 아기는 복통과 구토증에 시달리게 된다. 그리하여 모유를 먹으려는 시도를 당연히 억누르게 된다. 이 같은 현상은 주로 우유에 해당되며, 함유된 락토오스 양이 많지 않아 훨씬 잘 소화되는 버터와 치즈, 요구르트 같은 유제품에는 거의 적용되지 않는다.

물론 많은 유럽 사람들은 락토오스를 소화시키는 효소가 차단되지 않는 변이 덕분에 어른이 되어서도 유당을 소화하는 능력을 갖고 있다. 소를 가축화하고 우유를 활용하게 되면서 락토오스를 소화하는 인종이 진화에서 선택되게 된다. 성인들이 처음으로 우유를 다량으로 마시게 된 시기에는 락토오스 변이를 가져 아무 문제없이 우유를 소화할 수 있던 사람의 비율이 고작 1~2%에 불과했다. 우유는 충분한 양의 칼슘뿐만 아니라 단백질 또한 공급해 주는 원천이다. 그로 인해 단백질 공급은 안정적으로 개선되고, 진화는 효소의 생산이 억제되지 않아 어른들 또한 유당을 소화할 수 있었던 개체들을 선호했다. 아주 오래전부터 규칙적으로 우유를 마셔왔던 스웨덴과 덴마크에서는 락토오스를 소화할 수 있는 성인의 비율이 90%에 이르며, 남부 유럽으로 내려갈수록 낮아져 프랑스와 스페인에서는 50% 정도까지 감소한다.

락토오스 내성 결핍 증상을 보이는 사람의 비율은 우유에 익숙하지 못한 집단일수록 그만큼 더 높아진다. 중국에서는 1인당 연평균 우유 소비량이 9L인데, 치즈와 버터는 거의 먹지 않는다. 그에 반해 독일의 경우는 52ℓ로 1주당 1ℓ 정도이며, 유럽에서도 최고를 기록한 아일랜드의 우유 소비량은 연평균 135ℓ에 달한다. 이 조사에 따르면 중국인과 일본인의 약 95%는 우유를 거의 소화하지 못한다. 이 같은 사실은 결국 그곳에서는 대부분의 아시아 국가나 아메리카 원주민 및 모든 수렵 채집 부족들의 경우와 마찬가지로 유럽 국가들과는 달리 소를 중심으로 한 목축업이 거의 발달되지 못했다는 상황과 밀접한 관계가 있다.

우유 덕분에 지친 사람들이 활기를 얻을 뿐만 아니라 어린아이들의 성장과 튼튼한 뼈 그리고 건강한 면역체계의 형성에 있어서도 없어서는 안 될 것처럼 선전하는 독일에서의 우유 광고를 보노라면, 일본과 중국인들의 건강한 장수는 우유 대신에 무엇으로 설명되는가 하는 의문을 절로 갖게 된다. 우유를 마시지 않는 그들이지만, 그들에게는 특별히 결핍된 것이 보이지 않기 때문이다.

유럽인들의 우유 소화 적응은 비교적 짧은 시간 동안에 이루어졌다. 짙은 색 착색이 감소된 후 나타난 피부에서의 비타민 D 합성의 증진과 더불어 안정된 골격 구조를 형성하는 데 있어 중요한 충분한 칼슘 공급이 확보되었는데, 이는 사춘기가 끝날 무렵까지는 특히 중요하다. 그 무렵까지 골밀도는 최고치를 기록하기 때문이다. 칼슘 외에도 우유에는 사육 여건에 따라 결코 적지 않은 양의 비타민 B_2와 B_{12}가 들어 있다. 따라서 $0.5\,\ell$의 우유를 마시는 경우, 오늘날 제시되는 두 가지 비타민의 1일 권장 섭취량의 75%가량을 확보할 수 있다. 이 두 비타민은 물론 40g의 간에도 들어 있으며, 칼슘과 비타민 B_2와 B_{12}는 대부분의 락토오스 내성 결핍 증상을 보이는 사람들조차 특별한 문제없이 소화할 수 있는 치즈에도 함유되어 있다.

건강한 영양 섭취와 관련해 우유가 차지하는 실제적인 가치에 대해서는 물론 논란의 여지가 있다. 우유를 소화하지 못하는 사람은 당연히 우유를 포기해야 한다. 하지만 그로 인한 불이익은 거의 없다.

독일에서는 주민의 80% 이상이 별 어려움 없이 우유를 소화한다. 단지 18%만이 락토오스 내성 결핍 증상을 보인다. 물론 락토오스가 들어 있지 않은 식품이 자신들을 불편함으로부터 지켜준다고 믿는 사람들의 숫자는 이보다도 훨씬 높다. 이 같은 사실에 산업계는 환호하는데, 그 까닭은 락토오스가 함유되어 있지 않은 제품이 천연제품보다 훨씬 더 큰 이득을 안겨 주기 때문이다.

함부르크 소비자보호협회가 락토오스가 들어 있는 식품과 그렇지 않은 식품을 비교한 결과, 가격 차이는 140%에까지 달했다. 이 같은 상황은 대부분의 경우 기껏해야 아주 미량의 락토오스만을 함유하고 있는 소시지류 및 버터와 치즈에도 마찬가지로 적용되는데, 이들의 경우에는 심지어 더 높은 가격 차이가 나는 걸로 나타났다. 락토오스 내성 결핍을 나타내는 18%의 사람들의 경우도 세부적인 상황은 저마다 다 다르다. 어떤 이들은 저지방 우유나 버터와 치즈 정도는 전혀 문제없이 소화한다. 그에 반해 어떤 이들은 심지어 우유팩을 쳐다보기만 해도 배 속에 가스가 끓어오른다. 어쨌든 자신의 식단을 락토오스가 들어 있지 않은 값비싼 음식으로만 가득 채우기 전, 어떤 음식을 소화하지 못하고 어떤 음식을 적절히 소화할 수 있는지 적어도 한 번쯤은 시도해 볼 필요가 있을 것이다.

우리는 소화 과정과 그 과정에서 진행되는 영양과 장내 세균 사이의 상호작용에 대해 점점 더 많은 것들을 알아내기 시작했다. 그리고 이 같은 사실은 많은 영양 섭취의 옹호자들에게 있어서 우리를 병들게 만드는 것처럼 보이는 새로운 범인을 밝혀내게끔 만드는 특별한 자극 가운데 하나이다. 그 같은 주요인으로 가장 자주 등장하는 대상은 이른바 '밀'이라는 악마의 옷을 차려 입은 글루텐으로서, 이는 우리의 삶을 힘들게 만드는 주범이다.

글루텐

글루텐이 없는 영양 섭취를 하겠다는 목표 뒤에는 일시적인 불편함,

소화 장애, 변비, 피로 등이 모두 원래 우리에게 맞지 않는 음식인 밀의 섭취와 관계가 있다는 (광고에 의해 세뇌된) 생각이 숨어 있다.

밀은 약 1만 년 전, 비로소 우리 인간의 식단에 오르게 되었다. 그리고 지금에 이르기까지 밀이야말로 모든 악의 근원이며, 모든 문명병은 밀에 그 원인이 있다는 주장들이 홍수처럼 밀어닥쳤었다. 하지만 그 같은 주장들로부터 우리는 아무런 도움도 이끌어낼 수 없다. 우리는 다양한 형태로 밀을 마주하게 되고, 언제까지고 무작정 피해갈 수만은 없다. 그러므로 문제가 된다고 여겨지는 밀의 유해 성분, 즉 '글루텐'이라는 이름의 단백질을 제거하려는 시도가 행해진다.

글루텐 알레르기를 갖고 있거나 극히 적은 양의 글루텐에도 무시하기 어려울 정도의 장애 증상을 드러내는 사람들이 소수나마 정말로 있다. 이 같은 알레르기로 인해 생겨날 수 있는, 치료가 쉽지 않은 질환을 일컬어 사람들은 '셀리악병(Celiac disease)'이라고 부른다. 소장에서 발생하는 유전성 알레르기 질환인 이 병은 장의 면역 시스템이 글루텐에 대해 작동하는 데 그 원인이 있으며, 이로 인해 장내 점막에는 만성적인 염증이 나타나게 된다. 특수 항체, 조직검사를 통해 확인할 수 있는 점막의 전형적인 변화, 그리고 글루텐을 함유한 음식물을 섭취한 뒤 나타나는 전형적인 증상 등 셀리악병에는 아주 분명한 징후가 나타난다. 이 같은 격심한 염증을 피할 수 있는 유일한 방법은 결국 밀을 위시해 보리와 호밀 및 다른 곡류에서 나오는 글루텐과 그와 유사한 단백질을 피하는 것이다. 독일에서는 전체 인구의 약 0.3% 정도가 셀리악병으로 인해 고통받고 있다. 그에 반해 그 사이 약 25%가량의 독일인들이 글루텐이 들어 있지 않은 영양 섭취를 위해 애쓰고 있는데, 그 수는 점점 늘어가고 있다. 광고가 바로 이 같은 일을 가능하게 해 준다.

이와는 전혀 다른 문제로 '밀 알레르기'가 있는데, 이는 대부분 일상적인 꽃가루 알레르기와 같은 증상을 보여 준다. 증상은 주로 입과 코 등 호흡기에서 나타나며, 때로는 눈에서도 나타난다. 밀 알레르기는 피부에 습진을 일으킬 수 있고, 심한 경우 이른바 '소맥분 천식(Baker's Asthma)'이라 불리는 질환을 야기할 수도 있다. 부분적으로는 경련, 구토, 가스, 메스꺼움 등과 같은 장 질환이 관찰되기도 한다. 장 질환의 증상들은 셀리악병과 구분하기가 쉽지 않으며, 따라서 정밀검사를 통해서만 정확한 진단을 내릴 수 있다.

이 같은 상황은 이른바 '밀 과민성'의 경우에도 마찬가지다. 밀 과민성의 원인은 아직 완전하게 밝혀지지 않았으며, 밀에 들어 있는 특정한 단백질의 유무 여부에 따라 과민성 반응이 나타나는 걸로 파악되고 있다. 이 단백질은 식물이 기생물을 굶어죽게 하기 위해 만들어 내는데, 기생물이 이 단백질을 섭취하는 경우 소화기능이 억제된다. 밀 과민성의 증상도 역시 셀리악병의 증상과 유사하다.

하지만 중요한 차이점은, 대부분의 밀 알레르기 환자나 모든 밀 과민성 환자들에게는 글루텐이 함유되어 있지 않은 음식 섭취가 전혀 도움이 되지 않는다는 사실이다. 그렇다면 피고석에는 이제 엉뚱한 이가 앉아 있는 것이다.

마치 의학적으로 필수적인 사항이라도 되는 듯, 점점 더 많은 사람들이 글루텐이 들어 있지 않은 식사를 찾고 있다. 왜일까? 답은 인터넷에도 이미 올라와 있다.

가벼운 집중력 약화에서부터 일시적이거나 지속적인 사고력 쇠퇴에 이르기까지, 알츠하이머가 아닌데도 직장에서 종종 머리가 멍한 것처럼 느껴지는 증상은 아침에 먹은 빵이나 저녁에 먹은 피자 때문일 수 있다. 그리고 그 원인은 글루텐에 의해 야기된 뇌 호르몬의 혼란에 있다.

가끔씩 직장에서 가벼운 피로감이 엄습하는 경험을 했거나 집중력 저하로 힘들어하던 사람은 이 글을 읽자마자 곧바로 깨닫게 된다.

"맞아! 글루텐 없는 음식을 먹는 게 해결책이야!"

게다가 함께 제공된 (오늘 아침의 전형적인 숙취 현상은 어제 저녁 마셨던 포도주 때문이 아니라 글루텐 때문이며) 글루텐이 그처럼 끔찍한 작용을 일으킨다는 설명은 아주 당연한 말인 것처럼 여겨진다. 그에 따르면 글루텐은 아편과 비슷한 화합물처럼 작용하고, 파스타를 먹고 나면 아무 이유 없이 기분이 좋아진다는 것이다. 실제로 세포 배양에서는, 밀 단백질인 '글리아딘'이 장뿐만 아니라 뇌에서도 아편 유사제인 오피오이드 수용체를 활성화시키는 가운데 아편과 비슷한 효과를 낼 수 있다는 사실이 밝혀졌다.

인간의 장에서 글리아딘은 다양한 엑소르핀(몰핀과 비슷한 효과를 지닌 물질)으로 분해될 수 있다. 물론 동일한 효과가 우유, 쌀, 육류 그리고 심지어는 시금치에서 나오는 단백질의 경우에서도 발견된다. 따라서 인터넷에서 얻은 정보를 신봉하여 글루텐을 배척하려는 사람은 쌀과 시금치 또한 포기해야만 할 것이다. 그가 얻은 정보에 따르면 시금치 또한 기분을 마약에 취한 듯 만들 것이 분명하기 때문이다. 그리고 그 같은 이론은 아마도 시금치만 먹으면 힘이 치솟는 뽀빠이 효과를 가장 독창적으로 설명해 주는 것일지도 모른다.

셀리악병에 걸린 사람이 아니라면, 그리고 글루텐이 함유되지 않은 영양 섭취를 통해 밀 알레르기 증상이 완화되는 경험을 해 본 사람이 아니라면 사실 글루텐을 피해야 할 이유는 전혀 없다. 결국 일반인들한테는 글루텐을 피하는 식단은 그저 돈 낭비일 뿐이고, 친구나 친지들과 함께하는 식사시간이라는 가장 중요한 사회활동 가운데 하나를 힘들게 만들며, 심지어는 위험요소를 숨기고 있기까지 하다. (맺음말 참조)

얼마만큼의 소금이 허용되는가?

이는 늘 되풀이되는 문제다. 어떤 사람은 원하는 만큼 소금을 먹는다. 그런데도 저혈압으로 늘 힘들어한다. 그런가 하면 다른 누군가는 소금이라면 기겁을 하는데도 혈압은 자꾸만 치솟는다. 왜 그런 걸까? 전문가라면 누구나 소금 섭취량을 줄이라고 조언한다. 그리고 그 이유를 들어보면 대체로 수긍할 만하다.

"너무 많은 양의 염분 섭취는 고혈압의 원인입니다."

하지만 정형화된 이 같은 주장은 정말로 사실일까? 실제로 벌써 수년 전부터 많은 사람들은 혈압이 오르는 등 염분에 민감하게 반응한다는 사실이 입증되었다. 그런 사람들은 그래서 '염분 민감성'이라고 분류되며, 하루에 5~6g 이상의 염분을 섭취해서는 안 된다. 하지만 이처럼 염분 민감성인 사람들이 얼마나 되는지는 단정해서 말하기가 쉽지 않다. 독일에서는 평균 잡아 전체 주민의 10% 정도가 염분에 민감한 걸로 알려져 있다. 염분 민감성은 전형적으로 노년층과 인슐린 저항성을 지닌 과체중 집단에서 주로 나타난다. 이런 사람들은 소금기가 적당히 조절된 음식 섭취를 통해 높아진 혈압을 정상 수치로 내릴 수 있다. 그에 반해 고혈압 증상이 전혀 나타나지 않는 경우에도 염분 저항성을 지닌 사람들에게까지 염분 섭취를 줄이라고 원칙적으로 권하는 것이 의미 있는 것인가 하는 문제는 여전히 남아 있다.

염분 감소에서 문제시되는 것은 우리들이 식탁에서 조리된 음식에 추가로 넣는 소금이 아니다. 그렇게 해서는 우리가 섭취하는 염분을 거의 감소시킬 수 없다. 우리가 섭취하는 대부분의 염분은 이미 만들어져 팔리는 식품류에 들어 있다. 우리는 특정 식품에 들어 있는 염분 함량을 알지 못하는 경우가 대부분이다. 아울러 그들 식품 안에 들어 있는 요오드 함량에 대해서도 거의 알지 못한다. 요오드가 거의 존재하지 않는 토양으로 인해 요오드 공급에 어려움을 겪고 있는 가운데, 조리용 소금을 통해 요오드를 섭취하고 있는 독일 같은 나라에서는 염분 섭취를 최소화하라는 요구가 기존의 요오드 결핍 문제를 더욱 심각하게 만들 수 있다. 이 같은 상황은 특히 어린이와 임신부에게 해당된다.

가능한 한 소금을 적게 섭취하라는 일반적인 권고 사항은 또 하나의 불확실성의 징후일 수 있다. 전체 인구 가운데 염분 민감성과 염분 저항성을 가진 사람들의 비율이 각각 얼마나 되는지는 사실 아무도 알지 못한다. 이는 단순하게 측정할 수 있는 사항이 아니기 때문이다. 그리고 원래 염분 저항성을 갖고 있던 사람이 염분 민감성을 지닌 사람으로 바뀔 수 있는 것은 아닌가 하는 문제에 대해서 정확히 답변할 수 있는 사람도 아직 없다. 미국 영양학회는 단지 고혈압 전 단계(최저혈압 80~89mmHg, 최고혈압 120~139mmHg) 내지 고혈압(최저혈압 90mmHg 이상, 최고혈압 140mmHg 이상)인 사람들에게만 1일 염분 섭취량을 5g으로 제한할 것을 권고하고 있다. 그리고 전반적인 통계 자료에 따르면 이 범주에 속하는 사람들은 전체 인구의 10~15%에 달하는 것으로 나타난다.

이러한 권고는 얼마 전 전 세계적으로 시행된 조사 결과와 부합되는데, 이 조사에서는 단지 이미 고혈압 증상을 보이고 있거나 그런 사람들 가운데 나이가 55세 이상인 사람이 하루 12g 이상의 소금을 섭취하는 경우에만 혈압 상승효과가 관찰된다고 보고하고 있다. 젊은이들 내지 정상 혈압인 젊은 사람들의 경우에는 하루 12g까지의 소금 섭취는 혈압과 심근경색 위험도에 아무런 영향도 끼치지 않는다는 것이다. 이 같은 조사 결과는 염분에 민감한 사람과 염분에 저항성을 지닌 사람들이 존재한다는 사실을 입증해 준다. 염분 저항성을 지닌 사람들한테는 소금 섭취를 현저히 줄이는 게 아무런 도움도 되지 못한다. 조사 결과에 따르면 하루 5g 이하의 염분 섭취는 오히려 건강에 해롭기까지 하다. 참고로 독일 농식품부는 독일의 경우 하루 평균 염분 섭취량이 남자의 경우 9g이며, 여자는 6.5g이라고 밝히고 있다.

염분 섭취의 감소는 상황에 따라 음식 섭취 방식의 급격한 변화를 의미한다. 가능한 한 적은 양의 염분을 섭취하라는 원칙이 적용되는 경우라면, 그와 동시에 바다 생선이나 해조류 등의 섭취를 통해 필요한 요오드 공급량을 확보해야만 한다.

소금을 적게 먹으면 요오드도 적게 먹는다

독일 국민영양조사에 따르면 독일에서는 하루 평균 요오드 섭취량이 권고치를 훨씬 밑도는 것으로 나타났다. 연령층에 관계없이 대부분의 사람들은 요오드 권고치의 40%가량만을 섭취하고 있는데, 이는 분명 너무 적은 양이다. 식염의 요오드를 개입시켜 볼 때, 남성들 대부분은 비로소 권고치나 그 이상의 영역을 차지한다. 반면, 특히 젊은 여성들의 경우 요오드 섭취량은 일반적으로 여전히 권고치 수준에 미달한다. 이에 대한 원인 설명은 비교적 간단하다. 남성들은 여성들보다 상대적으로 더 많은 육류와 소시지를 소비하는데, 이 같은 식품들은 요오드가 첨가된 식염을 제공해 주는 가장 중요한 전달자이기 때문이다. 유럽 전체를 대상으로 실시된 조사에서는, 본래 충분한 양의 요오드가 존재하는 유럽 국가들에서조차 특히나 젊은 여성들과 임신부의 경우 요오드 공급이 심각한 상황이라는 결과가 밝혀졌다. 임신 기간 동안의 요오드 공급 부족이 불러올 결과들에 대해서는 좀 더 뒤에 다루기로 하겠다. 네덜란드에서 조사된 연구 결과는, 기존에는 충분한 양의 염분을 섭취하고 있던 사람들이 염분 섭취를 50% 정도 감소시키면 그들 중 10%가량에서 충분하지 못한 요오드 공급이라는 결과가 나타날 것이라고 밝히고 있다.

'1000일의 창' 기간 동안 충분한 양의 요오드 섭취가 아이의 발육에 끼치는 긍정적인 영향은 더 이상 논란의 여지가 없는 사실이다. 따라서 젊은 여성들은 조리용 소금을 적게 섭취하는 경우, 어떻게 해서 필요한 요오드 공급량을 확보할 것인가 하는 문제에 좀 더 관심을 가져야만 한다. 요오드를 식품보충제와 함께 섭취할 것을 추천하는 세계보건기구(WHO)의 권고는 극히 낮은 비율의 여성들만이 이행하고 있다. 그중에서도 수유기 여성의 비율은 더더욱 낮게 기록되고 있는데, 그 결과 신생아의 요오드 공급은 심각한 사회문제로 대두되고 있다.

특수 소금의 허와 실

온갖 화려한 이름 아래 엄청나게 비싼 값에 거래되는 세련되고 특별한 소금들이 현재 대단한 인기를 끌고 있다. 일반인들로서는 좀처럼 이해하기 쉽지 않은 일이지만, 많은 사람들에게는 인위적으로 가공되지 않았다는 이유만으로도 천연소금이 질적으로 훨씬 높은 가치를 지니고 있다는 사실이 구매력을 확실히 올려 주고 있다. 그에 따라 하얀색의 정제된 소금은 사실상 사라진 것이나 진배없을 정도다. 사람들이 그런 소금에는 천일염에 함유되어 있다는 80여 가지의 무기질이 더 이상 들어 있지 않다고 생각하기 때문이다. 심지어 천일염이 건강한 소금인 반면, 조리용 소금은 건강에 해롭다는 견해가 널리 퍼져 있기까지 하다.

또한 '원시소금'이나 '결정소금'이라는 이름으로 거래되는 제품들은 오늘날의 오염된 바다로부터 자유로우며, 가공되지 않은 채 광부들에 의해 채굴되어 인위적인 첨가물이 없고, 대신 아주 중요한 무기질과 미량원소를 많이 포함하고 있다고 말하기도 한다. 그리하여 이 같은 특수 소금들은 첨가물이 없고 오염되지 않았으며, 가공되는 대신 천연 그대로여야 한다는 오늘날의 소비자들이 바라는 모든 요구 사항을 충족시키고 있는 것처럼 보인다. 하지만 유감스럽게도 그런 소금들은 요오드나 다른 중요한 성분들을 거의 함유하고 있지 않다. 어떤 경우든 간에 이 모두는 특히나 자신들의 영양 섭취에 관해 남다른 관심을 갖고 있는 소비자들을 유혹하는 하나의 탁월한 비즈니스 모델이다. 특별한 소금을 구매하는 사람들은 적어도 심적으로 훨씬 큰 만족감을 느낄 수 있을 것이기 때문이다. 하지만 문제는 그 같은 소금의 소비 행태로 인해 요오드 결핍이라는 위험 요소가 심각해질 수도 있다는 사실이다. 참고로, 요오드 결핍 여부는 소변 검사를 통해 확인할 수 있다.

이제 무엇을
어떻게 먹어야 하는가?

밀도 안 되고, 우유도 안 되고, 당과 지방도 안 되고, 콜레스테롤 함유 물질도 안 된다. 그렇다면 이제 무엇을 먹어야 할까? 영양 섭취에 있어서 대체 무엇을 기준 삼아야 하는 걸까? 지나온 3장에서 이미 주제로 다루었던 구성 성분들에 대해서 이제 다시 한 번 자세히 살펴보자.

매크로 영양소, 왜 그리고 얼마나?

건강한 영양 섭취라는 문제를 먼저 매크로 영양소라는 관점에서 접근해 보자. 매크로 영양소는 이미 설명했듯이 우리에게 에너지를 제공하고, 서로 간에 대체 가능하다. 즉, 우리의 이기적인 뇌는 탄수화물이나 지방 내지 단백질이 장기간에 걸쳐 지속적으로 공급될 때 비로소 만족한다. 중요한 점은, 그럴 경우 에너지 공급에 뒤이어 글루코오스나 케톤체 같은 신진대사 산물이 생성되어 뇌가 사용하게끔 제공된다는 사실이다.

이미 살펴보았듯이 우리의 뇌는 우리 몸의 다른 부분이 필요로 하는 에너지가 충분히 남아 있는지 아닌지 여부와 관계없이 자신이 필요로 하는 에너지를 충당하기 위해 모든 수단을 강구한다. 에너지 공급이 수요보다 부족할 경우, 뇌는 특정한 조직만을 골라 우리가 '악액질(Cachexia)'이라 부르는 상태가 될 때까지 분해하기 시작한다.

'종말증'이라고도 불리는 악액질은 암과 같은 악성질환이 진행되거나 심한 영양 부족에 시달리는 환자에게서 종종 나타나는데, 이 같은 증상에 시달리는 사람은 정신적으로는 최고조를 이루나 육체적으로는 극도로 쇠약해지고 고갈된 상태를 보여 준다. 이기적인 뇌는, 하지만 그 같은 상황에는 전혀 개의치 않은 채 자신이 목표로 삼은 물질이 존재하는 한 계속해서 이용할 뿐이다. 이 같은 사실은 병으로 인해 아주 많은 양의 에너지를 소모하는 많은 암 환자들이 왜 원래의 병인 암 때문이 아니라 극도의 쇠약증으로 인해 사망하는지 그 이유를 설명해 준다. 이 경우, 암세포들은 나름의 술책을 동원해 뇌와 에너지 자원을 놓고 격렬한 다툼을 벌인다. 하지만 체물질의 분해는 결코 보충되지 못한다.

그렇기 때문에 주로 성별과 나이와 활동에 따른 날마다의 수요에 상응하지 못하는 에너지 공급이 지속되면 이는 건강에 이롭지 못한 결과를 초래한다. 그렇게 되면 우리는 영양 부족에 걸리게 되고, 체중이 감소하며, 일반적으로 BMI 18.5 이하의 경계치 아래로 내려가게 되는 경우 병이 나게 된다. 지나온 인류 역사를 되돌아볼 때 우리 인간들은 거의 99.9%에 해당되는 시기 동안 이 같은 영양 부족 상황에 처해 있었다. 사람들은 이를 일컬어 '굶주림'이라고 부르는데, 오늘날 우리들 대부분은 다행히도 그 같은 경험을 할 필요가 없다.

에너지가 필요한 양보다 더 많이 공급되는 경우, 우리 몸은 잉여 에너지를 대부분 지방의 형태로 저장하기 시작한다. 이로 인해 과체중이나 비만증과 함께 당뇨나 다른 신진대사 질환과 같은 추가적인 병에 걸릴 위험이 높아진다. 이 같은 상황이 나타나면, 우리는 스스로 선택한 생활 방식이라는 맥락에서 그 같은 음식 섭취가 우리를 병들게 만들었다고 말할 수 있을 것이다. 우리의 음식 섭취 방식이 건강하지 못했던 것일 가능성이 있는 것이다.

또한 올바른 에너지 공급량은 개별적인 상황에 따라 저마다 다르다. 그래서 우리는 늘 비슷한 체격과 신장과 연령대, 그리고 비슷한 육체적 활동량을 가진 사람들이 살이 찌기 위해서는 전혀 다른 양의 에너지를 필요로 한다고 말할 수 있는 것이다. 많이 먹는 사람들은 단지 외견상 건강하지 못하게 음식을 섭취하는 것으로 보일 뿐이다.

우리가 먹은 영양소의 구성비와 관련해 전문가들은 다음과 같은 비율이 가장 적합하다고 입을 모아 권고한다.

탄수화물(주로 식이섬유소가 없는) 55%

지방(동물성보다는 식물성) 30%

단백질 15%

다음에서 좀 더 자세히 살펴보게 될 또 다른 권고는 이상적인 지방의 비율을 30% 이상으로 보고 있으며, 그 대신 탄수화물의 비율을 55% 이하로 낮출 것을 추천한다. 대규모 학회와 각각의 과학자들은 우리가 어느 정도의 탄수화물을 섭취해야 하는지를 놓고 서로 갑론을박을 벌인다. 그리고 영양 섭취와 관련된 다수의 전문가적인 조언들은 에너지 배분과 관련해 다양한 논거나 연구 결과를 인용하곤 한다. 하지만 현재까지도 특정 수치를 낮추거나 높이는 것이 어떤 이득을 가져오는지에 관해 믿고 사용할 수 있는 데이터는 사실상 존재하지 않는다. 그 같은 변화가 가져오는 결과를 해석하는 데 어려움이 있기 때문이다. 지방 공급을 높인다면, 전체 에너지의 총량을 100으로 유지하기 위해 대신 탄수화물이나 단백질의 공급을 그만큼 낮추어야 하기 때문이다.

지방이 살찌게 만드는 걸까?

지방의 공급량이 많은 사람은 살이 찌고, 미국에서의 지방제품의 증가는 뚱뚱한 사람 및 심근경색의 증가와 상관관계가 있으며, 하루 지방 소비량을 10%가량 줄이면 체중이 현저하게 감소한다는 사실은 오랫동안 논란의 여지가 없는 사실로 여겨져 왔다. 그 결과, 섭취하는 음식에서 지방이 차지하는 비율을 평균 잡아 25%로 낮출 것이 권고되었다. 그리고 그와 관련해 추천할 만한 사례로서 지방 비율이 실제로 30% 이하를 기록하는 일본인들의 경우가 언급되었다.

오늘날에는 지방이 맛의 매개체라는 사실이 잘 알려져 있다. 장기간에 걸쳐 지방의 비율을 25% 선으로 유지하려고 시도해 봤던 사람이라면 적어도 한 번쯤은 본연의 맛과 먹는 것의 즐거움을 무척이나 그리워했던 경험이 있을 것이다. 하지만 향료를 첨가해 맛도 좋은 저지방 제품의 폭발적인 증가 또한 과체중과 비만증의 지속적인 증가를 억제하는 데에는 기여하지 못했다. 심지어 칩이나 아이스크림처럼 전형적으로 지방이 풍부한 주전부리 식품에 지방의 섭취를 억제하는 물질을 첨가해 보기도 했지만, 이 또한 기껏해야 지용성 비타민의 결핍을 초래했을 뿐 체중 감소 효과를 불러일으키지는 못했다.

학계에서 진행된 오랜 논의 끝에, 비교 가능한 에너지 조건하에서라면 지방이 탄수화물보다 더 많이 과체중 발현에 기여하는 것은 아니라는 사실이 마침내 밝혀졌다. 이 같은 사실은 물론 대규모 집단을 대상으로 실시된 조사 결과로서, 개별적인 경우에는 음식이력서와 생활방식의 차이로 인해 다른 결과가 나타날 수도 있다.

활동적인 갈색지방조직

이른바 체지방과 비만 관련 유전자 FTO(Fat mass and Obersity-Related Gene)는 체중과 유전자 사이의 직접적인 연관성을 만들어 낸다. FTO 유전자의 강력한 활동성은 지방세포가 가급적 갈색 또는 베이지색지방세포로 발전하지 않게끔 만든다. 그래서 성인의 경우에도 갈색지방조직에서 일어나는 열 발생으로 인한 에너지 손실이 감소된다. 그리고 그 결과, 잉여에너지는 열로 방출되는 대신 상당량의 지방으로 저장되게 된다.

사람들이 약 60g 정도의 갈색지방조직을 갖고 있다는 사실을 전제로 할 때, (지방이 많든 적든) 각각의 영양분의 구성에 따라 수용된 에너지의 5~20%가량은 열의 형태로 발산된다. 그리고 이러한 방식을 통해 개개인의 에너지 균형은 영향을 받을 수 있다. 예를 들어 필요한 에너지를 100% 받아들여 그 가운데 20%를 열로 발산하는 사람은 체중이 감소될 것이다. 왜냐하면 부족한 만큼의 에너지는 저장된 지방이나 근육에서 보충될 것이기 때문이다.

근본적으로 갈색지방조직은 성인의 경우 주로 견갑대(어깨이음뼈) 주변에 몰려 있다. 물론 열 발생은 나이가 들수록 현저하게 감소하는데, 그 원인은 갈색지방조직이 노화의 과정에서 베이지색 지방조직으로 전이되고, 베이지색 지방조직은 에너지 손실에 훨씬 적은 영향을 끼치기 때문이다. 갈색지방조직의 활동성과 관련해서는 영양 섭취 또한 나름의 역할을 한다. 즉, 단백질이 더 많으면 열 발생이 강화되고, 지방이 더 많으면 열 발생이 약화된다. 이는 높은 단백질 비율의 팔레오 다이어트가 체중에 끼치는 영향을 설명해 준다. 하지만 이 같은 영향은 지방의 비율이 증가하지 않는 동안에만 작동한다.

순조로운 열 발생 시스템을 갈색지방조직을 통해 작동하게 만드는 것은 무엇보다도 추위이다. 하지만 현대인들은 추위를 견뎌 내는 방법을 잘 알고 있고, 따라서 기온이 영하 10℃ 이하로 내려가는 지역을 제외하고는, 추위는 이제 그리 큰 역할을 수행하지 못한다. 결국 베링해협에서 알래스카와 캐나다 북부를 거쳐 그린란드에 이르는 북극권에서 생활하는 이누이트 사람들이 아주 높은 에너지대사량을 갖고 있으며, 서구식 음식 섭취를 하면서도 과체중이 되는 경우가 거의 없다는 사실은 그리 놀랄 만한 일이 아니다.

슈거 베이비

포화지방이 주범이라는 앤설 키즈의 가설에 맞서 의사이자 영양학자인 존 유드킨(John Yudkin)은, 1974년 설탕이 비만과 심장병의 주요 원인이라고 주장하는 이른바 '설탕 가설'을 주장한다. 이는 키즈로 하여금 유드킨을 격렬히 공격하게 만드는데, 그는 설탕 가설을 단지 난센스로 이루어진 터무니없는 주장으로서 육류산업과 우유산업을 위한 선전에 불과하다고 혹평했다.

지방과 마찬가지로 설탕의 경우에서도 당을 함유하고 있는 식품이 증가함에 따라 과체중과 비만증에 시달리는 사람의 숫자 또한 증가한다는 사실이 관찰되었다. 이 경우와 관련해서도 논란의 여지가 있는 일련의 연구와 메타분석이 수행되었는데, 이들은 당이 특히 청량음료 속에 함유된 채 섭취되는 경우 과체중을 촉진한다는 결과를 내놓았다. 이 같은 주장과 관련해 설탕을 첨가한 음료가 그와 동일한 분량의 당이 들어 있는 다른 식품류와 비교해 훨씬 덜 배를 부르게 한다는 사실을 간과해서는 안 된다. 그 이유는 당은 훨씬 더 신속하게 흡수되고, 당 자체만으로는 배가 부르지 않으며, 액체는 위를 팽창시키지 않기 때문이다.

음료에 들어 있는 설탕은 에너지 공급원으로서 가장 꼭대기 자리에 위치하며, 따라서 콜라가 감자튀김이나 아이스크림보다 훨씬 더 많은 에너지를 공급해 준다. 청량음료의 경우, 체중을 증가시킬 뿐만 아니라 간을 지방화시키는 주범으로 의심받는 성분은 바로 과당이다. 네 가지의 대규모 메타분석은 당이나 과당을 동일한 에너지값을 지닌 다른 탄수화물로 대체하는 경우 체중에는 아무런 영향도 끼치지 않는다고 기술하고 있다. 칼로리는 그것이 어디에서 유래하든 다 똑같은 칼로리일 뿐이다. 칼로리를 너무 많이 섭취하면 체중이 증가하고, 너무 적게 섭취하면 체중은 감소한다. 문제는 결국 청량음료에 들어 있는 부가 칼로리인 것이다.

저혈당지수(Low Glycemic Index, Low GI), 적을 찾아서

2002년, 라스베가스에서 대규모 영양학회가 열렸다. 그 학회에서는 뒤에서 다루게 될 팔레오 다이어트뿐만 아니라 저탄수화물 다이어트(Low Carb), 정확히 말하면 두 다이어트의 조합이 가장 큰 화제를 불러일으켰다.

크고 작은 식당들이 들어선 거대한 회의장 건물 안에는 아주 많고 다양한 패스트푸드들이 눈에 띄었는데, 그중에서도 '마을에서 가장 낮은 탄수화물 버거'라는 특이하면서도 새로운 개념의 슬로건을 내건, 이른바 '저탄수화물 버거'가 관심을 끌었다. 신기하기만 한 그 메뉴에는 어떤 비밀이 숨어 있는 걸까? 버거를 주문하자 빵으로 덮지 않은 채 제공되는 아주 커다란 패티가 나왔다. 손가락이 기름으로 범벅되는 것을 막기 위해, 그리고 양쪽으로 상추 잎을 얹을 수 있도록 위아래로는 각기 큼지막한 웨이퍼가 덮여 있었다. 악명 높은 탄수화물의 미미한 흔적인 웨이퍼 위에는 식용 색소로 "먹지 않아도 됩니다."라고 쓰여 있었다. 이는 무엇을 말하는 걸까? 트렌드에 관한 한 어떤 방식으로든 소비자들이 달려들도록 유혹하는, 믿을 수 없을 만큼 유연하고도 상상력이 넘치는 버거 생산자의 의도를 그대로 느껴볼 수 있는 경험이었다.

저혈당지수라는 트렌드는 이른바 각각의 식품의 '혈당지수'를 중시한다. 그리고 섭취 후 혈당을 얼마나 상승시키는지에 따라 식품을 분류한다. 쉽게 소화할 수 있는 탄수화물을 많이 섭취할수록, 그와 동시에 지방을 더 적게 섭취할수록 혈당 및 인슐린은 그만큼 더 현저하게 증가한다. 이 같은 주장에는 탄수화물을 덜 섭취하면 인슐린 생산이 원활해지고 당뇨병 대사가 개선된다는 논리가 깔려 있다. 그리고 이는 '1000일의 창' 동안에 인슐린 저항성이나 과체중의 성향을 타고난 사람이거나 생활방식으로 인해 후천적으로 얻게 된 사람들에게는 분명 시도해볼 만한 가치가 있는 일이다.

혈당지수는 무엇인가?

글루코오스를 섭취한 직후 이미 장에서 일어나는 인슐린 분비를 통해 혈당은 세포로 보내진다. 인슐린이 많이 존재하면 할수록 이러한 수송은 훨씬 더 신속하게 진행되고, 그래서 혈당은 다시금 빠르게 감소해 정상치 이하로 떨어진다. '저혈당증'이라고 불리는 이 같은 상황은 배고픔을 유발한다. 혈당지수(GI)의 활용을 뒷받침하는 논리는 혈당지수가 낮은 식품을 선택함으로써 혈액 속 글루코오스의 상승 및 인슐린의 분비를 적정치로 유지할 수 있다는 사실이다. 그리고 이는 인슐린의 동화작용, 다시 말해 에너지를 지방의 형태로 저장하는 데 끼치는 영향력을 감소시키도록 도와준다. 또한 저혈당지수 시스템을 지지하는 사람들은 혈당지수가 낮은 식품, 즉 탄수화물과 당이 적게 함유된 음식 위주로 영양을 섭취함으로써 저혈당 수치와 허기가 그리 심해지지 않는다고 주장한다.

저혈당지수 시스템이 지니고 있는 문제는 빵과 같은 대부분의 식품들이 단독으로 섭취되는 것이 아니라 보통은 소시지와 치즈 등 지방이나 단백질과 함께 섭취하게 된다는 사실이다. 지방은 글루코오스의 흡수를 더디게 만들고, 그래서 빵을 버터와 함께 먹는 경우 실제와는 전혀 다른 혈당수치가 나올 수도 있다. 초콜릿의 경우에도 이와 유사한 상황이 일어나 혈당지수가 지방 함량에 따라 확연한 차이를 드러내기도 한다. 결국 이와 같은 여러 가지 식품이 한꺼번에 조합되어 섭취되는 경우, 아주 상이한 혈당수치가 나올 수 있다. 그리하여 오늘날에는 물론 당뇨병 환자를 위해 추천할 만한 특별한 다이어트 식단은 더 이상 존재하지 않는다. 당뇨병 환자에게는 탄수화물이 많이 함유된 음식을 가능한 한 적게 섭취하는 것이 분명 건강에 이로울 수 있다. 또, 당이나 과당처럼 신속하게 흡수될 수 있는 탄수화물의 섭취를 줄이는 것은 비만증이나 지방간의 경우 결코 나쁜 방법이 아닌 것만큼은 분명하다.

혈당지수가 높은 음식 섭취와 혈당지수가 낮은 음식 섭취를 비교한 어느 한 연구에서는 이기적인 우리 뇌를 다시금 떠올리게 만드는 흥미로운 사실 하나가 추가로 밝혀졌다. 이 두 가지 식습관 모두 체중에는 아무런 영향도 끼치지 않는다는 사실이었다. 물론 혈당지수가 낮은 음식을 섭취하는 경우에는 지방이 없는 덩어리인 근육이 감소하는 현상이 나타났다. 이 경우에는 충분한 글루코오스 공급이 이루어지지 않자 뇌가 체물질을 분해해 이용한 것이다. 결국 탄수화물을 줄인 음식 섭취는 매크로 영양소의 비율에 변화를 가져온다. 이 같은 다이어트 방식은 맛도 있고 배도 고프지 않다. 하지만 장기적으로 지속하는 경우 여러 가지 문제들이 발생할 수도 있다.

저탄수화물 다이어트, 배부른 부식은 사절!

철저한 저탄수화물 다이어트를 하기 위해서는 전분을 함유한 채소류(감자, 옥수수, 콩)나 과당이 풍부한 과일류(배, 포도, 바나나, 무화과), 당이 함유된 식품류(초콜릿, 과자, 꿀, 청량음료) 그리고 밀가루로 만드는 아주 특별한 음식(빵과 케이크 등 제과점에서 구할 수 있는 모든 것) 등 아주 많은 것들을 포기해야 한다. 단지 상추 같은 그 밖의 채소류와 모든 종류의 동물성 식품만이 허용될 뿐이다. 이 같은 식단 구성은 어쩔 수 없이 아주 많은 양의 지방과 단백질을 섭취하게 만든다. 따라서 좀 더 합리적인 저탄수화물 다이어트라면 가정에서 쓰는 설탕과 청량음료 등을 절제할 것을 요구하게 된다. 그것만으로도 이제껏 소비했던 탄수화물에서 얻던 많은 양의 칼로리를 줄일 수 있기 때문이다.

저혈당지수 시스템의 원리는 인슐린이 존재하면 지방은 단지 저장된다는 단순한 사실이다. 즉, 탄수화물을 덜 섭취하면 인슐린이 적어지고, 그래서 그만큼 부족한 탄수화물 에너지를 지방을 통해 보충하는 가운데 지방은 저장되기보다는 분해된다는 것이다. 하지만 우리 몸의 실상은 그리 단순하지가 않다. 이제, 일반인들에게 제공되는 다양한 저탄수화물 다이어트에 대해서 살펴보자.

적당량의 탄수화물 섭취 : 하루에 필요로 하는 칼로리의 26∼45%는 탄수화물이다. 그리고 나머지 55∼74%는 지방과 단백질 몫이다. 이 같은 요건을 충족시키기 위해서는 많은 것들을 포기해야만 한다. 아침으로는 빵 한 조각이나 그래놀라를 먹고, 또한 낮 동안에도 면류나 쌀과 감자 그리고 견과류 등을 먹어서는 안 된다. 당연히 케이크에도 손을 대서는 안 된다.

적은 양의 탄수화물 섭취 : 하루 에너지의 26% 이하, 또는 하루 130g 이하의 탄수화물만이 허용된다. 이는 실생활에 적용하기가 쉽지 않다. 탄수화물은 알게 모르게 아주 다양한 많은 식품에 들어가 있고, 과일이나 다양한 뿌리채소의 경우 유혹을 이겨내기가 쉽지 않기 때문이다.

극히 적은 양의 탄수화물 섭취 : 하루 칼로리의 10% 이하, 또는 하루 20∼50g 이하의 탄수화물만을 섭취한다. 이는 '케톤체 생성성 다이어트(Keto-genic Diet)'라고 불리는데, 섭취하는 많은 양의 지방이 이미 설명한 바 있는 특수한 지방인 케톤체를 생성하게끔 만들기 때문이다. 많은 암환자나 특수한 형태의 간질환자의 경우에는 이러한 케톤체 생성성 다이어트가 여러 다양한 효과를 이끌어 낸다. 하지만 이처럼 지방이 극단적으로 많은 다이어트를 장기적으로 지속하는 것은 중증환자에게조차 적합하지 않다.

본연의 의미의 저탄수화물 다이어트는 위의 세 가지 중 '적은 양의 탄수화물 섭취'를 지칭한다. 하지만 이 경우에도 지방과 단백질 양은 현저하게 증가한다. 그러나 보다 많은 지방이라는 문제 지적은 이 형태의 다이어트를 대변하는 사람들에 의해 일고의 가치도 없는 것으로 일축된다. 그들이 내세우는 논지는 이 같은 영양 섭취가 더 적은 양의 인슐린을 필요로 하기에, 총체적으로는 줄어든 칼로리 공급에도 불구하고 금세 배가 불러지고 그래서 허기도 덜 느끼게 된다는 것이다. 실제로도 글루코오스가 적게 생성되어 인슐린이 덜 분비되면 글루코오스의 분해 또한 그만큼 덜 활발해진다. 다시 말해, 일반적으로 식사 후 두세 시간이 지나면 나타나 허기를 유발하는 전형적인 저혈당증이 훨씬 늦게 나타나거나 약하게 나타난다. 이 같은 다이어트는 예를 들어 아침 식사로 과일 잼을 바른 토스트 대신 햄을 넣은 스크램블 에그를 먹는다면 실제로 도움이 될 수 있다. 하지만 그런 방식이 도움이 될지 아닐지는 인슐린 조절과 개개인의 차이에 따라 달라진다.

저탄수화물 다이어트의 대상 집단으로는 주로 제2유형의 당뇨병 환자가 거론된다. 하지만 이들의 경우에도 저탄수화물 다이어트는 부정적인 영향을 불러올 수 있다. 대부분이 과체중인 제2유형의 당뇨환자들은 심근경색을 일으킬 위험도가 상대적으로 높다. 그리고 하루에 필요로 하는 칼로리의 50% 이상을 지방으로 섭취하는 다이어트는 그 같은 위험을 더더욱 높일 수 있다. 이 같은 주장에 대해서도 저탄수화물 다이어트가 체중 감소를 이끌어 내고, 그것만으로도 이미 그 같은 위험이 줄어든다는 반론이 제기될 수 있다. 실제로도 체중이 감소했다는 사실을 보여 주는 일련의 연구 결과들이 있다. 하지만 그렇지 않은 경우도 당연히 있다. 이 같은 연구들에 적용된 관찰 기간으로는 길게는 1년 정도인 것도 있다. 하지만 1년이 지난 다음, 몸무게에 어떤 변화가 나타났는지를 명확히 보여 주는 경우는 없다. 그럼에도 불구하고 저탄수화물 다이어트는 아마도 특정 기간이 지나서도 다시금 원래의 몸무게로 돌아가지 않는 가장 성공적인 체중 감량의 첫 번째 주자일 것이다.

탄수화물 섭취를 줄이는 것은 많은 사람들에게 도움이 된다. 하지만 전문가들은 하루 130g 이하의 탄수화물을 섭취해서는 안 된다고 강조한다. 저탄수화물 다이어트는 당뇨환자뿐만 아니라 당뇨 증상이 없는 노년층에게도 과도한 양의 단백질이라는 또 다른 위험을 초래할 수 있기 때문이다. 당뇨환자들은 종종 오랫동안 자각하고 있지 못한 신장기능 저하 증상을 보인다. 노년층도 마찬가지다. 그들에게서는 서서히 진행되는 신장기능 저하가 젊은이들에게서보다 훨씬 더 빈번하게 관찰된다. 장기간에 걸쳐 적정량인 몸무게 1kg 당 0.8~1.0g을 초과해 단백질을 섭취하는 경우 신장에 무리가 올 수 있다. 신장 전문의들이 신장기능이 저하된 환자들에게 무턱대고 몸무게 1kg 당 0.7g 이하의 단백질을 섭취할 것을 권장하는 것은 아니다. 저탄수화물 다이어트는 다양한 영향을 끼친다. 저탄수화물 다이어트가 즐겨 추천하는 다양한 치즈 종류도 마찬가지다. 이들은 인산염의 비중이 높고, 그래서 신장기능이 저하된 사람들에게는 건강에 해로울 수가 있다.

건강한 독자들의 경우로 돌아가 보자. 저탄수화물 다이어트는 한창 유행중이고, 이는 사람들에게 지방의 유무와 관계없이 치즈, 오일, 아보카도, 견과류, 모든 종류의 육류 등 이제껏 체중 때문에 금기시되었던 많은 것들을 허락한다. 이는 지방이 적은 음식만을 섭취할 것을 줄기차게 부르짖었던 기존의 건강식 개념과는 전혀 다른, 말 그대로 일종의 혁명이다. 어느 정도 적은 양의 탄수화물 섭취는 아무런 문제도 일으키지 않는다. 그리고 특정한 끼니때만큼은 탄수화물을 먹지 않도록 시도해 볼 수도 있다. 감자를 먹지 않는 대신 스테이크가 좀 더 커지면 되고, 또한 부식으로 좀 더 많은 시금치를 먹어도 된다. 가능한 한 설탕을 멀리하고, 당이 가미된 음료를 마시지 않으며, 제조과정에서의 가열로 인해 함유된 전분의 상당량이 이미 글루코오스로 분해되어 있는 인스턴트식품을 삼간다면, 정말로 탄수화물의 섭취량을 줄일 수 있다. 저탄수화물 신봉자가 들으면 기겁을 하겠지만, 구운 감자를 대접해야 할 때라면 반드시 스메타나 크림과 함께 내놓는다. 그 이유는 지방이 섭씨 180℃의 오븐 안에서 구워지던 감자가 전분으로부터 방출한 글루코오스의 흡수를 억제하기 때문이다.

저탄수화물 식단이 과학적으로 검증받은 듯 보이는 사실들에 근거를 두고 있는 반면, 다른 많은 다이어트 방식들은 진화라는 중요한 논거를 끌어들인다.

팔레오, 일종의 과대 포장?

우리는 우리 조상들에게서 유전자를 물려받았고, 유전자의 속성은 그리 쉽게 변하지 않기에 우리는 또한 먼 조상들의 신진대사를 그대로 지니고 있다는 주장은 일반 소비자들이 충분히 수긍할 만하다. 그에 따라 지난 1만 년 동안에 일어났던 일들은 모두 '자연스럽지 못한' 것이며, 건강에도 해로운 것이 되고 만다. 우리에게는 그에 대처할 만한 유전자가 없기 때문이다. 이러한 사고에서는 후성유전에 관한 이해는 설 자리를 찾지 못한다. 이러한 논거는 이미 설명한 저혈당지수 시스템 외에 (이 경우에는 곡식과 결부되어 1만 년 전에야 비로소 존재하게 된 탄수화물이 주적으로 지목된다.) 수렵채집 시대에 살았던 우리의 조상들을 증거로 끌어들이는 팔레오 다이어트의 경우에도 마찬가지로 적용된다.

기원전 250만 년 전부터 8,000년 전에 해당하는 구석기시대(Palaeolithic)에서 유래한 '팔레오' 다이어트는, 우리의 음식 섭취 방식으로 인해 생겨난 유전적 변화는 아주 서서히 진행되고, 그래서 우리는 머리로만 현대에 살고 있을 뿐 본질적으로는 여전히 석기시대에 두 발을 딛고 있다는 인식에서 비롯되었다. 하지만 팔레오 다이어트의 이 같은 출발점은 애매하고 불확실하다. 왜냐하면 팔레오 다이어트의 창시자이며 방사선학자인 스탠리 보이드 이튼(Stanley Boyd Eaton)은 수렵채집시대 인간들의 음식 섭취를 부당하게도 오늘날의 먹을 것이 넘쳐나는 상황이라는 관점에서 고찰하고 있기 때문이다.

당시 음식 섭취의 특성은 믿을 수 없을 만큼 다양한 먹을거리 및 그런 것들을 구할 수 있는 가능성의 극심한 변화에 있다. 거기에 또 하나, 구석기시대의 수렵채집 부족은 사냥하고 채집하기 위해, 그리고 채집하거나 수렵한 먹을거리를 안전하고 편안하게 먹을 수 있는 숲속 지역으로 가기 위해 대부분의 시간을 움직이면서 보냈다는 사실이 추가된다. 잠자는 밤 시간을 제외하고는 편히 쉴 수 있는 시간은 거의 없었다. 이 같은 활동성을 축으로 하는 생활상은 오늘날의 수렵채취 부족에게서도 여전히 유지되고 있다. 하지만 팔레오 다이어트라는 호사를 누릴 수 있는 현대의 유복한 대도시 거주자들의 생활상은 당시의 그 같은 상황과는 엄청난 차이를 보인다.

팔레오 다이어트를 옹호하는 사람들은 생화학적이고 생리학적인 신진대사 과정은 본질적으로는 구석기시대 이래로 변한 것이 없으며, 전형적인 음식 섭취와 신체 활동 그리고 후기 구석기시대의 인간의 신체 구성은 오늘날까지도 변함없이 유지되고 있고, 그래서 그들을 건강한 생활방식과 질병 예방을 위한 본보기로 삼을 수 있다고 주장한다. 하지만 우리는 이 같은 주장 뒤에다 강하게 물음표를 달아야만 한다.

먼저, 정착생활이 시작되기 이전의 우리 인간들의 식단을 들여다보자. 우리의 조상인 직립 원인들에게는 오늘날보다 오히려 좀 더 풍부한 먹을거리가 제공되었다. 예를 들어 그들은 제법 몸집이 큰 영양과 같은 포유류나 벌과 흰개미 같은 곤충들, 새와 새알, 다양한 파충류, 그리고 물고기와 거북과 조개 같은 수생동물들을 먹을 수 있었다. 또한 동물을 먹는 경우에도 오늘날처럼 단지 살코기만 먹지는 않았다. 다시 말해 내장과 뇌와 눈까지도 포함해, 초기 인류의 식단에 올랐던 동물들은 아마도 거의 완벽할 정도로 말끔하게 먹어치워졌을 것이고, 그만큼 그들의 메뉴는 다양했던 것이다. 예를 들어 동물의 뇌는 불포화지방산을 섭취할 수 있는 주요 메뉴였다. 간은 비타민 A, E, B_{12}와 폴산, 철분, 아연 등의 중요한 매크로 영양소를 제공해 주는 근원이었으며, 눈의 수정체에는 비타민 C가 풍부하게 들어 있었다. 한마디로 사람들이 필요로 하는 단백질뿐만 아니라 많은 다양한 마이크로 영양소를 구할 수 있었던 곳은 바로 이들 내장기관이었다.

식물성 음식의 스펙트럼 또한 마찬가지로 오늘날과는 비교할 수 없을 만큼 넓었다. 다양한 수생식물과 땅콩 등 그들의 맛난 뿌리 외에도 온갖 과일들을 먹을 수 있었는데, 그중에는 무화과와 바오바브나무 열매 그리고 다양한 선인장류가 있었다. 게다가 전분을 함유한 아주 많은 종류의 뿌리와 덩이줄기들도 있었는데, 과학자들의 견해에 따르면 이들은 다른 먹을거리를 구할 수 없을 때 주로 이용되어 '예비 식량'이라고도 불렸다. 이러한 알뿌리는 탄수화물이 풍부했고, 글루코오스를 많이 함유하고 있는 덕분에 익은 정도에 따라서는 아주 달콤하고 맛이 있었다.

선뜻 믿기 어렵겠지만, 제공되는 음식의 선택의 폭은 오늘날에 비해 질적으로나 양적으로 비할 바 없이 넓었다. 오늘날 우리에게는 대략 20만 가지가 넘는 먹을거리가 주어져 있다. 하지만 이 같은 가짓수는 우리의 조상들이 이용했던 경우의 수에 비하면 훨씬 적은 숫자이다. 그렇기 때문에 활용 가능한 육류의 종류가 훨씬 제한되어 있는 오늘날의 팔레오 다이어트는 비록 야생에서 자라는 약초나 견과류와 열매들을 통해 보완된다 할지라도, 구석기시대의 인류가 찾아냈고 또 그들을 이런저런 질병으로부터 지켜주었던 것과는 전혀 다른 것이라 할 수 있을 것이다. 그뿐만 아니라 당시의 음식이 제공했던 이른바 낭만적인 본연의 맛은 오늘날에는 도저히 되살릴 수 없는 것이기도 하다.

결국 팔레오 다이어트는 구석기시대의 식생활이 아니라, 단지 '팔레오'라는 이름으로 포장된 현대의 생활방식을 지칭하고 있을 뿐인 것이다. 따라서 우리 조상들의 식생활 방식을 따르기로 선택한 사람들은 당연히 이 같은 사실을 의식하고 있어야만 한다. 물론, 팔레오 다이어트가 권하는 사항들은 부분적으로는 건강한 것으로 인정할 만한 음식 섭취 방식을 보여 주고 있다. 하지만 그 안에는 지방처럼 체중 문제를 갖고 있는 사람들에게는 건강에 해를 끼칠 수도 있는 요소들도 포함되어 있다.

팔레오 다이어트 식단과 그에 대한 비평

식단	근거	비평
내장과 지방을 포함한 육류	높은 영양소 밀도* 고급의 단백질	높은 영양소 밀도는 간을 섭취할 때만 다다를 수 있으며, 지방 함량은 아주 높을 수 있음.
설탕이나 설탕이 가미된 식료품은 사용하지 않음.	인슐린 저항성과 당뇨병의 예방	인슐린 저항성과 당뇨병은 당이 전혀 없을 때에도, 예를 들어 지방으로 인해 많은 양의 에너지가 공급될 때 발생할 수 있음. (이는 에너지 균형의 문제이다.)
오메가-6 지방이 거의 들어 있지 않음 (많은 식물성 기름).	만성염증의 예방	이는 확실히 입증되지 않은 사항임.
공장에서 제조된 식료품은 가능한 한 먹지 않음.	첨가물, 낮은 영양소 밀도	실제적이지 않은 위험, 영양소 밀도가 반드시 낮을 이유는 없음.
친환경적이고 지역 고유의 식료품	더 우수한 영양소 밀도, 자원과 환경보호	재래식으로 생산된 산물과 비교해 결코 더 우수하지 않은 영양소 밀도
잎채소, 견과류, 나물, 버섯	비타민과 식이섬유소의 공급 개선	없음.
가능한 한 곡류는 피함.	기본적으로 건강에 해롭고 유해 물질을 함유하고 있으며, 영양소 밀도가 낮음.	실제로는 영양소 밀도 낮음. 유해물질 함유 여부는 가설일 뿐 과학적으로 입증되지 않음.

* 영양소 권장량에 대한 식품의 각 영양소 함량의 비율

그리고 '밀농사 이전시대'의 수렵가와 채집꾼들은 더할 나위 없이 건강했을 거라는 생각 또한 극히 의심스럽다. 팔레오 다이어트의 옹호자들은 오늘날에도 여전히 살고 있는 수렵채집 부족들을 대상으로 이들이 많은 양의 지방 섭취에도 불구하고 심혈관계 질환에 거의 걸리지 않는다는 사실을 밝혀낸다. 아울러 팔레오 다이어트가 심혈관계 질환뿐만 아니라 농사가 도입된 이후 곡물 위주의 식단으로 인해 생겨난 다수의 질병들 또한 예방해 준다고 주장한다. 결국 이들이 내세우는 "근원으로 돌아가자!"는 모토는, 예전에는 모든 것이 지금보다 훨씬 더 좋았다는 믿음에 근거하고 있다.

하지만 팔레오 다이어트의 창시자가 오늘날의 우리들 안에도 유전적으로 여전히 자리하고 있다고 확언하는 오래전 과거의 건강한 삶은, 실제의 현실과는 아무런 관계도 없는 일종의 낭만적이고 허구적인 희망사항일 뿐이다. 오늘날의 수렵채집 부족들의 경우, 어린이 사망률은 미국인들에 비해 50배에서 100배 정도 높다. 그리고 이들 부족 구성원의 40%가량은 채 15세가 되기 전에 죽음을 맞이하며, 45세가 되기까지 살아남을 가능성은 부족에 따라 다르기는 하지만 대략 19~54%에 불과하다. 그리고 45세의 나이에 다다른 사람들도 평균 잡아 12~25년 정도 더 사는 것으로 조사 결과 밝혀졌다. 물론 이 같은 상황의 원인이 단지 음식 섭취에만 있는 것은 아니겠지만, 그 또한 나름 크게 영향을 끼칠 것이란 사실은 의심할 바 없다.

팔레오 다이어트가 번번이 끌어다대는 진부한 논거, 즉 오늘날의 수렵채집 부족은 그들의 건강한 영양 섭취 덕분에 심혈관계 질환이나 당뇨병에 걸리지 않는다는 주장은 아주 중요한 두 가지 사실을 간과하고 있다. 하나는 그들이 끊임없이 움직인다는 사실이고, 다른 하나는 그들은 앞에서 예로 든 두 가지 병에 걸릴 만큼 충분히 오래 살지 못한다는 사실이다.

마이크로 영양소

팔레오 다이어트가 특히나 마이크로 영양소를 충분하게 공급해 준다는 사실은 언제고 늘 강조되곤 한다. 그러나 팔레오 다이어트의 주창자들은 일련의 마이크로 영양소들을 간과하고 있다. 우리들은 이제까지 팔레오 다이어트 식단이 무엇보다도 풍부한 비타민 C, B_{12}, B_6와 철분을 제공한다는 사실을 읽어 알 수 있었다. 또 다른 연구들은 어쨌거나 최소 26가지 마이크로 영양소 가운데 9가지가 존재한다고 자신 있게 말하곤 한다. 하지만 그 가운데 3가지는 1일 권장량에 미치지 못하는 양이다. 팔레오 다이어트 추종자가 정말로 우리 조상들과 동일한 양의 마이크로 영양소를 공급받고자 한다면, 동물을 통째로 사거나 사냥해서 내장과 함께 모조리 먹어치워야 할 것이다.

요약하자면, 진정한 구석기시대의 생활방식은 끊임없는 움직임과 고도의 주의력, 불확실한 식량 확보 및 극심한 허기와 연관된 스트레스 뒤의 짧은 휴식기 등에 놓여 있다 할 수 있다. 우리의 수렵채집 유전자를 제대로 확인하고 동시에 우리의 음식이력서를 직접 쓰고자 한다면, 분주히 돌아다니며 모든 음식을 직접 마련하는 방식의 팔레오 다이어트를 추천하고 싶다. 이 경우에는 매 끼니마다 별도의 음식을 준비해야 한다.

이를테면 아침에는 빵집에서 밤 가루와 견과류로 만든 팔레오 빵을 사오고, 점심때는 구내식당 대신 주변을 한 바퀴 돌며 곤충을 잡아 와 요리한다. 그리고 저녁때는 걸어서 정육점에 가 두툼한 스테이크 한 조각을 사오거나, 아니면 바닷가로 나가 물고기를 잡거나 조개와 달팽이를 주워 먹는다. 집으로 돌아가는 길에는 땅을 파 이런저런 뿌리들을 캐도 좋을 것이다. 그런 뒤에는 안전한 곳을 찾아 서너 시간쯤 잠을 잔다. 그러다가 동이 트기 시작하면 다시금 바삐 돌아다니며 쥐를 잡아 날것으로 먹는다. 모쪼록 즐거운 시간!

동물성 식품과 지방 함량이 너무 많은 몫을 차지하지만 않는다면 팔레오 다이어트가 제시하는 식단 구성은 원칙적으로 건강에 해로울 것이 없다. 물론 팔레오 다이어트를 철저하게 실천하려면 단지 소수의 사람들만이 감당할 수 있을 정도로 비용 부담이 만만치 않다. 유기농 식품이나 목초만을 먹고 자란 비육우 등 되도록 자연에 가까운 상태의 식품만을 먹어야 하기 때문이다.

팔레오의 대안, 채식주의

채식주의자는 어떤 이유에서 육류를 먹지 않기로 결심하게 되는 걸까? 극단적 채식주의자인 비건은 심지어 일체의 동물성 제품을 거부하기도 한다. 동물의 복지를 증진시키기 위해서라는 목적 외에도 건강한 영양 섭취라는 동기가 가장 자주 언급된다. 또한 사람들은 채식주의자가 육식하는 사람에 비해 일반적으로 좀 더 건강한 생활방식을 갖고 있다고 믿고 있다. 채식주의자들은 담배를 피우거나 술을 마시는 경우가 드물고, 그 대신 훨씬 많이 움직이기 때문이다.

그런 만큼, 바로 얼마 전 발표된 어느 한 연구 결과는 사람들을 더더욱 당황스럽게 만들었다. 그 연구는 다양한 집단에서 나타나는 여러 가지 건강지수들을 비교했으며, 그들의 영양 섭취는 근본적으로 날마다 섭취하는 육류의 양에 따라 구분되었다. 예상했던 대로 채식주의자들은 가장 낮은 BMI를 보여 주었다. 하지만 놀랍게도 채식주의자들의 건강 상태는 육식하는 사람들과 비교해 부분적으로는 현저하게 안 좋은 걸로 나타났다. 일례로 알레르기를 앓고 있다고 보고한 채식주의자들의 숫자(30.6%)는 육식하는 사람들(16.7%)에 비해 거의 두 배나 높았다. 암의 경우 채식주의자는 4.5%이고 육식하는 사람들은 1.8%였으며, 불안장애나 우울증의 경우 채식주의자는 9.4%이고 육식하는 사람들은 4.5%인 것으로 밝혀졌다.

채식주의자, 그리고 고기를 거의 먹지 않는 대신 채소와 과일을 많이 먹는 집단은 고기를 많이 먹는 사람들에 비해 병원을 훨씬 더 자주 찾은 것으로 나타났다. 채식주의자들이 육식을 하는 사람들에 비해 사회적 관계망이 훨씬 부족하다는 사실 또한 흥미로웠다. 그 같은 연구를 수행한 작가들은 채식 다이어트를 하기로 한 결정은 아마도 많은 경우 이미 앓고 있는 질환을 좀 더 건강해 보이는 영양 섭취를 통해 치료하거나 병의 진행 속도를 늦춰 보겠다는 생각에서 나온다고 추론한다.

그렇다면 엄밀한 의미에서의 채식주의자들이 대세였던 우리의 태곳적 조상에게로 다시 한 번 돌아가 보자.

"채식주의자로서 우리는 오늘도 여전히 나무 위에 앉아 있다"

　…2015년 4월호《포커스》지는 위와 같이 타이틀을 잡아, 직립 원인이 이미 도구를 사용하고 현생 인류로 발전하기 시작했을 때 여전히 아프리카에서 찾아볼 수 있었던 동시대인들인 파란트로푸스(Paranthropus boisei : 일명 호두까기 인류)에 대해 설명했다.

　오스트랄로피테쿠스가 특히 질긴 고기 조각을 자르고 끊기 위해 날카로운 앞니와 독특한 송곳니를 갖고 있었던 반면, 파란트로푸스는 이른바 호두까기 이빨, 다시 말해 강력한 씹기 근육, 아주 넓은 이빨들과 조금은 약하다 싶은 앞니들을 갖고 있었다. 아마도 파란트로푸스는 자신의 이빨을 호두를 까는 데 사용하지는 않았을 것이며, 그보다는 소처럼 음식을 빻는 데 사용했을 것이다. 그들의 이빨을 동위원소 분석법으로 조사한 결과, 오직 식물성 음식만을 섭취했으며, 그 같은 이를 가지고서는 오스트랄로피테쿠스가 했던 것과 같은 음식을 섭취하기란 불가능했을 것이다.

　200만 년 전에 시작되어 사바나 형성을 가속화시켰던 기후변화와 더불어 호숫가 숲들은 줄어들었고, 숲에서 호수로 가는 길은 더 멀어지고 더 위험해졌다(맹수류!). 그래서 파란트로푸스는 자신들의 숲에 그대로 남아 있기로 결심한다. 열매와 이파리, 그리고 간간히 얻을 수도 있었던 새알들은 오랫동안 넉넉한 만큼 존재했고, 그래서 파란트로푸스는 직립 원인이 지구를 이미 50만 년 이상 지배했던 120만 년 전에야 비로소 사라지게 되었다. 직립 원인(그리고 우리 호모 사피엔스 또한)은 분명히 잡식성인 오스트랄로피테쿠스에게서 생겨났을 것이다. 하지만 파란트로푸스는 그들의 입맛 선호도에 따라 채식주의자라는 경우로 들어섰던 것 같다. 왜냐하면 기후변화가 더욱 진전되자 숲들 또한 사라졌고, 그리하여 그들에게는 이제 충분한 먹을거리와 거주지에서의 편안한 삶 또한 사라졌기 때문이다.

그렇다면 고기를 먹는 그들의 사촌이 오늘날 우리가 '호모 사피엔스'라고 부르는 인종으로 발전하도록 만든 것은 무엇일까? 250만 년 전의 상황을 한 번 더 분명하게 되짚어보자.

다양한 오스트랄로피테쿠스들이 아프리카에 거주하고 있었다. 이들 원인들의 유물은 이른바 투르카나 분지에서 주로 발견되었다. 동아프리카 지구대에 속하는 투르카나 분지는 지질학적으로 볼 때 지각판이 이동하며 생겨났고, 부분적으로는 아주 깊은 호수들이 생겨나는 데 기여했으며, 그 호수들에서는 오늘날에도 우리 조상들의 유물이 발견되곤 한다. 그중 가장 유명한 사례로는 약 300만 년 전에 살았던 것으로 추정되는 완전한 골격의 모습을 갖춘 채 발견된 '루시'가 있다. 루시는 그녀의 조상들과 마찬가지로 이미 두 발로 서서 걸어 다녔고, 그들보다 400만 년 전에 살았던 사헬란트로푸스 차덴시스와 마찬가지로 호수나 숲에서 거주했다. 최근에 밝혀졌듯이 루시는 나무에서 떨어져 죽었다. 그리고 이 같은 사실은 그녀가 하루 중의 얼마 동안을 나무 위에서 보냈음을 알려 준다.

행동연구가인 칼린 얀마트(Karline Janmaat)는 막스 플랑크 진화인류학 연구소에서 일하는 그녀의 동료들과 함께 오랜 기간 동안 침팬지를 관찰했다. 그러던 어느 날, 그녀는 침팬지들이 무화과를 찾아내 그중 대부분을 얼른 먹어치우는 특수한 능력 하나를 발전시키게 된다는 사실을 깨닫게 되었다.

무화과는 영양소 밀도가 높아 이른바 핵심 식료품에 속한다. 비교적 짧은 기간 동안에만 익은 채로 따먹을 수 있는 무화과는 중요 물질로서 프로비타민 A뿐만 아니라 철분과 폴산, 그리고 그 밖에도 성장에 필요한 필수 영양소들을 함유하고 있다. 잘 익은 무화과 사냥은 성공적이다. 왜냐하면 암컷 침팬지들이 무화과가 익는 동안에는 자신들의 보금자리를 무화과나무 가까이에 지을 뿐만 아니라, 이른 아침 아직 해도 뜨기도 전에 무화과를 따러 길을 떠나기 때문이다. 침팬지들은 자신들이 먹는 음식을 무턱대고 찾아나서는 것이 아니라, 언제 어디서 무엇을 구할 수 있는지 이미 잘 알고 있었다. 그들은 아침을 먹을 시간과 장소를 미리 계획한다고 생각하게 만드는 행태를 보여 주었다.

침팬지들은 뛰어난 방향 감각과 그에 근거하는 뛰어난 기억 능력을 가지고 있으며, 따라서 아주 드물게 보이거나 특별한 장소에서만 구할 수 있는 먹을거리를 언제 어디서 찾을 수 있는지를 결정할 수 있었다. 이 같은 능력이야말로 바로 직립 원인에게 요구되던 것이다. 이는 본질적으로 뇌의 발달을 도왔고, 그와 더불어 인지 수행 능력의 증대를 가져왔다. 이 같은 상황은 철학자 루트비히 포이어바흐가 한 말을 절로 떠오르게 한다.

"하나의 민족을 개선시키려면 그들에게 죄악에 맞서는 연설 대신에 더 나은 음식을 주어라. 단지 식물성 음식만을 먹는 자는 또한 식물처럼 그저 어렵게 살아가며, 실천력이 없다."

독일 채식주의자협회 자료에 따르면, 독일에는 현재 100만 명의 채식주의자가 있으며, 이 같은 수치는 점점 더 늘어나는 추세인 것으로 나타났다. 동물과의 정신적 교류 내지 온실가스 발생에 있어서 육류 생산이 차지하는 비율 등 채식주의 내지 극단적 채식주의의 영양 섭취를 옹호하는 아주 많은 이유들이 있다.

늘 강조되는, 육류를 먹는 사람들이 심혈관계 질환이나 대장암에 걸릴 보다 높은 위험성은 사실은 논란의 여지가 많은 주장이다. 이 경우에도 다시 생활방식이 중요한 역할을 맡고 있다는 사실이 강조되곤 한다. 충분히 움직이고, 고기를 채소와 함께 먹으며, 그 밖에도 평소 도를 넘지 않는 사람들은 대규모 집단을 대상으로 한 연구 결과가 보여 주듯 육류를 좀 더 많이 섭취한다 할지라도 결코 암이나 심혈관계 질환에 걸릴 위험성이 더 높아지지 않는다.

무엇이 위험한가?

육류나 일체의 동물성 식품을 완전히 포기하는 것은 다양한 마이크로 영양소의 공급 부족 현상을 일으킬 수 있는 상당한 위험성을 내포하고 있다. 채식 다이어트를 선호하는 사람이라 할지라도 비타민 B_{12} 외에는 부족한 게 아무것도 없다는 사실이 되풀이해서 강조되곤 한다. 하지만 그와 달리 일련의 다른 마이크로 영양소들의 공급 부족이 우려된다는 연구 결과들도 상당히 많다.

세계에서 가장 큰 규모로 실시된 비건과 채식주의자 연구는 3만 3,883명의 육식하는 사람을 1만 110명의 생선 먹는 사람, 1만 8,840명의 우유와 달걀만 먹는 채식주의자, 그리고 2,596명의 극단적 채식주의자인 비건과 비교했다. 육식하는 사람은 평균 잡아 11%가량 더 많은 에너지 공급량을 기록했다. 채식주의자는 영양 섭취에 있어서 식이섬유소, 비타민 B_1, 폴산, 비타민 C, 비타민 E, 마그네슘과 철분을 가장 많이 섭취했다. 하지만 폴산의 경우에는 미미한 생체이용률이 고려되어야만 한다. 그에 반해 프로비타민 A, 비타민 B_{12}, 비타민 D, 칼슘과 아연의 경우에는 가장 낮은 함량을 기록했다. 스웨덴의 어느 연구는 젊은 채식주의자(30)의 영양 섭취와 그 상태를 잡식성의 젊은이(30)와 비교했다. 그 결과, 채식주의자는 비타민 B_2, 비타민 B_{12}, 비타민 D 그리고 칼슘과 셀레늄의 공급 부족 현상을 나타냈다.

일체의 동물성 식품을 포기하게 된다면, 병에 걸렸거나 임신 내지 수유 기간 등 상황에 따라 임상적으로 문제가 될 만한 결핍으로 이어질 수 있다. 채식주의자의 영양 섭취 방식이 그것만의 장점이 있는 것은 부인할 수 없는 사실이다. 그래서 채식주의자들은 잡식성 사람들과 비교해 평균적으로 낮은 체중을 갖고 있고 과체중이 되는 경우는 극히 드물며, 그 결과 관상동맥경화, 제2유형 당뇨, 대사증후군 그리고 몇몇 가지 암에 걸릴 위험이 상대적으로 많이 낮다. 물론 이는 전반적으로 좀 더 건강한 채식주의자들의 생활방식과 관계가 있으며, 그래서 육식하는 사람들 또한 균형 잡힌 영양을 섭취하고 체중을 적정선(BMI 20~30)으로 유지하며 규칙적으로 운동을 한다면 마찬가지로 그 같은 장점을 누릴 수가 있다.

잡식성 사람들은 마이크로 영양소의 결핍을 걱정할 필요가 거의 없는 반면, 채식주의자들은 몇몇 마이크로 영양소의 부족한 공급 상태에 신경을 써야만 한다. 특히나 식물성 식품에 많이 있는 것처럼 보이는 마이크로 영양소들의 경우가 그러하다. 그 까닭은 식물성 식품의 경우 동물성 식품에 비해 생체이용률이 떨어지기 때문이다. 또 한 가지 유의할 점은 채식주의자들이 특히 선호하는 식품들의 성분이 몇몇 마이크로 영양소의 흡수를 차단한다는 사실이다.

마이크로 영양소	식물성 영양원과 동물성 영양원의 평균적인 생체이용률 비교 (식물성 : 동물성)	무엇이 왜 흡수를 감소시키는가?
철분	곡물, 잎채소 1 : 5~1 : 10까지	피트산*, 폴리페놀(커피, 차), 콩단백질(모두가 철분과 결합한다.)
아연	곡물 1 : 3	피트산이 아연과 결합한다.
칼슘	곡물, 잎채소 1 : 3	피트산이 칼슘과 결합한다.
* 껍질 열매와 곡물 그리고 지방 종자(Oilseed)에 함유됨.		

채식주의자에게서 필수 마이크로 영양소의 공급이 부족한 상황이 검사되거나 그 같은 영양소의 필요량을 채울 수 있는 음식 섭취를 권하는 소견이 확인될 때면, 늘 여러 다양한 마이크로 영양소가 들어 있는 식품이 그 대상으로 거론되곤 한다. 바로 여기에 잘못된 결론이 놓여 있는 것이다. 하나의 식품에는 물론 각각의 비타민이 풍부하게 들어 있을 수 있다. 하지만 그들 모두가 우리 몸에 흡수되는 것은 아니다. 즉, 특정 식품에 들어 있다고 해서 그 모든 것을 우리 몸이 다 흡수할 수 있는 것은 아닌 것이다.

채식주의자에게서 나타날 수 있는 영양 공급 문제

마이크로 영양소	채식주의자 식단이 덜 효과적인 마이크로 영양소를 공급하는 이유
비타민 B_{12}	식물에는 함유되어 있지 않음 : 바닷말에 존재하는 B_{12}는 박테리아에 의해 형성된 것과는 상응하지 못하며, B_{12}의 효과가 거의 없다.
비타민 A	당근과 망고 및 다른 오렌지색 식물에서 추출되는 프로비타민 A : 12mg의 프로비타민 A에서는 1일 권장량에 해당하는 1mg의 비타민 A가 만들어진다. 이는 날마다 상당량의 프로비타민 A를 섭취할 필요가 없음을 의미한다. (최소 200ml의 당근주스)
비타민 D	식물에는(햇볕에 말린 버섯 제외) 존재하지 않음. 아보카도와 같은 몇몇 식품에 함유되어 있는 식물성 프로비타민 D는 섭취된 후 효과가 있는 비타민 D_2로 변환될 수 없다. 특히 겨울 동안에는 햇빛만으로는 충분하지 않다.
폴산	식물에는 동물성 식품과는 다른 방식으로 존재함. 식물성 폴산은(동물성이나 종합비타민과는 달리) 장에서 흡수되기 전 먼저 복합 구성에서 방출되어야만 한다. 장에서의 방출 과정은 어느 정도 시간이 걸리며, 그 사이 유미(암죽 : 소화된 지방이 암죽관 속에 흡수된 젖 빛깔의 림프액)는 계속해서 이송된다. 따라서 식물에서 섭취한 폴산의 생체이용률은 10~30%로서 동물성의 50~70%에 비해 현저히 떨어진다.
비타민 B_2	호밀순과 같은 단지 아주 적은 식물성 식품에만 다량의 비타민 B_2가 함유되어 있다. 동물성에 비해 생체이용률이 3~5배 정도 떨어진다.
칼슘	식물성 식품에는 아주 제한된 양만이 들어 있어 일반적으로 공급량이 적다. (500mg 이하)
요오드	바닷말 등을 제외하면 요오드 공급원은 아주 적은 편이다. 콩, 겨자과식물 그리고 고구마 등에 들어 있는 이른바 '갑상선종을 형성하는' 물질이 문제가 된다. 이들은 요오드의 흡수나 요오드와 갑상선호르몬의 결합을 억제한다.
철분	식물성 식품에서 섭취한 철분의 생체이용률은 5~8%로서 동물성의 10~25%에 비해 많이 떨어진다. 동물성의 경우 철분은 혈색소 헴과 결합해 다른 형태로 존재하는데, 이는 특수한 운반자를 통해 쉽게 흡수된다. 그에 반해 식물성 철분은 흡수되기 위해서는 먼저 화학적으로 '환원'되어야 한다. 이러한 화학반응을 지원해 주는 비타민 C는 식물성 식품에 함유된 철분의 흡수를 도와준다.
아연	잎채소, 곡물 그리고 육류는 아연의 주요 공급원이다. 생체이용률은 식물성 식품의 경우 피트산의 함량에 따라 달라진다. 함량이 높을수록 생체이용률은 낮아진다. 이는 철분의 경우에도 마찬가지로 적용된다.

채식주의자의 경우 식물성 음식물의 섭취량이 잡식성인 사람에 비해 현저히 높다 할지라도, 단지 그 같은 사실에 현혹되어서는 안 된다. 생체 이용률의 특수성과 식물에 함유되어 있는 피트산이나 콩단백질과 같은 화합물이 다양한 마이크로 영양소의 흡수를 저해할 수 있기 때문이다. 그렇기 때문에 채식주의자들은 자신들이 먹는 음식에 관한 정확한 정보를 알고 있어야 하며, 그에 따라 신중하게 식단을 꾸며야 한다. 건강하게 살기를 원한다면, '동물성은 거부한다'는 원칙만으로는 충분하지가 않다. 이 같은 원칙은 특히나 임신부의 경우 오히려 위험을 초래할 수도 있다. 임신부의 경우에는 마이크로 영양소의 필요량이 평소보다 두 배나 많아지고, 영양소의 공급 부족은 태아에게 발달장애를 일으킬 수도 있기 때문이다. 채식을 선택할 것인지는 누구든 스스로 결정할 수 있다. 하지만 임신부의 경우라면 이 같은 결정은 자신의 생각을 표현할 수 없는 다른 누군가와도 관련된 문제임을 자각해야 한다.

결론: 잘 짜인 채식 식단은 건강한 사람의 경우 모든 마이크로 영양소를 충분한 양만큼 공급해 줄 수 있다. 단, 예외가 있다면 비타민 D와 철분 및 아연일 것이다. 그에 비해 극단적 채식주의자의 경우에는 비타민 B_{12}, B_2, A, D, 폴산, 철분, 아연과 칼슘 등의 마이크로 영양소가 심하게 결핍될 위험이 늘 있다. 이 경우에도 단순히 공급이라는 측면에서만 본다면 공급량이 충분해 문제될 것은 없다. 하지만 식물성 식품에서 섭취하는 다양한 마이크로 영양소의 낮은 생체이용률을 고려한다면 상황은 그리 만만하지가 않다. 따라서 이들의 경우에는 많은 전문가 집단이 권고하듯 세심한 관리와 조절이 필요하다. 특히나 임신 및 수유 기간 동안

에는 보완적인 음식 섭취가 불가피하다. 마이크로 영양소 결핍은 음식 이력서에 지워지지 않는 기록을 남길 수도 있기 때문이다.

결국 극단적 채식주의라는 물결 또한 대부분의 다이어트 유형과 마찬가지로 거대 식품기업들이 주도하는 일종의 비즈니스 모델이다. 극단적 채식주의와 연관된 제품의 매출액은 2015년에 25%가 증가해 4억 5천만 유로를 기록했다. 더욱 흥미로운 점은 그런 가운데에도 소시지와 육류 생산기업의 사업 이익은 오히려 대폭 증가했다는 사실이다. 공장에서는 '채식 소시지'와 '채식 커틀릿'이 일상의 육류제품과 거의 같은 양으로 생산되었다. 이 경우, 식물성 인조 육류 제품 또한 닭 단백질의 형태 등으로 동물성 성분을 함유하고 있을 수 있다. 따라서 자신의 건강에 신경을 써서 식료품의 첨가물 목록을 체크하는 사람이라면, 채식 제품의 목록에는 더더욱 세심한 주의를 기울여야 할 것이다.

다시 한 번, 건강한 영양 섭취란?

우리를 아프지 않게 하고, 나아가 우리의 음식이력서에 긍정적인 영향을 끼치는 건강한 영양 섭취라는 관점에서 볼 때, 매크로 영양소 공급에 단편적으로 변화시키는 영양 섭취 방식은 건강에 해로운 것처럼 여겨진다. 이는 에너지 공급 자체보다는 오히려 매크로 영양소 공급의 극심한 변화로 인해 필연적으로 야기되는 마이크로 영양소의 불안정한 공급 때문일 것이다.

건강한 영양 섭취는 주요 성분들을 빼거나 변화시키거나 놀라운 효과를 기대하면서 특정 성분을 추가하는 것 따위에 의해 생겨나는 것이 아니다. 매크로 영양소의 그 같은 인위적인 상태 변화는 우선은 아무런 문제도 없는 것처럼 보인다. 하지만 이 같은 상황이 장기적으로 지속될 경우, 저탄수화물 내지 팔레오 다이어트 그리고 채식주의 식단 등의 편파적인 영양 섭취는 마이크로 영양소 공급에 차질을 불러올 수 있다. 하나나 여러 가지의 마이크로 영양소 결핍은 우리를 서서히 병들게 만든다. 그리고 이는 당연히 건강에 해롭다.

"건강한 영양 섭취는 나를 병들게 하지 않는 영양 섭취다!" 이를 달리 표현하면, 건강한 영양 섭취는 내게 필요하고(신체적 부담, 스포츠, 임신 등) 나의 현재 상황에 필요한 모든 것을 갖추고 있는 영양 섭취다. 적절하지 못한 마이크로 영양소 공급이 초래하는 문제점은, 우리는 본래 마이크로 영양소가 부족하다는 사실을 전혀 알아채지 못한다는 데에 있다. 그래서 이미 앞에서 언급했던 '숨겨진 허기'가 등장하게 되는 것이다.

마이크로 영양소의 결핍으로 분명하게 인식할 수 있는 상황은 나타나지 않는다. 그 대신 충분하지 못한 공급과 연관된 대사 경로나 기관의 기능은 시간이 지나며 피로, 감염에 대한 저항력 약화, 피부와 점막의 변화 등의 불특정한 증상으로 나타난다. 이 모든 장애들은 마이크로 영양소 결핍과 좀처럼 연관 짓기 힘든 증상들이다.

적정량으로 제시되는 만큼의 충분한 공급은 건강한 일반인들에게 충분한 양을 의미한다. 그렇다면 신체적으로 심한 부하가 걸려 있거나 병을 앓고 있어 평소보다 더 많은 양의 마이크로 영양소가 필요하다거나, 아니면 적정치보다 훨씬 적게 공급되는 경우에는 어떤 일이 벌어질까? 숨겨진 허기가 초래할 수 있는 결과들을 독일의 경우를 예로 들어 다음의 도표에 개략적으로 정리해 보았다.

관찰 연구에서는 또한 비타민 D와 E, 그리고 폴산과 같은 몇몇 마이크로 영양소의 결핍이 장기적으로는 관상동맥경화나 당뇨병 같은 비감염성 질환을 일으킬 수 있는 여건을 조성한다는 사실이 밝혀졌다. 이 같은 사실을 기록한 연구는 많은 논란을 불러일으켰다. 5년이라는 기간에 걸쳐 55~80세 사이의 성인 7,447명(그중 57%는 여성)을 대상으로 견과류

숨겨진 허기

마이크로 영양소	집단별 공급 부족 상황	가시적인 증상	결과
칼슘	25세 이하의 젊은 여성 중 약 75%가량이 해당됨. 그 밖의 다른 집단은 50~65%	없음.	낮은 골밀도 및 특히 50세 이상의 여성에게 서 나이가 들수록 높아 지는 골다공증 위험도
철분	폐경기까지의 여성 중 58%가 해당됨.	결핍 정도에 따라 눈에 띄지 않는 철분 결핍성 빈혈이 종종 나타난다.	상승하는 감염 저항력 의 약화 ; 임신부의 경우 특히 문제가 된다.
비타민 D	전체 인구의 약 60% ; 특히 겨울철에 노년층이 취약하다.	오랫동안 거의 없음 ; 뼈와 근육의 분산성 통증	상승하는 감염 저항력 의 약화, 운동 장애 및 노년층의 경우 낙상 위험성 증가
폴산	모든 연령대의 80% 정도	없음.	임신 기간 동안 문제가 된다.
비타민 B$_{12}$	모든 연령대의 30% 정도 ; 특히 노년층	없음.	피로, 심리적 불안
요오드	요오드 첨가 식염을 제외 하는 경우 거의 모두가 권장량 이하임 ; 요오드 첨가 식염을 고려해도 남성의 28%와 여성의 53%가 여전히 공급 부족 상태임.	없음.	임신 기간 동안과 아동기에 문제가 됨 (발달장애).

(하루 30g-다이어트 I)나 올리브유(주당 1ℓ-다이어트 II)를 첨가한 지중해
식 다이어트의 영향을 지방이 거의 없는 식단(다이어트 III)과 비교해 보
았다. 종결점(Endpoint)으로는 심근경색, 뇌졸중 또는 그러한 증상으로
인한 사망 등과 같은 중증의 심혈관계 증상이 설정되었다. 견과류가 첨
가된 지중해식 다이어트의 경우 그 숫자는 89회였고, 올리브유가 첨가

된 지중해식 다이어트의 경우에는 96회였으며, 지방이 거의 없는 식단의 경우에는 109회였다. 그리고 이 같은 조사 결과를 바탕으로 그 연구는 견과류나 올리브유가 첨가된 지중해식 다이어트는 심근경색과 뇌졸중의 위험을 줄여 준다는 결과를 발표했다. 그리고 이는 분명 연구를 재정적으로 지원한 주체, 즉 견과류와 올리브유 생산자 집단이 원했던 결과였다.

물론, 지방이 거의 없는 식단의 비교 집단에게서는 단지 견과류나 올리브유만 제외된 것이 아니었다. 그들에게만은 유독 건강하지 못한 영양 섭취가 제공되었다. 어떤 영양학자도 극단적으로 적은 견과류와 식물성 기름이 함유된 식단을 제공하지는 않을 것이다. 이들은 가장 중요한 비타민 E의 공급원이기 때문이다. 기존의 연구 결과에 따르면, 비타민 E를 함유한 식품의 공급이 부족해지면 심근경색의 위험이 현저히 높아진다. 위에서 예로 든 두 가지 지중해식 다이어트는 지방이 거의 없는 식단보다 훨씬 더 풍부한 비타민 D, 요오드, 비타민 A, 철분 그리고 불포화필수지방산이 들어가 있도록 구성되어 있었다. 그리고 이들 모두는 우리의 건강을 위해서 늘 강조되는 성분들이다.

이 같은 사실은 무엇을 말해 줄까? 영양 섭취가 균형을 상실하면, 그로 인해 발생하는 각각의 마이크로 영양소 결핍이 병을 유발할 수 있다는 사실이다. 따라서 그 같은 영양 섭취는 건강하지 못하다는 것이다!

마이크로 영양소의 불충분한 공급은 건강상의 문제를 일으킬 수 있다는 점만큼은 반드시 기억해 두자. 물론 마이크로 영양소의 공급이 부족한지 아닌지 입증하기는 쉽지 않다. 아직은 그 같은 결핍 상황을 알려 줄 수 있는 지표가 존재하지 않기 때문이다. 건강한 영양 섭취는 우리를 병들게 하지 않는 것이고, 따라서 모든 매크로 영양소와 마이크로 영양소를 충분하게 공급해 주는 영양 섭취이다.

몇몇 마이크로 영양소 또한 후성유전과 연관관계가 있음이 이미 밝혀졌다. 예를 들어 비타민 D는 글루코오스대사에 영향을 끼치고, 그와 더불어 대사증후군의 위험성 여부에 영향을 끼칠 수 있다. 즉 비타민 D가 부족하면 위험성은 높아지고, 그와 반대로 충분한 양의 비타민 D가 생성되거나 영양분을 통해 공급되면 위험성은 낮아지는 것으로 여겨진다. 그와 달리 비타민 C의 경우에는 후성유전적인 세포 성장의 조절에 있어서 역할을 수행하는 것처럼 보인다.

최근에 수행된 어느 연구에서는 각기 8명의 극단적 채식주의자, 채식주의자 그리고 육식하는 사람을 비교했다. 채식주의자의 경우, 그리고 극단적 채식주의자의 경우에는 후성유전적인 효과를 관찰할 수 있었고, 그와 관련해서는 대장암의 진행과의 연관성이 논란이 되기도 했다. 이 같은 사실은 아마도 모종의 혼란을 야기했던 초기의 연구 결과들을 설명해 주는 것 같다. 21년이라는 기간 동안 1,225명의 채식주의자와 679명의 비채식주의자에게 나타난 각종 질환과 암을 연구했던 독일의 채식주의자 연구는 채식주의자는 전체 사망률이나 암 사망률 어느 것과 관련해서도 비채식주의자 비교 집단과 별다른 차이를 보이지 않는다는 결론에 이르렀다. 아울러 적은 알코올 섭취와 흡연, 그리고 활발한 육체적 활동 등의 건강한 생활방식이 채식주의자의 중요한 특징으로 나타났다. 흔히 주장하듯 육류를 섭취하는 것뿐만 아니라, 바로 이 같은 특징들 또한 심혈관계 질환이 채식주의자에게서 훨씬 적게 나타나는 이유를 설명해 주는 것이다. 영국의 어느 연구에서는 암에 걸리는 비율이 채식주의자의 경우 전반적으로 훨씬 적다는 사실이 밝혀졌는데, 하지만 대장암의 경우만큼은 채식주의자가 육식하는 사람들보다 위험성이 더 높은 것으로 나타났다.

건강한 영양 섭취는 단지 에너지나 마이크로 영양소만 더 많이 함유하고 있는 것이 아니다. 건강한 영양 섭취에는 생물이 삶을 영위함에 있어서 생체의 기능을 증진시키거나 혹은 억제시키는 물질인, 이른바 '생리활성물질(Bioactive substances)' 또한 들어 있다. 그리고 그와 더불어 우리는 다시 우리의 음식이력서 가까이로 돌아와 있다.

우리의 음식물에 들어 있는 다른 모든 것들

과학은 단지 우리의 영양 섭취와 생활방식이 어떻게 해서 후성유전에 영향을 끼치는가를 연구하기만 하는 것이 아니다. 과학은 또한 우리의 음식물 속에는 정확히 무엇이 들어 있고, 이들이 끼치는 영향을 어떻게 설명할 수 있을지를 찾아내기 위해 노력한다. 무엇 때문에 채소와 과일은 대뜸 건강한 음식인 것처럼 보이는 것일까? 우리는 그 이유가 단지 비타민의 유무 때문만은 아니라는 사실을 이미 살펴보았다. 하지만 식물성 음식에는 유난히 다양한 생리활성물질이 들어 있는 것이 특징이다. 다음의 도표에는 수백 가지에 이르는 다양한 생리활성물질 가운데 단지 몇 가지만이 기재되어 있고, 아울러 그들이 후성유전에 끼치는 영향을 실험적으로 관찰한 결과를 보여 주고 있을 뿐이다.

생리활성물질

화합물	공급원	추정되는 긍정적 효과
에피카테친 그리고 에피카테친 갈레이트	녹차	과체중, 인슐린 저항성, 지방간
레스베라트롤	적포도주, 크랜베리, 땅콩, 블루베리	과체중, 지방간
쿠루쿠민	울금, 카레가루 (울금과 양념 혼합)	만성염증, 과체중
제니스테인	콩	과체중
프로시아니딘	포도씨 추출물	지방 신진대사
이소티오시아네이트	브로콜리, 상추, 한련	과체중
유기성 유황	마늘	지방세포 발육
셀레늄	견과류, 육류	과체중

후성유전에의 영향과 그로부터 기인하는 신진대사의 변화는 레스베라트롤 같은 물질의 경우에는 특히 자세히 연구되어 있다. 여섯 개의 연구는 글루코오스 저항성의 개선, 달리 표현하면 인슐린 저항성의 감소라는 측면에서 나타나는 효과를 보여 주었다. 하지만 세 개의 연구는 이를 보여 주지 않았다. 리슬링 백포도주나 순수 에타놀이 아니라 적포도주가 관상동맥의 기능에 끼치는 긍정적인 효과는 적포도주를 마시는 이들의 심혈관계 질환으로 인한 사망률이 상대적으로 낮은 이유를 설명해 줄 수도 있다. 그러므로 편안한 저녁식사 시간에 적포도주 한 잔을 곁들이는 것이 우리의 음식이력서에 좋은 영향을 끼친다는 것은 충분히 가

능한 이야기이다. 하지만 이 같은 놀라운 효과가 언론을 통해 계속해서 보도된다 할지라도 우리 인간을 질병과 노화로부터 지켜 준다는 확실한 증거는 아직 발견되지 않았다. 그러므로 이러한 개개의 물질들을 알약 형태가 아니라 음식물로 섭취하는 것이 훨씬 더 좋을 것이다.

결론 : 모든 필요한 마이크로 영양소를 충분하게 포함하고 있는 영양 섭취, 다시 말해 아주 다채로운 혼합식은 병이 나지 않게 해 주고 우리의 음식이력서에도 긍정적인 영향을 끼칠 수 있다. 그 어느 것도 금기시할 필요는 없다. 심지어는 천대받는 패스트푸드도 마찬가지다. 중요한 에너지대사의 관제 센터에 마이크로 영양소를 공급해 주는 것은 그곳에서 모든 것이 적절하게 진행되게끔 도와준다. 물론 마이크로 영양소의 공급이 부족하다고 해서 반드시 전형적인 증후가 나타나는 것은 아니다. 하지만 공급 부족은 그에 상응하는 결과로 우리의 음식이력서에 기재되는 것들이 부정적으로 작용하게끔 만들 수 있다.

'혼합하다'는 한 번은 생선, 한 번은 육류, 또 한 번은 둘 다 먹지 않는 등 순서와 조합을 계속해서 바꾸는 것을 의미한다. 그러므로 하루쯤은 날을 잡아 채식만 하는 것도 결코 나쁘지 않다. 아니면 팔레오데이나 저지방데이 내지 저탄수화물데이도 괜찮을 것이다. 그렇게 해서 다양한 다이어트들을 알게 되고, 어쩌면 이 모두를 하나로 혼합할 수도 있을 것이다.

늘 그렇듯 매 끼니 식사에는 채소가 들어가 있어야 한다. 그리고 중간중간에는 과일도 먹어야 한다. 먼 옛날 우리의 조상들이나 오늘날 살고 있는 침팬지들을 생각해 보자. 맛있는 것들이 충분했다면 그들이 왜 사냥을 했겠는가. 그 밖에도 때로는 달걀을, 때로는 요구르트를, 때로는 초콜릿을, 그리고 때로는 코냑 한 잔을 과일주스와 번갈아가며 마시자. 진정한 종합비타민과 종합무기질 식품을 얻고자 한다면, 그렇다면 한 달에 두 번은 한 조각의 간을 식탁에 올려보자! 다량의 비타민 D와 요오드 그리고 중요한 지방산을 함유하고 있기에 기름진 (바다) 물고기 또한 결코 빠져서는 안 될 것이다. 마이크로 영양소와 생리활성물질의 충분한 공급은 병을 예방해 줄 뿐만 아니라 우리의 음식이력서에 몇 가지 긍정적인 변화를 가져올 수 있는 영양 섭취이기도 하다.

건강한 영양 섭취에는 단 하나의 방법만 있는 것이 아니다. 마찬가지로 건강하지 않은 음식도 없다. 단지 무언가를 일방적으로 섭취하기 때문에 하나의 건강하지 않은 음식이 있을 뿐이다. 건강하지 못한 영양 섭취는 비타민 알약으로도 보상할 수 없다. 이는 단지 우리의 걱정을 괜찮을 거라는 그릇된 믿음으로 달래줄 뿐이다. 어느 누구도 지금 우리에게 어떤 마이크로 영양소가 가장 필요하고, 어떤 마이크로 영양소가 부족한지 알지 못하기 때문이다. 어쩌면 우리가 약국에서 산 약제가 지금 당장 필요로 하는 마이크로 영양소를 전혀 함유하고 있지 않거나 아주 적은 양만 함유하고 있을 수도 있다. 또한 우리는 각각의 마이크로 영양소를 고단위로 조제한 약제가 흡연과 음주와 운동 부족 등 우리의 잘못된 생활방식으로 인해 생겨난 질병으로부터 우리를 지켜줄 거라고 기대할 수도 없다. 물론 음식 섭취를 통해 필요한 영양을 공급받기가 어려운 상태이거나 음식 섭취만으로는 충분하지가 않아 영양보충제가 도움이 되는 사람들도 있다. 바로 그런 이유로 해서 '영양 대체제'가 아니라 '영양보충제'라고 불리는 것이다.

건강한 생활방식으로 음식이력서에 영향을 주자

후성유전과 후성유전이 건강에 끼치는 영향에 관한 연구들은 점점 더 영양학에 초점을 맞추고 있다. '1000일의 창'과 그 결과뿐만 아니라 생활방식이 '1000일의 창'이라는 우리 유전자의 '조절 시스템'에 끼치는 긍정적이고 부정적인 영향들 또한 아주 진지하게 검토되고 있다. 몇몇 소규모 연구들은 실험에서 밝혀진 사실들이 인간에게도 유효하며, 장차 당뇨병과 대사증후군의 예방과 치료에 있어서 새로운 단초를 제공할 수 있을 것이라는 결론에 이르게 되었다.

정상치이거나 정상치보다 조금 낮은 체중을 갖고 태어났던 젊은이층을 대상으로 한 한 연구는 지방이 풍부한 식단이 그들에게서 후성유전적인 변화와 인슐린 저항성이라는 결과를 낳았다는 사실을 밝혀냈다. 정상 체중으로 태어난 이들의 경우 식단을 표준식단으로 바꾸자 이 같은 후성유전적 변화 및 인슐린 저항성이 이내 사라진 반면, 정상치보다 낮은 몸무게로 태어났던 이들의 경우에는 지방이 풍부한 식단이 그들의 음식이력서의 일부로서 그때까지만 해도 잠재된 채 숨어 있던 인슐린 저항성의 실체를 분명히 드러나게 만들었다. 이 연구는 후성유전이 한편으로는 주변 여건의 변화에 얼마나 신속하게 반응하는지, 그리고 다른 한편으로는 후성유전이 얼마나 견고하게 자리 잡고 있는지를 보여준다. 그리고 이를 통해 '1000일의 창'에서 비롯된 위험이 죽는 날까지도 영향력을 행사할 수 있음을 알려 준다.

피트니스의 역할은?

평생을 앉거나 누워서 보내기로 결심한다면 어떤 일이 벌어지게 될까? 그런 삶이 나를 필연적으로 병들게 만들까? 꼭 그렇지만은 않을 것이다. 하지만 그런 생활방식이 나를 병에 걸리기 쉬운 상태로 몰아넣을 거라는 것만큼은 분명하다. 아울러, 나의 음식이력서에 기재되어 있던 성향들을 강화시키거나 약화시킬 수도 있을 것이다.

우리의 유전적 유산이 우리의 몸을 움직이도록 훈련시킨다는 것은 의심할 바 없는 사실이다. 반가운 소식 하나는, 우리는 무언가를 이루기 위해서 몹시 애를 쓰지 않아도 된다는 사실이다. 마라톤 연습을 할 필요도 없고, 한 시간이 넘도록 역기를 들 필요도 없다. 유럽인 33만 4,161명을 대상으로 시행된 한 연구는, 과체중자와 비만인의 경우 소파에 앉아 TV만 보며 많은 시간을 보내는 카우치 포테이토에서 벗어나 하루 100~150kcal의 에너지를 소비하는 적당한 신체 활동만으로도 사망률이 현저히 감소함을 관찰할 수 있었다는 사실을 발표했다. 몸무게가 75kg인 사람의 경우, 30분 동안 시속 2km의 속도로 수영을 하거나 시속 5km의 속도로 걷거나 시속 10km의 속도로 자전거를 타면 150kcal를 소비할 수 있다. 아니면 길거리를 쓸거나 낙엽을 긁어모으거나 정원에 나가 다른 일을 해도 된다. 그렇게 하면 이미 어느 정도 건강한 몸 상태를 유지할 수 있다. 단 한 가지 중요한 점은, 이 같은 활동이 규칙적이어야 한다는 사실이다.

피트니스란?

일련의 연구 결과는 심한 과체중과 대사증후군을 지닌 사람이 심근경색으로 사망할 위험성은 마른 체형의 사람에 비해 훨씬 높다고 주장하고 있지만, 또 다른 연구들에서는 그 같은 연관성을 직접적으로 규명할 수는 없었다고 밝히고 있다는 사실을 다시 한 번 상기해 보자. 그렇다면 이는 최적의 몸 상태인 피트니스와 관련이 있는 걸까?

피트니스를 과학적으로 조사하고 '(몸이) 탄탄한'을 '(몸이) 탄탄하지 않은'과 구별할 수 있는 여러 가지 방법이 있다. 대부분의 경우에는 이른바 '심폐 피트니스', 다시 말해 심장과 폐의 부하 용량의 비교 수치로 사용된다. 심폐 피트니스를 알아내기 위해 실험 대상자들은 대부분 자전거 측력계 테스트를 치른다.

다수의 연구들은 심한 과체중과 저하된 피트니스가 심혈관계 질환에 걸릴 위험성을 현저히 상승시킨다는 결과를 내놓았고, 이에 따라 미국 심장전문의과학협회는 과체중자와 비만인의 피트니스를 개선시킬 수 있는 시급한 조치가 필요하다는 결론에 이르렀다. 실제로도 피트니스는 심지어 체중보다도 더 중요한 문제인 것처럼 여겨진다. 그 이유는 BMI

와는 무관하게 몸이 건강하지 못한 사람의 사망 위험률이 건강한 사람보다 두 배나 높기 때문이다. 그와 반대로, 건강한 몸 상태는 과체중이라는 문제에도 불구하고 과체중자들의 사망률이 정상 체중의 건강한 사람들의 사망률과 같아지도록 도와준다.

신체 활동의 증가를 통해 우리의 음식이력서에 영향을 주는 일이 가능한 걸까? 이제까지 알려진 과학적 견해들에 따르면 그럴 가능성은 충분하다. 신체 활동은 에너지 항상성 및 인슐린이나 렙틴과 같은 호르몬 분비 조절 시스템에 영향을 끼치는 것으로 보이며, 이는 신체 활동을 개선시킨 사람들에게서 병든 지방조직의 증후가 감소하는 것을 통해서 확인할 수 있다.

이제, 진화의 문제로 다시 돌아가 보자. 이제껏 살고 있던 나무 위에서 내려온 200만 년 전의 사람들은 극히 위험한 주변 환경에 처하게 되었다. 그들은 오늘날과는 달리 먹이사슬의 맨 꼭대기에 자리하고 있지 못했고, 살쾡이와 하이에나 그리고 곰들에게 둘러싸인 채 기껏해야 위쪽 어딘가에 서 있었다. 그래서 그들은 늘 신경을 곤두세운 채 끊임없이 주변의 지형지세를 살펴야만 했을 뿐만 아니라, 뭔가 수상한 낌새가 느껴지면 신속히 대처해야만 했다. 그들을 압박했던 주변 여건은 그렇게 해서 이미 그들의 '1000일의 창'에 기재되었다.

휴가차 떠난 모험여행을 제외하면, 오늘날의 우리들은 그와 달리 갑자기 뛰어 달아나거나 나무 위로 도망쳐 올라가도록 강요받지 않는다. 하지만 그럼에도 불구하고 우리는 그렇게 해야만 한다. 그렇게 하는 것이 우리의 유전적이고 후생유전적인 기본 성향에 부합되기 때문이다.

다시 말해 우리는 가만히 앉아서 식사를 할 뿐만 아니라 가능한 한 많이 움직여야만 하는 것이다.

먹이사슬 맨 꼭대기 자리를 놓고 벌어진 싸움에서 얻어낸 승리는 우리에게 느긋함과 편리함이란 선물을 안겨 줬다. 그리고 우리는 냉장고와 수동적인 생활방식이란 이 선물을 목표 지향적인 신체 활동의 증가를 통해 보상해야만 한다. 많이 먹도록 프로그래밍되어 있던 사람들은 당시에도 먹을 것을 찾아내기 위해 특히나 많이 움직여야만 했었다.

운동과 병든 지방조직

이제까지 우리는 우리의 체중 및 우리의 건강이 BMI 하나에 의해서보다는 오히려 근육량과 지방과의 비율, 그리고 이기적인 뇌에 의해서 더 많은 영향을 받는다는 사실을 살펴보았다. 우리에게서 대사증후군이 나타나는지 아닌지는 무엇보다도 지방조직(내장 또는 피하)의 분포, 그리고 피에서 글루코오스를 흡수하는 근육조직의 능력에 의해 결정되는 것은 분명하다.

그 과정에서 글루코오스를 놓고 벌어지는 뇌와 근육 사이의 경쟁은 아주 중요한 양상이다. 야생의 동물을 사냥하기 위해서는 근육에 에너지가 공급되어야 한다. 그와 동시에 뇌 또한 환하게 깨어 있어야만 한다. 인슐린에 종속되어 활성화되는 운반자(GLUT4)를 통해 근육으로 흡수되는 글루코오스를 감소시킴으로써 뇌는 자신의 목적을 달성한다. 그리고 그 부수 효과로 피하지방조직은 훼손되지 않은 채 남아 있게 된다. 하지만 여기에도 나름의 탈출구는 있다. 과부하가 걸린 근육조직의 요구가 거세지면, 근육조직은 인슐린의 도움 없이 활성화되는 또 다른 글루코오스 운반자(GLUT1)를 통해 혈액으로부터 글루코오스의 일부를 흡수할 수 있다. 그렇게 되면 뇌는 이제 저장된 지방에 손을 대야만 한다. 하지만 이 같은 과정은 단지 우리 몸이 부지런히 활동할 때만 작동한다.

BMI가 평균치인 27.5이고 아버지와 자식 및 형제 가운데 제2유형 당뇨병을 앓거나 앓은 병력이 있는 건강한 젊은 남성들을 대상으로 한 비교 연구들은 당뇨병에 걸릴 위험성을 증가시키는 일련의 후성유전적 변이들을 제시했는데, 이는 아버지와 자식 및 형제 가운데 제2유형 당뇨병을 앓거나 앓은 병력이 없는 사람들에게서는 나타나지 않았다. 그 밖에도 이 같은 변이는 주로 근육조직에서의 에너지 항상성과 근육에서의 인슐린 및 칼슘 작용을 담당하는 유전자들에게서 일어났다. 이는, 당뇨병의 발현 여부는 곧 각자의 음식이력서와도 어느 정도 관련이 있었다는 사실을 의미한다. 하지만 중요한 문제는 이제 그 같은 가능성 여부를 신체적인 활동을 통해 변화시킬 수 있느냐 하는 점이다. 6개월 동안의 지속적인 운동 후, 유전자에 변화가 나타났는지를 알아보기 위해 실험 대상자들은 다시 조직검사를 받았다. 그리고 그 결과, 몇몇 유전자에서 6개월 전에 검출되었던 후성유전적 표지들에 실제로 변화가 일어났으며, 그로 인해 당뇨병에 걸릴 위험성이 낮아졌음을 확인할 수 있었다.

이 같이 의미심장한 연구 결과들이 제기하는 바를 정리하자면, 규칙적이고 적당한 운동은 병든 지방조직에 수반하는 현상들과 관련된 유전자들의 변형에 긍정적인 영향을 끼친다는 사실이다. 이는 거꾸로 말하면 자발적인 실험 대상자들을 9일 동안 침대에만 누워 쉬게 하면, 그와 정반대되는 현상이 일어난다는 것을 의미한다. 즉, 주로 앉아 있거나 누워 지내는 비활동적인 생활방식은 당뇨병의 진전을 돕는 후성유전적 변이를 이끌어 내는 것이다.

결론 : 우리는 신체 활동을 통해 실제로 우리의 음식이력서에 영향을 끼칠 수 있고, 병든 지방조직의 부수적인 현상을 감소시키거나 억제할 수 있다는 사실을 살펴보았다. 더욱이 이는 그리 어려운 일인 것처럼 보이지도 않는다. 다양한 분야의 많은 전문가들이 추천하듯, 매일 30분 정도의 적당한 운동만으로도 관상동맥 질환의 위험성은 현저히 감소한다. 영양 섭취와 관련해서라면 더더욱 고행을 감수할 필요도 없다.

어느 정도의 지방 감소는 절대적으로 필요할 것이다. 이는 지방이 병이 나게 만들기 때문이 아니라, 이미 존재하는 우리의 지방조직은 자꾸만 더 축적되기를 바라고 그렇게 해서 추가된 지방조직이 복부에 축적되는 경우 문제를 일으킬 수 있기 때문이다. 특히 설탕과 사탕 및 청량음료 등처럼 높은 혈당지수를 지닌 탄수화물 또한 어느 정도 줄일 필요가 있다. 좀 더 줄이든 혈액 속의 글루코오스는 인슐린이 그만큼 줄어듦을 의미하고, 인슐린은 저장고를 채우는 호르몬이란 사실을 잊어서는 안 된다. 즉, 인슐린이 없다면 지방의 저장도 일어나지 않는 것이다. 이 같은 현상은 젊은 (대부분 마른) 제1유형의 당뇨병 환자에게는 인슐린이 결핍되어 있다는 사실을 통해서 확인할 수 있다. 반면에 (일반적으로 뚱뚱한) 제2유형의 당뇨병 환자들은 대부분 인슐린이 지나치게 많다(인슐린 저항성). 하지만 이 모든 절제는 무엇보다도 도를 지나치지 않고 적당해야만 한다. 특정 음식이나 식품류를 과도할 정도로 삼가는 것은 무모하면서도 오히려 건강에 해가 될 뿐이다.

임신한 여성은 영양 섭취에 더더욱 신경을 써야 하며, 특히나 모든 마이크로 영양소를 충분히 섭취할 수 있도록 세심한 주의를 기울여야 한다는 사실은 이미 여러 차례 강조한 바 있다. 이어지는 파트에서는 임신 기간 동안의 영양소 공급이라는 주제와 관련해 꼭 알고 있어야만 하는 중요한 사항들을 한 번 더 정리해 보고자 한다.

임신

먼저, 한 가지 중요한 사실부터 안내한다. 모든 임신부들에게 안내 책자나 그에 상응하는 전문가의 조언과 관련된 정보를 추가적으로 조회해 볼 것을 권한다. 하지만 아직 태어나지 않은 배 속의 아기를 위협하는 위험은 오직 의사만이 찾아내 해결할 수 있다. 특정한 태반 기능 장애는 발육하는 태아를 위한 공급을 제한시킬 수 있다. 갑자기 나타나는 임신 당뇨는 그와 달리 태아에게 공급 과잉을 불러올 수 있다.

여기에서는 우리 책의 주제에 걸맞게, 그리고 3장에서 제공한 정보들을 보충하는 의미에서 매크로 영양소와 마이크로 영양소와 관련해서는 특히 어떤 점에 유의해야 하는지에 관해 단지 간단하게 정리해서 설명하고자 한다. 그리고 이 같은 설명은 임신부들의 생활방식과 영양 섭취를 다루고 있기에 미래의 어머니들은 이로부터 분명 도움을 받을 수 있을 것이다.

이제는 음주와 흡연이 태아에게 해를 끼친다는 사실은 널리 알려져 있는 반면, 임신 기간 동안의 잘못된 영양 섭취의 결과에 대해서는 단지 단편적인 사실들만을 알고 있는 경우가 대부분이다. 임신 기간 동안에는 그 어느 때보다도 더 균형 잡힌 다양한 식단을 유지하도록 신경 써야 하며, 특수한 식단이나 유행하는 다이어트를 통한 실험적인 영양 섭취는 삼가야 한다. 임신부는 조금만 노력하면 태아의 영양 공급을 조절할 수 있으므로 태아의 발육과 성장을 위해 필요로 하는 모든 것을 섭취할 수 있도록 해 줘야 한다.

매크로 영양소

필요한 에너지를 공급해 주는 매크로 영양소들이 결핍되면 제일 먼저 태아의 성장이 억제된다. 이는 그렇게 함으로써 특히 에너지를 필요로 하는 기관들, 즉 심장과 뇌에의 에너지 공급을 확보하기 위해서이다. 이 같은 작용은 당연히 다른 기관들의 발달을 저해하게 되고, 전반적인 신체의 성장 또한 제한되어 정상치보다 낮은 몸무게인 상태로 태어나게 되는 결과를 초래한다. 특히 공급 부족이 태아의 신체적인 성장이 가장 왕성하게 이뤄지는 시기인 임신 26주 이후에 심각하게 나타나는 경우, 태아의 몸무게는 특히나 현저히 감소하게 된다.

필수아미노산을 지닌 단백질

몇 가지 예외인 경우를 제외하면 인간의 유기적 신체기관은 필요로 하는 모든 단백질 구성 요소, 즉 아미노산을 스스로 생산해 낸다. 그리고 바로 이 예외에 속하는 것들은 '필수아미노산'이라고 불리는데, 이들은 식이단백질을 통해 섭취되어야만 한다.

임신 기간 동안 어머니에게서 태아에게로 전달되는 이 필수아미노산이 부족하면 이는 조직과 기관의 발달에 영향을 끼칠 수 있다. 그 가운데서도 가장 대표적인 아미노산이 바로 성인에게는 필요하지 않으나 '1000일의 창' 시기에 있는 아기에게는 꼭 필요한 '타우린'이다. 타우린은 오직 동물성 식품에만 존재하는데, 가장 뛰어난 타우린 공급원은 기름기가 많은 생선류이다. 하지만 육류와 우유 및 유제품 같은 다른 동물성 식품에도 타우린은 함유되어 있다.

태아는 태반을 통해 어머니의 혈액에서 타우린을 공급받고, 신생아는 모유에 의해 타우린을 섭취한다. 쥐의 경우, 타우린은 망막 신경세포의 발달과 발달해가는 뇌 속 신경세포의 성숙, 그리고 뉴런의 전구세포의 성장에 중요한 영향을 끼친다. 인간 태아의 경우에도 궁극적으로는 뇌 물질 중에서도 아주 중요한 부분을 구성하는 뉴런의 성장과 발달을 촉진하는 타우린의 효과는 상당히 개연성이 있는 사실로 인정받고 있다.

출산 후 첫 5일 동안의 모유에는 다량의 타우린이 함유되어 있다. 하지만 출산 후 30일이 지나면 이미 모유 속 타우린의 농도는 현저하게 감소한다. 모유 속의 타우린 농도가 급격히 감소한다는 사실은 신생아의 간이 이제 스스로 타우린을 생성할 수 있는 상태이거나, 아니면 신생아가 더 이상은 다량의 타우린을 필요로 하지 않는다는 사실을 의미한다.

포화, 불포화 : 지방과 지방산

오메가-3 지방산에는 특별한 의미가 부여된다. 오메가-3 지방산의 가장 중요한 공급원 또한 지방이 풍부한 생선, 식물성 오일, 그리고 새순과 견과류이다. 예를 들어 앞에서 언급했던 리놀렌산은 식물의 올레인산으로부터 생성된다. 동물성 세포는 이 같은 화학반응을 실행하지 못한다. 그렇기 때문에 우리 인간에게 리놀렌산은 꼭 필요하다. 리놀렌산은 간에서 변형되며, 또한 근육조직과 뇌에서도 변형된다. 이러한 복합적인 과정의 결과는 뇌 발달에 있어서 중요한 역할을 수행하는 것으로 알려져 있으며, 이를 위해서는 추가적으로 충분한 양의 비타민 A가 공급되어야만 한다.

임신 기간 동안 충분한 생선을 섭취한 여성의 경우, 조산이나 출생 시 신생아가 너무 작게 태어날 위험이 거의 없다. 이 같은 사실은 한편으로는 이누이트족이나 생선을 주식으로 삼는 다른 부족들, 그리고 다른 한편으로는 중점 연구들을 통해 확인된다. 물론 생선의 섭취는 주 3회 이하로 제한하는 것이 안전하다. 그 이유는 바닷물고기가 태아의 정신적인 발달에 부정적인 영향을 끼치는 것으로 의심받고 있는 수은에 중독된 경우가 종종 확인되기 때문이다. 하지만 생선에 존재하는 특별한 지방산의 섭취는 태아의 정신적인 발달을 촉진시킨다. 그런 이유로 임신 기간 동안에는 일주일에 1~2번, 가능한 한 다양한 종류의 생선을 섭취할 것이 권장된다. 물론 생선을 싫어하는 사람의 경우에는 생선기름 캡슐을 복용하는 것도 무방하다.

마이크로 영양소 없이는
거의 아무것도 작동하지 않는다

태아에게 공급되는 개별적인 마이크로 영양소가 부족하면 여러 다양한 기관의 발육장애를 불러올 수 있다. 이 같은 발육장애는 처음에는 잘 나타나지 않는다. 하지만 시간이 지나면서 여러 가지 다양한 질환을 초래할 가능성을 높게 만든다. 훗날의 발병 가능성을 높여 주는 이 같은 발육장애와 신진대사 프로그래밍이 발현할 가능성은 임신 초기부터 13주차에 이르는 시기 사이에 마이크로 영양소 결핍 상황이 일어날 때 특히 농후해진다.

뉴질랜드에서 수행된 한 연구는 어머니의 영양 섭취 및 마이크로 영양소 공급과 태아의 성장장애 사이의 연관성을 조사했다. 연구의 진행을 위해 저체중 출산아의 어머니 844명과 정상 체중 출산아의 어머니 870명을 대상으로 임신 기간 동안의 그들의 식습관에 관해 인터뷰를 가졌다. 연구자들은 이 조사를 통해 특정한 식품의 섭취나 포기가 저체중 출산아의 원인이 될 수 있는지를 알려 주는 단서를 얻기를 기대했다. 그리고 인터뷰 결과에 따르면, 정상 체중 출산아의 어머니들은 많은 경우 임신 초기 몇 달 동안에 과일과 생선을 섭취했으며, 영양 보충을 위해 폴산을 복용했다고 대답했다. 그 밖에도 많은 어머니들은 임신 마지막 석 달 동안 철분제를 복용했다고 밝혔다. 이 같은 조사 결과는 결국 다양하고 (마이크로) 영양소가 풍부한 영양 섭취가 태내에서의 성장장애를 일으킬 가능성을 감소시켜 준다는 추론을 뒷받침해 준다. 또, 다른 연구들 또한 부족한 철분이나 폴산의 공급이 성장장애를 불러올 가능성을 상승시키는 데 일조한다는 사실을 분명하게 보여 준다.

가장 중요한 마이크로 영양소와 그 작용, 그리고 '1000일의 창' 동안 이들의 결핍 상황이 초래할 수도 있는 결과를 다음 도표에 정리해 보았다.

태아의 건강한 발달에 있어서 마이크로 영양소가 갖는 중요성

마이크로 영양소	기능	공급 부족으로 인한 영향
칼슘	수정란의 착상, 태반 형성	조산
구리	미토콘드리아에서의 태아의 에너지대사, 태아의 발육	신체발달장애
요오드	배아/태아의 중추신경계 발달	크레틴병, 선천성 청각장애, 뇌 발달장애
철분	태아의 혈액 생성	조산
마그네슘	태아의 적혈구에서의 에너지 생성	조산
아연	배아의 기관 발달과 태아의 성장	성장장애, 면역기능의 장애
칼륨	태아의 성장과 기관의 기능	성장장애, 조산
나트륨	태아의 성장과 기관의 기능	성장장애, 조산
비타민 A	배아의 기관 형성과 태아의 성장, 뇌 발달	면역기능 장애, 폐의 발육장애
폴산	배아의 신경관 형성, 태아의 혈액 생성	신경관 결함, 척추 갈림증
비타민 B_1	배아 및 태아의 에너지대사, 신경계	신경발달장애, 성장장애
비타민 B_2	태아의 성장	성장장애
니아신	태아의 성장	성장장애
판토텐산	태아의 성장	성장장애
비타민 C	태아의 결합 조직 형성, 태아의 성장	결합 조직 결함, 면역체계 장애
비타민 D	태아의 성장, 태아의 뇌 발달	성장장애
비타민 E	수정란의 착상, 태아의 적혈구의 안정성	태아의 빈혈

임신 기간 동안 증가한 수요를 충족시켜 주는 충분한 마이크로 영양소의 공급은 단지 다양하고 균형 잡힌 건강식을 통해서만 가능하다. 일주일에 두세 차례 지방이 풍부한 생선을 섭취하면, 신경계 발달을 위해 중요한 오메가-3 지방산과 비타민 D의 공급을 확보할 수 있다. 폴산과

비타민 A 및 요오드와 철분은 특별한 역할을 담당한다. 그리고 이들의 경우, 임신 기간 동안에는 평상시와 같은 섭취량만으로는 많이 부족할 수가 있다. 아이를 갖고 싶어 하는 여성들에게 공연히 추가로 폴산과 철분제를 복용하라고 권하는 것은 아니다. 상대적으로 빈곤한 국가의 여성들에게는 비타민 A와 요오드 또한 추가로 보충할 것을 권장한다.

폴산은 정리한다

임신은 특히 많은 폴산이 요구되는 시기이다. 과학자들은 임신 기간 동안의 폴산 수요량을 평상시보다 5~10배까지 더 증가하는 것으로 평가한다. 폴산은 DNA 합성, 세포 분열, 세포 분화, 태반과 태아의 성장과 발달 같은 수많은 과정들의 원활한 진행을 위해 꼭 필요하며, 메틸기의 전달자로서도 아주 중요한 역할을 수행한다. 그럼에도 불구하고 공급 부족으로 인한 폴산의 결핍 증상은 흔히 발생한다. 예를 들어 독일에서도 그리 많지 않은 사람들만이 폴산 권고치를 섭취할 뿐이다. 특히나 대부분의 젊은 여성들은 임신을 하는 경우 건강한 태아의 성장과 발달을 위해 요구되는 기준치에 훨씬 못 미치는 양의 폴산을 섭취한다. 이 같은 공급 부족 현상의 원인 가운데 하나는 식물성 음식을 통해 폴산을 섭취하는 것이 동물성 식품에 비해 훨씬 더 어렵다는 사실일 것이다. 설사 식물성 식품을 다량으로 꾸준히 섭취한다 할지라도 임신부가 필요로 하는 폴산의 양을 충족시킬 수는 없다. 이 같은 경우는 누구보다도 채식주의자나 극단적 채식주의자에게 해당된다.

폴산의 공급이 부족하면 '이분 척추증(Spina bifida)'이라고도 불리는

'척추 갈림증'과 같은 신경관 결함의 위험성이 현저하게 상승한다는 사실이 알려진 건 벌써 20여 년 전의 일이다. 그리고 적어도 몇몇 국가에서 그에 상응하는 권고안이 여성들에게 제공되기까지는 물론 오랜 시간이 걸렸다. 폴산 결핍으로 인해 나타나는 기형의 근본적인 원인은 아마도 신경관 세포의 강화된 성장으로 인해 특정한 DNA 조각이 충분히 메틸화되지 못하는 것 때문인 것으로 추정된다. 그리고 그 결과, 양쪽 끝은 이제 서로 맞닿아 결합되는 데 있어 어려움을 겪게 된다. 이 같은 상황을 피하기 위해 아기를 갖기를 희망하는 여성들에게는 날마다 400 μg(마이크로그램)의 폴산을 추가로 복용할 것을 권하게 된다.

비타민 A를 형성하다

히말라야 중턱 네팔의 외딴 시골 지역에는 아주 기이한 전통 하나가 있다. 임신부들은 그 마을에 살고 있는 노부인들에게 혹시나 야맹증을 앓고 있지는 않은지 검사를 받는 것이다. 야맹증은 어두운 공간에서 방향을 분간하는 게 힘들거나 아예 불가능한 증상을 뜻하며, 이는 비타민 A의 결핍이 시작되고 있음을 알려 주는 일종의 신호이다. 검사를 해서 야맹증이 아닌 게 밝혀지면, 그 임신부에게는 사실상 비타민 A를 포함해 거의 아무런 마이크로 영양소도 들어 있지 않은 미음 다이어트가 주어진다. 그리고 그 같은 다이어트는 야맹증 증상이 나타날 때까지나, 아니면 배 속의 아기가 태어날 때까지 계속된다.

이처럼 기이한 관습 뒤에는 대체 어떤 비밀이 숨어 있는 걸까? 그 뒤에는 바로, 야맹증이 있는 어머니에게서 태어나는 신생아는 상대적으로 몸집이 눈에 띄게 작고, 그래서 분만 과정이 한층 용이해진다는 산 경험이 녹아들어 있다. 그리고 그렇게 함으로써 산모들은 난산의 위험으로부터 보호받는 것이다. 어머니에게는 깔끔하게 해결된 문제인 것처럼 보이는 것이, 그로 인해 아기의 발달이 초기 단계에서부터 저해되어 아주 심각한 문제로 대두될 수 있다. 비타민 A의 결핍도 마찬가지로 성장 장애와 기형의 원인이 되기 때문이다.

비타민 A 결핍은 전 세계적인 문제로, 어린이와 여성 그리고 아프리카와 아시아 지역의 약 2억~2억 5천만 명의 사람들에게 해당되는 일이다. 물론 세포 속에서의 비타민 A 신진대사는 극도로 민감하고, 그래서 임신부들에게는 임신 초기 첫 4주 동안은 비타민 A를 정제 형태로라도 복용하라는 권고가 주어진다. 그에 반해 임신 13주차 무렵에는 태아의 폐가 성숙하는 데 있어서 비타민 A가 꼭 필요하다. 그렇기 때문에 바로 이 시기 동안에는 공급이 제대로 원활하게 진행되고 있는지 특별히 유의해야 한다.

요오드가 똑똑하게 만든다

요오드 결핍은 철분 결핍과 마찬가지로 선진국에서도 흔히 나타나는 현상이다. 세계보건기구(WHO)는 중부 유럽 전체 주민 가운데 44%가 충분한 요오드를 공급받지 못하고 있다고 전제한다. 이 같은 요오드 결핍 상황은 이미 언급했듯이 특히 젊은 여성들과 관련되어 있다. 그 원인으로는 토양에 요오드가 거의 존재하지 않아 그 땅에서 재배되는 농작물들 또한 요오드를 거의 함유하고 있지 않다는 사실을 들 수 있다.

1970년 이래로 요오드 첨가 식염을 사용할 것이 권유되고 있는데, 이는 요오드 공급의 50%가량을 책임지고 있다. 하지만 여기에서도 물론 딜레마가 존재한다. 스위스의 연구 결과가 보여 주듯, 고혈압을 예방하기 위해 소금 사용량을 줄일 것을 적극 권장하는 가운데 요오드 결핍이 다시 증가하고 있기 때문이다. 히말라야 소금이나 온갖 종류의 기적의 소금을 애호하는 현재의 유행 또한 원하는 바와는 정반대의 결과를 초래하곤 한다. 왜냐하면 이 소금들에는 자연적으로나 인공적으로나 요오드가 전혀 함유되어 있지 않기 때문이다.

임신 기간 동안에 요오드 결핍을 보였던 어머니에게서 태어난 아이들의 지능발달과 관련한 다수의 연구들은, 그 아이들이 정상적으로 요오드를 섭취했던 어머니에게서 태어난 아이들과 비교해 언어발달장애와 소통장애에 걸리는 빈도가 좀 더 높다는 결론에 도달했다.

중국의 한 연구는 요오드 공급의 개선이 어느 작은 마을 주민들의 건강과 복지에 어떠한 영향을 끼쳤는지를 아주 인상적인 방식으로 묘사하고 있다. 지셴(集賢)이라는 이름의 이 마을은 한때 '바보들의 마을'이라고 불렸다. 그곳에 살고 있던 주민들 1,243명 가운데 850명이 갑상선종을 갖고 있었고, 115명은 크레틴병을 앓고 있었기 때문이다. 그 사실이 알려지자 어느 누구도 이 마을사람들과 결혼하려 하지 않았고, 그 결과 생산성은 떨어지고 마을사람들은 빈곤에 시달렸다. 마을 전체는 절망의 늪에서 빠져나오지 못했다. 많은 사람들은 그 같은 불행의 원인이 마을 위쪽에 우뚝 서 있는 원숭이 형상을 한 거대한 바위 때문이라고 믿었고, 그래서 마침내 그 바위를 제거했다. 하지만 아무런 효과도 없었다. 그런

데 1978년부터 이루어진 소금의 농축과 요오드를 첨가한 식수를 공급하면서 요오드 공급 개선이 오히려 신속하고도 엄청난 변화를 가져왔다.

지셴 마을의 요오드 공급 전후 상황

	1978년 이전	1986년 이후
갑상선종 비율	80%	4.5%
크레틴병 빈도	14%	0
관련 행정구역 내 학교 비교에 따른 순위	14개 학교 중 14위	14개 학교 중 3위
학교 결석률	〉50%	2%
연간 농산물 가치	19,000 위안	180,000 위안
1인당 월간 소득	43 위안	550 위안

배아가 자기 자신만의 갑상선을 아직 전혀 갖고 있지 못함에도 불구하고, 배아 발생기 동안에 갑상선호르몬 수용기는 이미 자신의 존재를 드러내 보이곤 한다. 배아는 어머니를 통한 공급에 전적으로 의존한다. 갑상선호르몬과 비타민 A는 초기뿐만 아니라 후기 뇌 발달에 있어서도 신경세포의 발달과 분화에 함께 작용한다. 요오드의 결핍은 배아기 및 특히 태아기에 이미 나타나는 뇌의 바람직하지 않은 발달의 원인을 설명해줄 수 있을 것이다.

철분은 산소를 전달한다

심하지 않은 철분 결핍은 종종 지나치게 된다. 일부러 특정해서 검사를 하지 않는 한 철분 결핍 상태를 발견하기는 좀처럼 쉽지 않다. 오히려 보기에 좋은 창백함과 약간의 피로는 어떤 병의 증상으로도 인식되지 않기 때문이다.

철은 헤모글로빈 분자의 주요 성분으로, 삶의 원동력인 산소를 '혈색소'에 결합시켜 주고 적혈구와 함께 신체 내의 자신을 필요로 하는 곳으로 배달된다. 철분은 물론 대부분의 음식물에 들어 있지만, 그 양은 대체로 충분치가 못하다. 철의 주요한 공급원은 간과 같은 내장기관인데, 오늘날에는 이들이 우리 식탁에 오르는 경우는 거의 없다. 또 그 밖에도 장에서 몸으로 흡수되는 과정상 또 다른 문제가 있다. 통밀에 함유된 식이섬유소와 차나 적포도주 등에서 나오는 타닌이 철과 결합해 그 기능을 약화시키는 것이다. 그에 반해 비타민 C는 그 기능을 개선시킨다.

세계보건기구가 최근 발표한 자료에 따르면, 전 세계 200만 명 이상의 사람들이 철분 결핍 상태인 것으로 나타났다. 임신부에게서 철분의 공급이 많이 부족하다는 신호로 나타나는 철분 결핍과 그로 인한 빈혈의 빈도는 전 세계적으로 43%에 달하며, 이는 결코 개발도상국만의 문제가 아니다.

임신 기간 동안의 철분 결핍은 태내에서의 성장장애라는 위험을 내포하고 있다. 철분 결핍은 태반의 혈관 생성을 감소시키고, 이는 결국 태아에게 공급 부족이라는 결과를 낳게 된다. 이 같은 상황은 아주 중요한 성장인자가 단지 미량으로만 생성되고, 그로 인해 성장이 제약된다는 사실에서 특히 잘 드러난다. 생리학적인 관점에서 보면, 이는 영양 부족에 대한 일종의 반응으로 나타나는 현상으로서 충분히 이해 가능한 부분이다. 하지만 그와 동시에 철분 결핍은 스트레스를 상승시키고, 이는 스트레스축(Stress axis)을 활성화시키며(5장 참조), 그 결과 배 속의 아기는 과

다하게 분비된 스트레스 호르몬 코르티솔에 노출되게 된다.

한마디로 간단히 정리하자면, 특히나 임신 기간 동안에는 이 책에서 언급된 것들을 포함한 모든 마이크로 영양소가 적절히 공급되어야만 한다. 그리고 이 같은 상태는 다양한 영양 섭취를 통해서 가장 쉽게 유지할 수 있다.

이 책에서 설명된 다양한 연구 결과로부터 여러분은 무엇을 얻을 수 있는가? 영양의학의 연구 결과가 여러분의 일상과는 어떤 관계가 있는가?

첫 번째 메시지, 긴장을 풀어라!

우리가 먹는 음식은 안전하고, 유해 물질은 거의 들어 있지 않다. 우리는 충분한 에너지를 섭취할 수 있고, 필요한 모든 마이크로 영양소를 공급받을 수 있다. 이는 진정 바람직한 상황이다. 왜냐하면 수많은 신진대사 과정은 필요한 마이크로 영양소가 적절한 시기에 충분한 만큼 존재할 때 비로소 작동되기 때문이다. 우리의 미각이 전하는 메시지는 단순하다. 모든 매크로 영양소를 충분히, 그리고 다양하게 섭취하라. 그러면 필요로 하는 모든 마이크로 영양소를 저절로 공급받게 될 것이다.

글루텐, 설탕, 지방, 소금 또는 락토오스 같은 우리가 섭취하는 음식물의 구성 성분은 단지 아주 적은 수의 사람들에게만 건강상의 위험 요인이 될 뿐이다. 균형 잡힌 건강식을 유지한다면, 다시 말해 기본 식료품

가운데 특정 종류를 일부러 삼가지 않고 모든 것들을 어느 정도씩 섭취한다면, 의사가 부적합한 상태를 명시적으로 경고하지 않는 한 우리는 결코 우리의 영양 섭취에 대해 걱정할 필요가 없다. 물론 오늘날의 먹을거리는 대부분 예전처럼 자연적이고 원시적인 방법으로 생산되지는 않는다. 하지만 이 같은 발전 상황은 건강이라는 측면에서 바라볼 때 단점보다는 오히려 장점이 훨씬 더 많다. 그런데도 많은 사람들은 다양한 회피 전략을 구사하는 가운데 스스로의 건강을 해치곤 한다. 일체의 글루텐이 배제된 영양 섭취가 오히려 건강상의 문제를 불러일으킬 수도 있다는 사실을 많은 사람들이 미처 알고 있지 못하기 때문이다.

예를 들어 이른바 유해한 밀가루를 대신해 애용되는 쌀가루에는 벼가 논의 물에서 흡수한 비소와 수은이 다량 함유되어 있기도 하다. 비소는 암을 유발하는 물질이고, 수은은 신경계에 해를 끼친다. 수은은 특히나 태아의 신경계가 발달하는 임신 기간 동안에는 치명적인 결과를 초래할 수 있다. 최근의 연구 결과에 따르면 일체의 글루텐을 배제한 식단으로 영양을 섭취하는 사람의 혈액 속에는 일반적인 사람들에 비해 평균 잡아 50% 더 많은 비소와 60% 더 많은 수은이 들어 있다고 한다. 소장에서 발생하는 유전성 알레르기 질환인 셀리악병에 걸려 어쩔 수 없이 일체의 밀가루 섭취를 삼가야 하는 환자들은 건강한 사람과 비교해 심지어 네 배나 많은 수은량을 나타내기도 한다. 그러므로 셀리악병에 걸린 경우가 아니라면, 결코 일체의 글루텐을 배제한 식단을 꾸밀 생각은 하지 마라! 일체의 글루텐을 배제한 식품은 그보다 더 무서운 두 가지 유해 물질을 제공할 수도 있기 때문이다.

동물 복지와 같은 개인적인 신념에 따른 동기에서 육류나 일체의 동물성 식품을 삼가고자 한다면, 특히 마이크로 영양소의 공급에 유의하여야 한다. 이 경우에는 또한 각각의 마이크로 영양소의 생체이용률도 고려되어야만 한다. 우리의 유기적인 신체는 식물보다는 동물에 훨씬 더 가깝다. 그래서 우리 몸은, 예를 들어 당근 하나에 들어 있는 베타카로틴보다 소의 간 한 조각에 들어 있는 비타민을 훨씬 더 잘 섭취할 수 있다.

특히 임신 기간과 수유 기간 동안에는, 여성들은 균형 잡힌 영양 섭취에 유의해야 하며, 극단적인 채식 다이어트와 같은 실험적인 영양 섭취 방식을 시도해서는 안 된다. 자라나고 있는 아기에게는 특히나 많은 마이크로 영양소가 필요하고, 이 같은 양은 단지 동물성 식품을 통해서만 충당이 가능하다.

두 번째 메시지, 규칙적으로 운동을 하라!

여기에서 말하는 운동이란 격한 스포츠만을 의미하는 게 아니다. 하루 30분 걷거나 자전거를 타거나 하는 정도의 운동을 말한다. 이 같은 신체 활동을 통해 설사 과체중인 경우에도 심혈관계 질환을 예방할 수 있다.

세 번째 메시지, 과체중과 비만은 같은 게 아니다!

균형 잡힌 영양을 섭취하고 규칙적으로 운동을 한다면 BMI 30 정도의 이른바 '과체중'은 성인의 경우 아무런 문제도 되지 않는다. 이 같은 주장은 당뇨나 고혈압과 같은 특정한 신진대사 질환을 앓고 있지 않는 한

누구에게나 유효하다. BMI에 따르면 과체중으로 분류되는 사람들 중에
도 신진대사에 아무런 문제도 없는 건강한 사람들이 많다. 만일 당신이
그 같은 경우라면 기뻐하고 음식과 운동을 즐겨라. 공연히 BMI를 28에
서 25로 낮추겠다며 스트레스를 받지 말라. 그래야만 할 이유가 없기 때
문이다. 폐경기 전의 여성들이 특히 그렇다. 그들의 저장된 지방은 건강
상 전혀 문제될 게 없는 것으로 밝혀졌기 때문이다. 그리고 당신이 이미
정년을 한 나이라면, 더구나 다이어트라는 유혹에 현혹되지 마라. 당신
에게 BMI는 그리 의미 있는 것이 아니며, 오히려 우리의 본능이 더욱 믿
을 만한 것이기 때문이다. 지난번 만났을 때보다 몸무게가 현저히 줄어
든 노인을 다시 보게 된다면, 다이어트에 성공했다고 축하인사를 건넬
게 아니라 어디가 아픈 건 아닌지 진지하게 물어보아야 마땅할 것이다.

만일 당신이 체중에 유의해야 하는 경우라면 다음 세 가지의 유용한
도움말을 기억하라.

1. 아침은 꼭 먹어라!

아침을 먹지 않는 것은 체중 감소와 관련해서만큼은 아주 큰 작전
미스다. 아침을 먹지 않으면 오히려 체중이 더 늘어날 위험이 커지기
때문이다. 이는 점심이나 저녁식사에도 마찬가지로 적용된다. 한 끼
식사를 거르는 것을 우리 뇌는 용납하지 않는다. 다음 번 식사 때까지
배고픔은 그만큼 더 커지기 때문이다.

2. 칩스나 아이스크림처럼 달고 맛있는 것들은 집 안에서 치워버려라!

결심이 흔들리는 순간, 마음먹은 대로 하기 쉽지 않은 것들은 먹어

서 득이 되지 않는다. 술을 끊은 알코올 중독자의 집에는 술이 없다. 이는 의도적으로 선택한 비유다. 이기적인 뇌는 가능한 한 많은 글루 코스를 확보하기 위해 중독기제를 작동시킨다. 결국 우리가 우리 의 식욕을 얼마나 잘 통제할 수 있는지는 의지의 문제가 아니라 호르 몬에 달려 있는 문제인 것이다.

3. 지속적인 스트레스를 피하라!

허기와 스트레스, 그리고 운동 사이의 필연적인 관계는 우리가 너 무 많은 스트레스에 시달리며 너무 적은 신체 활동을 하는 경우 우리 에게는 늘 불리하게 작용한다.

이 세 가지 메시지와 도움말을 명심한다면, 당신은 '1000일의 창' 동안 에 형성된 기본 성향이나 뇌가 당신의 식습관을 조종하기 위해 시도하 는 교묘한 술책을 이겨 낼 수 있을 것이다. 태어나는 순간 모든 것이 다 결정되는 것은 아니기 때문이다.

우리의 후성유전은 여전히 주변 여건에 나름대로 적절히 반응할 수 있다. 우리가 흔히 '생활방식'이라 부르는 것들은 엄밀하게 말하자면 '능 동적으로 만들어 낸 환경 조건'이며, 이들 또한 좋은 쪽으로든 나쁜 쪽으 로든 후성유전적인 변화를 이끌어낼 수 있다.

에너지를 낮춘 음식 섭취를 통한 체중 감소만으로는 충분치가 않다. 그렇다고 적당한 운동만으로 지속적인 체중 감소를 이끌어 내기도 쉽지 않다. 이 두 가지 요소가 적절히 조합될 때, 우리는 비로소 우리의 진화 와 조화를 이루게 된다. 결국 우리에게는 스스로 선택할 수 있는 많은 가

능성이 주어져 있다. 그래서 우리의 음식이력서에 기재되어 있는 부정
적인 성향들을 그리 어렵지 않게 수정해 나갈 수 있는 것이다.

이젠, 알고 먹자
1000일의 창 음식이력서

초판 1쇄 인쇄 | 2018년 10월 15일
초판 1쇄 발행 | 2018년 10월 25일

지은이 | 한스 콘라트 비잘스키(Hans Konrad Biesalski)
옮긴이 | 김완균

발행인 | 김남석
발행처 | ㈜대원사
주 소 | 06342 서울시 강남구 양재대로 55길 37, 302
전 화 | (02)757-6711, 6717~9
팩시밀리 | (02)775-8043
등록번호 | 제3-191호
홈페이지 | http://www.daewonsa.co.kr

한국어판 출판권 ⓒ 대원사, 2018

Daewonsa Publishing Co., Ltd
Printed in Korea 2018

ISBN | 978-89-369-2095-1

이 책의 국립중앙도서관 출판시 도서목록(CIP)은 e-CIP홈페이지(http://www.nl.go.kr/ecip)에서
이용하실 수 있습니다. (CIP제어번호 : CIP2018032161)